哲学新课题丛书

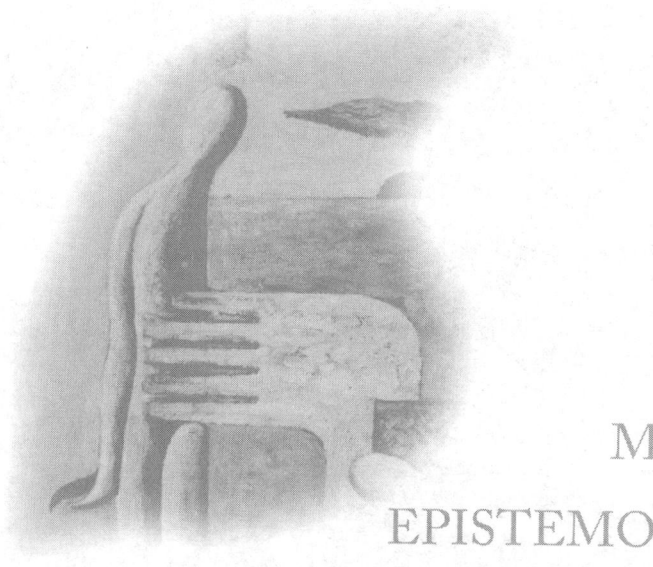

MORAL
EPISTEMOLOGY

〔美〕阿隆·齐默曼 著　　叶磊蕾 译

道德知识论

献给马克斯

目 录

致谢 1

1 道德知识论：内容及方法 1
- 1.1 什么是道德知识论？ 1
- 1.2 苏格拉底、盖蒂尔和"知识"的定义 4
- 1.3 标准方法：层阶研究 11
- 1.4 道德知识理论：一个综述 18
- 1.5 本章总结 28
- 1.6 拓展阅读 30

2 道德分歧 32
- 2.1 分歧与怀疑论 32
- 2.2 道德语境主义 45
- 2.3 本章总结 53
- 2.4 拓展阅读 55

3 道德虚无主义 57
- 3.1 特征：道德怀疑论 57
- 3.2 上帝之死 59
- 3.3 麦凯的古怪性 64
- 3.4 动机的内在主义 73
- 3.5 理由的内在主义 83
- 3.6 本章总结 94
- 3.7 扩展阅读 96

4 怀疑论与直觉主义 ... 99
- 4.1 皮浪的疑问 ... 99
- 4.2 非推论性的道德知识 ... 103
- 4.3 本章总结 ... 139
- 4.4 拓展阅读 ... 142

5 演绎的道德知识 ... 145
- 5.1 由"是"推出"应当" ... 145
- 5.2 追求一种知识论上有价值的道德演绎 ... 153
- 5.3 评估演绎的知识论价值 ... 168
- 5.4 本章总结 ... 188
- 5.5 拓展阅读 ... 190

6 溯因的道德知识 ... 193
- 6.1 对最佳解释的道德推论 ... 193
- 6.2 本章总结 ... 205
- 6.3 拓展阅读 ... 206

7 道德判断的可靠性 ... 208
- 7.1 道德概念的获得及客观性的运用 ... 208
- 7.2 本章总结 ... 231
- 7.3 扩展阅读 ... 232

8 结语:对道德知识论的挑战 ... 235
- 8.1 弗雷格、摩尔以及"不道德"的定义 ... 235
- 8.2 从日常理解上反对非认知主义 ... 247
- 8.3 弗雷格—吉奇问题:语义学 V. 语用学 ... 251
- 8.4 关于有效性的非认知主义形式 ... 256
- 8.5 本章总结 ... 265

8.6 拓展阅读 ………………………………………… 265

术语表 ………………………………………………… 267

参考文献 ……………………………………………… 279

致　　谢

我非常感谢托尼·布鲁斯(Tony Bruce)邀我写作此书,感谢约书亚·梅(Joshua May)、瓦尔特·辛诺特-阿姆斯特朗(Walter Sinnott-Armstrong)、佩卡·法兹门(Pekka Väzrznen)、乔纳森·维(Jonathan Way)和一位匿名的劳特里奇的审阅人写下的评论。与托尼·安德森(Tony Anderson)的讨论同样让我受益匪浅。

十五年前,正是对道德知识论的起源和本质的困惑引领我走进了哲学。我尝试着为那些像我当年一样有哲学冲动想指出点事理的初学者写作一本书。我希望该书被学生们接受,希望它足够清晰有力以便他能洞悉其在智性上的挣扎。若如愿,且不招致其教授者的不尽厌烦,那么此书也就无憾了。

我总是希望与家人们分享我对哲学的激情,这些观众是我最为关切的:我的妻子吉拉·戈德堡(Kira Goldberg),我的父母,Hope and Daniel Zimmerman 夫妇,以及其他的齐默曼家的成员,the Nathans, the Mansells, the Cherlins, the Goldbergs, the Mandelbaums, the Thatchers, the Finkels, the Moores, the Magnuses, the Fiorentinos, the Kays, the Kyriokous, the Tzahs, the Kay-Grosses, the Lebows, the Palogers, the McElroys, the Weisses, the Stanleys, the Fitelsons, the Wolfs, the Browns, the Stormers, the Friedmans, the Lendermans, the Schers, the Kriegers, the Filuses,还有其他那些给我诸多关爱的家庭。或许此书还未能尽如人意。若此,我将再接再厉。

如果您发现哪一章节过分繁冗或让人迷惑,烦请随时通过电子邮件与我商榷。我将尽己所能澄清所能澄清的,至于那些无法澄清

的，我也将坦然其不可救药的含混性。若你愿意，尽可以把我的邮箱当成是"无意义的区分"热线好了。（感谢缇娜 Tina）

阿隆·齐默曼

Los Angeles, Callifornia

azimmerman@ philosophy. ucsb. edu

1

道德知识论:内容及方法

1.1 什么是道德知识论?

粗略地说,道德知识论研究的是我们能否或如何明辨对错。只有"粗略地"这个口头表述还算合适,因为作为一个知识论者,我们所关心的不仅仅是知识①,且作为一个道德理论家,我们的兴趣远远超过了单纯的对错。所以,举例来说,一旦我们知道一个命题是假的,我们就知道那些相信它的人其实并不知道它。我们也许仍会问,他们是否被其他优越的证据所误导了;或相反,他们是否总体上就缺乏好的理由来相信他们所相信的。我们可以问,他们是否是被"内在的"问题引入了歧途,诸如坏视力、差记忆力或不健全的推理方法;或相反,是否错误的原因是"外在的"——缺乏理解的条件?

---

① 把 knowledge 翻译成知识,实际上缩小了 knowledge 的范围,因为中文的"知识"用来翻译 knowledge 时,意义往往窄到类似数学知识那样科学的形式化的知识,而且区别于常识。"knowledge"这个词来源于"know"(知道),其所涉及的范围远比现代中文语境下的"知识"要广,即便可形式化确实是它的一个重要面向。所以为了强调这一点,我经常直接把"知道"做名字化处理来翻译"knowledge",或者直接把"knowledge"翻译为"所知所识",而这也是本文作者在为道德知识论辩护时所采取的径路。(译者注)

也许被狡诈的对手故意愚弄了？当然我们还可以问，是否他们不知道其所相信的这些命题普遍建立在眼前的种种之上；或他们太容易误入歧途了？是我们以后会相信他们，还是他们会理解我们的质疑？

同样的，一旦我们知道了一个行动是不道德的，我们就知道做出这个行动的人做错了事。但是，我们也许仍想知道是什么让这个行动是坏的，我们应当如何去批判性地回应这些不道德的具体情况的本质呢？一个行为是缺乏关爱还是冷酷无情？是不公正的，还是不公平的？做坏事的人应该咎由自取，还是可以有一个好的借口？他们就是堕落的人，还是对于其他的适当的行为来说，这项不道德的行为是一个例外？

总而言之，知识论所关切的是其所要求的知识和真理，但是它也关切信念、正义、理由、证据、认知障碍、适当的功能、可靠性及其诸多相关的观念。道德哲学关注道德上的正确行为和错误行为，以及它们特定的道德正确和道德错误；但它也关注美德与恶行，诸如仁慈和残暴、公正和贪婪。道德哲学探究道德责任和权利的本质，以及或多或少普遍的规则，我们必须遵循它才能履行义务，避免触犯权利。而且，它也处理道德上的卓越和归罪问题，以及我们对那些做了值得褒奖或应受谴责行为的人们应当施以何种程度的奖惩态度问题。

因此，道德知识论所探究的是这样一种应用，将数量众多且略有不同的概念集应用于一系列可能更加多样的行事和制度之上。结果是，这个论域相当难以界定。所以举例来说，作为道德知识论者，我们所关注的是做道德上正确之事的有知和无知；是如何获得那些正当且有充分根据的信念，这些信念关乎着行动和制度的合法性；是各种各样的心理弊端和社会条件，它们导致了对残暴是不是一种恶行的非恰当评价；是对许多事物的诸如此类的排列组合，它们被主流知识论者和道德哲学家们挨个审查研究。辩别对错只不过冰山一角而已。

　　这些逐步显现成倍增加的话题意味着用道德知识论工作必然要么全然肤浅，要么干脆彻底有所限制，而我的目标在于，在比其他人所能接受的范围更大的范围内持有第二种意味，从而部分避免在第一种意味上看待这些恶行。就此，与其他人不同，我会将讨论集中在对基本的道德知识和证成性(justification)的不同看法上：相对于它们的结论而言，我们所提供的是那些对这些道德论证之前提的知识；我们所持有的绝大部分日常道德信念的证成性；当考量道德事务时，我们大多数人所持有的前提假设。作为结论，当我们试着"掂量"相互冲突的考量，以便周全地(all-things-considered)裁决出一种关于道德利益的具体行动方案时，我将只涉及其所特有的(endemic)不同之处。也就是说，如果对一个人来说，在任何时候都能有适用的且相互排斥的多种行动方案可供选择（这关乎着他在道德上的权利或可允许的选项）时，那么对此我就无话可说了。我将只集中考察我们的判断，判断一个人是否以及如何在被迫权衡冲突的道德考量时能够周全地知道他的道德责任，或者对他来说，什么是周全的、道德上最好的行动方针？① 我不想从整体上忽略那些话题，但因为目前对此无有一致，所以考察这些复杂交错的困难是避免过度武断呈现它们的唯一办法了。

　　这样处理还有两个好处。首先，它使得我们能从那些在发展上和概念上都非常根本的道德信念和判断开始。其次，它建立了一个讨论道德怀疑主义的擂台，这个道德怀疑主义认为我们无法明辨对错，要么因为证明可知的充分证据无从寻觅，要么因为道德上的事实无有人知。当然，通过集中在最为基础的道德信念上，我们得以避免做出任何如下道德判断：通过有能力指出如何处理所遇到的道

---

① 菲利帕·富特(Philippa Foot)将这一类判断表述为"裁定(Verdictive)"；参看斯特拉顿－莱克(Stratton-Lake, 2000, 14)以及丹西(Dancy, 2006, 40)。此术语同时也被克利提(Cullity, 2002)和谢弗－兰多(Shafer-Landau, 2003)使用。

德困境(无论是真实的还是虚构的),从而来指导良好生活。我们充其量只能希望就着有德之人的知识向其提供出一个更好的理解,即便是向着那些没有知识没有能力的人,只要仍然有足够的智性来跟上我们的讨论,我们也要对他们的这种缺陷提供一个解释[参看亚里士多德,《尼各马可伦理学》,1095b(亚里士多德,1984,1729 - 1867)①]。

1.2 苏格拉底、盖蒂尔和"知识"的定义

美德可教吗?这是我们这个领域最引人入胜的问题之一。写作那些自救书籍的宗教领袖和道德导师们,以及改革派的领袖们都必然声称他们掌握了关于美德的知识,且可以传授给学生们或者信徒们。我们能从书本里学会如何变成有美德的人吗?获得道德知识需要训练么?或许,它基本上是天生的?形形色色的猜测纷至沓来。也许某些卓越的人能够自学美德,通过《律法书》、《圣经》、《古兰经》、《吠陀经》、佛经或那些伟大的道德哲学家们的著作。既然,离经叛道的物理学家弗里曼·戴森(Freeman Dyson)可以从百科全书条目中学会微积分,为什么能人志士就不能用同样的方式学会美德呢?(每当一个甜蜜有爱的孩子从可怕而堕落的环境里冒出来,我们就几乎无可抗拒地要将此归因于"道德天赋"。不过,另外一些人,甚至大部分孩子,的确需要好的父母和老师给予耳提面命的教导、训练和鼓励。我们这些在高中或者大学学会微积分的人,只能靠问大量的问题,做海量的习题才能学会。为什么习得美德比这容易些?的确,有些人或许就是缺乏获取美德的内在素养,无论怎么帮他们,无论他们多么努力地追寻。当然,有些孩子——只是那些学习能力严重缺乏的孩子——即便微积分是他们安身立命所在,他

---

① 中文版10 - 11页,商务印书馆,2003。(译者注)

们也学不会。美德会不会也是这样无法被某些人获得的？会不会有些孩子——只是那些有着严重心理问题的孩子——即便从最有爱心的、最有理解力的、最有天赋的交流者那里也无法习得美德？当出现这样的情况时，就像莎士比亚所说的"美德的娘亲生出了不肖的儿子"，苦恼万分的父母是不是只能把他们的孩子送院治疗或关押入狱？

  这些问题都有着长久且丰富的历史。诚然，在基督诞生前400年的雅典，在苏格拉底、柏拉图和亚里士多德这些古代最伟大的哲学家时代，这些问题像家常一样被论辩着。智者们就是这样一群宣称可以教授美德的人。但是，你不能教授你所不知道的东西。所以，智者们真的知道我们应当如何行动吗？要是他们知道，那么他们就是非常好的领导者。分析到最后，我们**就是**城邦。所以，那些知道我们应当做什么的人也必然知道城邦应当做什么。国家领导人难道不应当是这样的人——他能表明这个国家应有的使命并能教导我们以最好的方式来实现它？那么，美德的真正教导者难道不应当领导我们所有人吗？

  在柏拉图的《美诺篇》里，苏格拉底与美诺（帖撒利的贵族）讨论了这些问题。最好的人——其中就有伯利克里和修昔底德——也会教出不肖的儿子，固然他们都尽其所能地想教出好孩子。这表明，美德不可教。但是，智者普罗泰戈拉却靠教授美德赚钱赚了四十余年。当然，让一个追随者如此长期支付，这能力说起来也支持了他的专业技能。于是，问题变得异乎寻常地难以解决。在几轮激辩之后，苏格拉底引进了一个新的假设。当一个有美德的人做了正确的事情，这就不是件偶然的事。实际上，除去某些无法预料的意外或不幸的情况，若我们确信他会行动得当，那么我们就会认为这个人是有美德的。但尽管如此，我们必须承认一个好人不能与他的孩子共享其美德，除非自然（或诸神）以某种方式祝福了这些孩子们。那么，一个正直的人对我们应当怎么行动也许会有**正确的意**

见,但他并没有真正的**道德知识**。也许正确的意见解释了他真实可靠的德行,对知识的缺乏却说明了他没有能力将美德传给他的子嗣。"既然除开了知识,剩下来的就是正确的意见,政治家们就是凭着它们来正确处理城邦事务的。"(99b-99c)①

然而,知识和真信念之间的区别是什么呢?虽然苏格拉底声称不知道,但是他却告诉我们他绝对确信这两种心灵状态之间有区别(98b)。之前的讨论也隐含了这样一种解释。

> 正确的意见只要能够固定在原处不动,那么它就是一样好东西,可以用它来做各种好事,但是它们不会在一个地方待很久。它们会从人的心灵中逃走,所以不用理性追索出它们的原因,它们就没有什么价值。它们一旦被捆绑住,也就变成了知识,就稳定了下来。这就是知识有时候比正确意见更有价值的原因。有无捆绑是二者的区别。(97a-98)②

在这里,苏格拉底试图说的是,某人的正确意见有时候能"变成"知识,只要这个人知道它为什么是对的,用这些理由来把握住它。对某事实的解释可以固化或加深某人对它是真理的信念,如此能帮助这个人记住它,并且让这个人得以将它传授给其他人。按照苏格拉底的说法,知识在这所有的方面都区别于真信念。要是我们把这些区别谨记于心,我们就能确信有美德的人有着某种关于什么是正义和善好的正确意见,但是我们将坚持否定它们是任何道德上的知识。

我想大概没有一个当代思想家会支持《美诺篇》最后摆出来的

---

① 参见王太庆《柏拉图对话集》(P205),商务印书馆,2004。译文根据英文略有改动。王晓朝的《柏拉图全集·美诺篇》居然没有找到这句话,P535。(译者按)

② 参见王晓朝,《柏拉图全集1·美诺篇》,P532-533,译文根据英文略有改动。(译者注)

假设①。首先,因为如果一个人真的是有美德的人,他貌似必须不止对道德事务有一系列的正确意见。一个有美德的人必须是悲悯的、有爱的、勇敢的、友好的。不可能说,这些丰富的情感能力就等同于持有道德观点,哪怕这些观点是正确的。也许,就像我们将要讨论的,这里可能是有一种关于美德的智慧,但是比起有正确的意见,智慧的人们能做得更多。其次含混的是,那些有知识的人能把他们所知道的教给所有他们想教的人,那为什么否定关于美德的道德知识(是可教的),仅仅因为他们总是不能把自己的孩子教好?

第三,有美德的孩子是不是对美德无知这一点尚不明确。他们是不知道应当怎么做,还是他们知道应当怎么做而没做好?也许,有美德的人能给他们的孩子提供某种类型的道德知识,只是对道德行动来说,道德知识还不够。最后这个问题纠缠了苏格拉底一生,并极度烦扰着柏拉图和亚里士多德。确实就像我们所看到的,它今天依然是道德知识论工作的中心议题。

但是,关于为什么美德无法轻易从有美德的人那里继承这个问题,纵然我们拒绝苏格拉底的尝试性解释,在他的假设后面的那个区分依然相当有趣。可不可能,一个人对道德事务有正确的意见但却并没有道德知识?要评价苏格拉底对这个问题所提供的乐观回答,我们就需要评估他对知识的表述。既然几千年来的哲学家们都以此为指导,就说明评估并非枉然。就知识与碰巧正确的意见之间的区别而言,苏格拉底是不是已经向我们提供了给"知识"下定义时所需的材料?我们能不能用他的评论构想出一个解释来说明"知识"这个表述所指之物(这个解释相对简短却意味深长,能让那些不知道这个表述的人充分抓住它的意思)?

虽然苏格拉底在《美诺篇》里没有提出对"知识"的任何定义,

---

① 的确,这种情况是可能的:苏格拉底这位讽刺大师实际上只是通过把治国之道贬损为真意见来揶揄他的贵族对谈者。

但被他所激励的理论家们居然做到了①。比如,罗德里克·齐硕姆(Roderick Chisholm)就把"知识"定义成了有充分证据的真信念(Chisholm, 1957),而艾耶尔(A. J. Ayer)则把它定义为一种确信,确信人们有权认定某些真理(Ayer, 1956/1990)。虽然它们各有各的正确,我们也对此饶有兴趣,但却无须止步不前。因为,埃德蒙德·盖蒂尔(Edmund Gettier)里程碑式的工作②已经被公认为驳倒了所有这些类似的分析。他给出一系列很强的例子,这些例子说的是,即便是无可非议地相信着的事实,人们还是会对它们一无所知。在盖蒂尔文章的警醒下,给"知识"提供一个苏格拉底式定义的求索才逐渐偃旗息鼓了。

我们来扩展一下盖蒂尔的其中一例。假设老板告知我要晋升我,并且假设,当我知道我名下只剩下20美元了,我会非常合理地推断那个得到晋升的人名下就会只剩下20美元。虽然这的确太矫情了,但我们还是可以假设为了回答一位同事的询问,我可以坚持我的推断。他问:"谁得到了那份工作?""虽然我无权透露他的名字,"我回答说,"但我可以这样说,这个人只剩下最后20美元了。"现在想象一下,出于某种原因,老板骗了我,实际上是琼斯得到了提拔。但是再想象一下,碰巧琼斯的财务情况和我一样,他的名下也只有20美元了。那么我就能证成地相信户头上只有20美元的人

---

① 尽管苏格拉底在《美诺篇》中提供了关于知识的定义,然而"知识"并不是一个被定义了的术语。实际上,苏格拉底或许会认为表达很难与定义相契合,因为他首先将"形状"定义为颜色的必然伴随物,而后又将其作为对实体的限制(75b-76),而当其被追问"颜色"的定义时,他重复了一种恩培多克勒式的经验主义理论作为解释,并且将这样一种解释嘲弄为"戏剧性的"(76a-77b)。

② 在哲学史上大部分时间,知识意味着被证实有绝对真实性的相信。任何缺乏绝对真实的都叫做可能的观点。这种观点至少在伯特兰·罗素20世纪早期的作品《哲学问题》一书中还很流行。在随后的几十年中,这种观点开始失去了人们的关注。在20世纪60年代,埃德蒙德·盖蒂尔批评《泰阿泰德篇》的知识定义。他指出,在某些情况下一个人所相信的东西在一定程度上得到了证实,但没有到达绝对的程度,在这种情况下,人们可以认为这个人并没有得到知识。(译者注)

才会被提升,且这个信念是真的,但是其真理性在本质上是偶然的,这阻止了绝大多数人将此视为知识。我确实相信那个得到了提升的家伙只有20美元,但是我不知道是否就是如此。

现在,如果证据给了我们好的证明,得以证明我在这个事件中所相信的东西,那么我所相信的东西实际上就是真的。但是我的信念还是不能被认为构成了知识。所以,齐硕姆的解释就被推翻了。当然,我有权信任他们,比如我的老板,他作为一个证据我没有理由去怀疑。所以,艾耶尔的解释在这里也是不对的。如果我们能尊重对这件事的日常思考(ordinary thinking),知识就不能等同于被证成了的真的信念。

哲学家们以这样那样的方式回应了盖蒂尔的例子——如果一个人的信念完全具有知识的特征,无疑它就是真的。埃尔文·高曼(Alvin Goldman, 1967, 1976, 1986)和罗伯特·诺齐克(Robert Nozick, 1981, ch. 3)对此所提出的分析也许是被讨论得最为广泛的。但对于知识的日常思考,这些及所有伴生的反思努力就是为了达到相对简洁的、有趣的、解释性的说明,说明那些不能被广泛接受的现象(肖普 Shope, 1983)。出于这个原因,其中许多同时代的理论家们现在发现他们支持提摩西·威廉姆森(Timothy Williamson, 2000)的说法,他把"知识"表述为一个相对简洁的概念,来抵制还原式的定义与分析[①]。这并不是说,知识论在当下就死亡了。我们仍然可以在一般意义上研究知识,尤其是道德知识。但目前看上去,即便我们想要实现这个任务,也不能借助一个广泛被接受的"知识"定义。

实际上,现在许多知识论者们一旦转向那些错不在己却又让人形成了错误意见的事例——这些事例,即便是最小心谨慎的研究者

---

① 另一个重要的因素是路德维希·维特根斯坦(1953/1958)对于诸如"游戏"这类术语的探究。在维特根斯坦看来,表达为"家族相似概念"并非是定义。

也会误入歧途——都会得出相似的结论。再回到那个假设,老板对我撒了谎,我也错误地以为我会被晋升。只要我仍然没有理由去怀疑这个人在撒谎,我对晋升的信心就是完全**合理的**(reasonable)。我想说的是,在这个语境里,我完全**能证成**(justified)一个错误的结论。一个能证成的信念到底由什么构成呢?我们能不能按着"证成性"(justification)在这些事例中所作用的那样来充分定义它?我们能不能提供一个简明扼要又富有远见的解释来说明"证成性"所标示的现象,由此来让对这个概念一无所知的人充分抓住它的意思?

再则,近代史充斥着种种提案却仍未获共识。上文,从所引的齐硕姆和艾耶尔的定义推出了这样的解释:当一个人对某件事的真实性有足够的证据证明,那么他对这件事的信念就能被证成;当一个人有权坚信某件事,那么它就相信它能被证成(参见费尔德曼 Feldman 和柯内 Conee,1985;波洛克 Pollock,1986)。然而,通常被划分为"自然主义者"(naturalists)或"外在主义者"(externalists)的哲学家们,他们认为这些说法是不完全的。相反,他们认为,当一个人的信念产生于可靠的机制或过程,他们才相信它能被证成(高曼,1986)。或者,当一个人的信念产生于知识技巧或者能力,一个或一系列心理模块的恰当运作,或者一些知识性美德的表述,他们才相信它能被证成。(Sosa,1980,2007;Greco,1993;Zagzebski,1996)。

在这里,我们无须忧虑这些争论的细节。就像威廉·阿尔斯顿(William Alston,2005)所特别提醒的,我们需要记住的只是怀疑。所怀疑的是,并没有单一的概念来关联"证成性",即便把它的使用限制在意见、诚信(credence)或者确信(conviction)上。也就是说,当形成、持守或者修正我们的信念时,我们形形色色的评价方式或许时对时错,却都追寻着明显的特征,这些特征无论对哪种方式都是重要的。换句话说,这就意味着我们必须着手检验各式各样的方式——我们的道德信念正是以此被说成是有正当理由的或者没有正当理由的——而不是一开始就给"证成性"下了个类似定义的东西。

1.3 标准方法:层阶研究

对定义的探究充其量表明它是没有定论的。所以,让我们避开分析工作来笼统地关注下知识理论化的意义,特别是对道德知识而言,这个意义必须开始于对人类的行为和心理的观察。

我们可以先从检视各种道德理论开始着手。当然,要是我们打算发展出一套观点用以说明人与制度应当如何有道德地行为,我们就必得对它们实际的行动方式有所把握有所描述。我们如何行事?在这些行为方式中,什么东西导致或解释了我们的行为?哪些行为跨越时空恒常不变,而哪些行为却变化多端?

即便那些"理念理论家"一门心思地描述一个道德乌托邦将是如何运作的,他们也必须费心于给出那些日常观察、心理学和社会学所必然给出的最好的东西。毕竟,想象中的乌托邦应该是一个人类共同体,而非天使之家。如果一个想象中的理念型国家是为了表现真正的人之可能性,它的构想者就必须解释我们特有的能力和弱点(弗拉纳根 Flanagan, 1993)。

零阶的道德考察:对人及制度的动机和行为的描述。

在道德理论的径路中,描述我们的**批评性实践**(critical practices)构成了接下来的一步,它关乎着我们在零阶层面上所认定的那些行动和动机。哪些行动被我们看成是道德正确的,而哪些是道德错误的?哪些制度和实践使我们做出道德谴责,而哪些行动者激发了我们的敬畏与钦佩?在这些评价、批评和情感反应中,哪些因时而变,因共同体间的地理隔绝而有所差异,甚至在一个给定的共同体中,因人群不同而各有不同,而哪些又展现出了更好的恒常性?

当一个哲学家写到他的"直觉":在一个假想的情节中,某行动者的行为是错误的、不正义的,或者是应受谴责的——如果他说将一个胖子推向电车以挽救他人的生命是错误的,是另一种践踏(汤姆森 Thomson,1976,2008);或者,如果他说某人因为不想弄脏他的衣服就对淹溺在浅水中的儿童视而不见,那他就是道德上应受谴责的(辛格 Singer,1972)——那么,最好把他理解为在从事那种一阶的道德理论研究。如果人人都分享他的直觉,那么他就要描述那些会被普遍参与且获得赞同的批评性实践和判断。但是,即便他的直觉没有超出其本人及其读者群,他的努力也还略有功用,因为这有助于清楚地表达出那个特定共同体的道德评价。

一阶的道德考察:对特定道德评价(例如批判和赞赏)的描述,这种评价针对的是人及制度的动机和行为。①

然而,道德理论**彻底**肇始于一阶的道德考察的终结(end)之处。一旦我们认定了一个共同体的批评性实践,接着我们就能试着批判性地评价这些批评性实践本身。评价性的实践在改变,所以我们不必坚持愤恨、谴责,疾呼它是彻头彻尾的"错误"——它不过是我们在此时此刻称之为"错误"罢了。因此,我们可以问,我们对那些"对"与"错"的前反思性的(pre-reflective)(海德特 Haidt,科勒 Koller,迪亚斯 Dias,1993;海德特 Haidt,2001)惯常使用有任何意

---

① 或许人们会认为,对于这些由道德理论家的普遍方法论来说,康德的道德理论是一个颇有影响力的反例。毕竟,康德认为,我们可以知道先验的东西(a priori)——或者独立反思——不管怎样,我们都应该被一种责任感所激励,并且(因为我们应当按照这种方式有所行为)我们必须能够出于义务而有所行为。然而,让康德达此结论的理论论证肇始于这样的前提:我们(他的观众)相信我们应当出于义务而有所行为,这也就意味着,尊重已知的责任是一个普遍共享的理念。这是一个一阶的知识论主张。在此并没有矛盾之处。但是,关于我们评价实践的经验观察可能会促使一位理论型的观察者(以一种后验的方式)认为:他所研究某些人对于行为所固有的价值持有一种完全反思性的(或先验的)知识,而不是对于正义感。

吗？我们施以道德赞扬和责备与一系列默会规则一致么，或者说，哪怕是最小心翼翼地编纂成文的尝试是否也无法掌握我们直觉上的道德分类？要是可以从我们所认定的一阶层面的反应模式中萃取出种种规则，那么，什么东西称得上有利于保持它们呢？

二阶道德考察：对一阶道德考察所揭示出的特定道德评价的评价（批判性的检验）。

我已然指出，彻底的学术道德理论化研究发生在二阶层面。但那些混同了一阶层面与二阶层面研究的哲学家以一种艾米莉·波斯特式（Emily Post）的风格①，力荐或信誓旦旦地担保每个道德评价均可归于日常思考。然而，这一径路并未导致直接的不融贯性（这一不融贯性恰恰映照出了所描述的实践活动），而是确保了其自身是一个保守的结果。这让理论家们认为一种激进的道德理论（例如辛格 Singer 的功效主义所表现出的张力）显而易见是站不住脚的，仅仅因为这种理论没能描述出"我们的"道德裁决。

当我们认定一系列评价性的实践活动全然不同于那些我们身在其中的实践活动时，对二阶考察的需求就会以其特有的力量催促着我们。正是源于此，当接触到一个自由社会，她——作为一个犹太教正统派或者穆斯林群体中的一员，作为有着相关反思能力的人——就会质疑她所奉行那种节操是否真的是一种美德——像其父母、老师以及朋友所秉承的那样——或者反过来说，她所在的共同体对所有未婚的、不相干的异性间的身体接触都加以谴责、鄙夷并斥之为"错误的"这件事是否有错？

当然，要对一系列评价性的实践做出评价，一个人必须**动用**一

---

① 艾米莉·波斯(1872 – 1960)，美国作家，以《论礼节》闻名。在其写作生涯的早期，她写过有关建筑和室内装饰的时文，还有一些小说。《论礼节》全名《社会、商业、政治以及居家礼节》，在二十世纪二十年代名噪一时。（译者注）

些评价手段,并且要是她在评估其所在共同体的道德观点时动用了该共同体的自有概念和批评方法,我们的主体批判就会发挥出它最大的影响力。因此,一致性或融贯性(coherence)是在二阶层面进行道德考察时所用到的最强大的工具之一(亚里士多德《优台谟伦理学》Aristotle, Eudemian Ethics, 1214b1 - 1215b1. 15 [Aristotle (384 - 322 b c/1984)])。举例来说,几乎所有人都会赞同辛格(Singer, 1972)和彼得·昂格尔(Peter Unger, 1996)的看法:如果某路人不趟到水里的唯一动机仅是不想弄湿他昂贵的鞋子,因此就对淹溺在浅水中的儿童视而不见的话,那么他就是道德上错误的。但是,我们大多数人同样会想,对于那些倾向于买一双昂贵的鞋子以享受它所带来的愉悦的人,却是道德上可接受的。设想某人上网,碰巧弹出乐施会和克里斯提·鲁布托(Christian Louboutin)①的网站:点击 A 链接会帮着挽救人们的生活,而点击 B 无非得到一双精致的高跟鞋。那些我所调查过的人们倾向于认为,尽管点击 B 的人多少有点自私,但它并非不道德或道德上错误的。但是,当本可避免的伤害是等同的——在这两种情形中,行动的目标就是为了拥有或保护同样一双鞋子,那么在点击 B 链接与对一个溺水的儿童视而不见之间还有**实质的**差别吗?是否有一种差别重要到足以保证我们能将路人的行为视为不道德的,而那个多少有些自我中心的购物者则并非不道德?也许有。但要是我们不能清楚地表明这样一种差别,那么我们在一阶层面所认定的批评方案看来就会受到来自二阶层面观点的非难,而且理智的探究者会感到自己被迫改变了他们的思考方式(Berlin, 1955 - 1956;Nozick, 1974, 277 - 279)。我们会与辛格和昂格尔一起看到,对善行的要求要比我们通常所假定的来得更苛刻,甚或我们反而会认为,对人类苦难的漠不关心其实是道德上可

---

① Christian Louboutin,设计师,于 1992 年创办的同名高端鞋履品牌。红底高跟鞋是其招牌标识。

允许的(汤姆森 Thomson,1971)。

尽管融贯性是一种强大的工具,但它也不应被视作二阶道德考察中的唯一考量。也许一个特立独行的小型共同体能够对其社会所起作用的道德体系做出反思——道德上的"直觉"在其民众间普遍存在;它能意识到尽管这些实践在某种意义上是融贯的,它们却不必要地导致了更多不幸与苦难,且仅凭这些根据而言,它们在道德上是令人生厌的。也许人们正在异口同声地批评那些无害的享乐,或将行为表现谴责为"不正常的",这些没人会反对。而在这里,我所考虑的是那种思潮,其引发了苏格拉底对未加批判的宗教虔诚的批评,以及英国情感主义对苦行僧式的克己"美德"的拒斥。但是,左派道德理论家们也同样会包含青年黑格尔派的出身,以及马克思对当下流行的资产阶级之财富分配态度的批判。

约翰·罗尔斯(John Rawls,1971)对与此相同的社会经济结构的批判就没那么雄心勃勃了,这或许提供了另一种范例。因为,虽然罗尔斯确实将他的道德标准与我们对特定事件深思熟虑的判断之间的融贯性作为一种工具,以反对那种目前在世界各国范围内存在的极度不平等,但他也援引了看似独立的、基础性的心理学和社会学假说,其中包含着关于嫉妒之本质的命题,社会稳定性的必要条件以及对人群分离的形而上学要求。[1]

当然,暗中破坏或极端改变日常道德(common morality)的试图往往犯了可怕的错误。(就像弗雷德里希·尼采 [1886/1966] 对民主理想的反动攻击——我会论证这一点的。)但要是一个思考者无须竭尽其能就可以驾驭一个成功的二阶批判,那么道德理论家们

---

[1] 诺曼·丹尼尔(Norman Daniels,1996,chs. 1 - 8)指出,罗尔斯所提出的**广义的反思平衡**(wide reflective equilibrium)方法当中所融入的心理学和社会学理论有助于将其区别于一些道德理论家所提供的更加普遍的做法——他们将注意力完全集中在他们所假定的普遍原则与我们对于具体事例的"直觉"之间的前后融贯性上——这种做法被丹尼尔调侃为**狭义的反思平衡**(narrow reflective equilibrium)。

就能使用更好的或更精确的评价方案以有效评价更差的或不太精确的评价方案。在这里,"更好的"、"更差的"、"精确的"和"不精确的"并非仅凭借着融贯性来衡量。

与道德考察的情形一样,知识论考察呈现出同样的三阶结构。它恰恰肇始于零阶考察,开始于对我们实际上所持信念的描述:我们相信的是什么?是什么导致或解释了我们所持的信念?在哪个问题上我们众口一辞,又在哪个问题上我们分道扬镳?我们的信念如何因时而变,而它们在有着地理和文化差异的人群间又有何不同?

接着,它推进至一种一阶描述,描述着我们对这些信念以及信者的评价。在何种条件下,我们会说行动者"知道"他们所信之物?何时我们会说他们不知道,尽管他们不过是在为其所行之事的执念"辩护"罢了;抑或会说他们不知道,尽管他们自身无甚过失?何时我们会说人们或其意见是"非理性的"、"不正当的"、"轻信的"、"草率的"、"武断的"、"靠不住的"或"过度怀疑的"?在这些评价中,哪些是共同体中的人们所持之以恒的,而哪些又见仁见智?哪些视共同体而定,而哪些又在共同体内部因时而变(温伯格 Weinberg,尼克斯 Nichols 和斯迪克 Stich,2001)?

最后,二阶的知识论是由对我们的一阶批判性评价的批判性评价所构成的。就如怀疑论者所经常宣称的那样,在我们的知识属性中是否存在着某些深层次的不融贯?人们是否并非如我们所相信他们知道的那样,知道得那么多?或者,也许是我们过于谨小慎微地使用"知道"以及类似的表述?到最后,我们也许会得出结论:我们应该仅仅留下"常识"。或者,我们也许会认为怀疑论者是对的。但我们会发现,在拒斥我们知识的通常属性这件事上,这些批评者们彻底走错了路,实际上要是严苛的笛卡尔式的非难能全面渗透至民众,那么"知识的真正持有者"这种他们应得的身份就会被普遍否认(James,1897/1956,18)。

完全可以设想,一旦知识论上的和**道德上的**考察建立起联系,这种考察表现于我们所定义的一个或多个层阶上,就产生了与众不同的道德知识论。比如,假设知识论者罗列于他们的零阶考察之上的某些信念具有独特的道德内容。换言之,假设且将 $E = mc^2$ 以及地球的年龄超过 40 亿年这样的科学信条搁置一旁,我们必须对我们的道德信念(贪婪是种应加以劝阻的恶行,以及我们对诸如不忠之为不道德的定性)加以解释。假设,正是我们瞄着对那些不具道德内容之信念的评价,恰好也同样切合地瞄着具有道德内容的信念。换言之,假设,就像我们实际上怎么考虑那些受到适当教育的儿童如何学习因而开始**知道**地球的年龄超过 40 亿年的,我们就可以类似地说,儿童学习并因此开始**知道**自私、卑鄙、不义是不道德的。要是我们做出这些假定,那么一阶知识论将把一阶道德知识论纳为它的一部分,而且某种二阶知识论上的计划就能直指着那些我们在一阶层面上揭示出来的道德信念。也许,尽管我们说受到适当培养的儿童能知道残忍和自私是不道德的,但是他们不能真正地知道任何类似的事情,因为我们对知识在这些情形中的分配是不融贯的,或显而易见是错误的。再或许(从另一个方面来说)我们社会中的许多人认为,就堕胎在什么情形中是道德上不可允许的而言,虽然我们尚未证成确定的结论,但我们已经在某个立场上弄明白了这一问题。总之,如果我们的**道德信念**恰如我们的非道德信念一样,那么道德知识论就是一条合法的研究路径。

从道德上的考察走到知识论上的考察,当我们从事一阶道德考察时,可以做出同样的声明——道德判断和信念与非道德判断和信念是非常相似的,这些非道德判断和信念正是出现在了我们所揭示的种种评价中。当然,毫无疑问,存在斯特劳森(P. F. Strawson, 1962)所谓的"反应态度(reactive attitudes)":要么抱残守缺,不去相信;要么就矫枉过正,溺于迷信。我们经常对不道德行为反应为恼火、义愤、厌恶、怨恨、内疚和谴责,并对被我们认作道德上的善意行为和牺牲表达钦佩、赞同、爱慕和骄傲。但我们也**说**,某些行为在道德上是错误的,而另一些则是道德正确的;某些行为是道德责任强制性的,而另一些则不可允许;某些行为是恶劣的,而另一些则是高尚的,等等。如果言说这些事情时,我们至少有时候是在表达道德信念,而不是(或除此之外)充满忧虑的道德情感和情绪,那么我们就可以有意地把知识论上的概念运用于被谈及的种种心灵状态之上,我们就可以开辟出一种类型的研究,它将不同于这样的道德知识论研究,该研究追问着我们是否知道某些行为是错误的、我们是否能对相信别人之为善良这样的信念加以证成等等。

因此,从事道德知识论研究是一个相当自然的研究路线。我们应该注意到,虽然还有理论家否认存在具有独特道德内容的信念。比如,一些哲学家将道德知识等同于某种价值中立的知识,而另一些哲学家认为没有道德信念,或坚称,要是有道德信念的话,这些心灵状态也一点都不像我们的那些非评价性信念,它们不能用知识论的术语来融贯地加以评估。那些对道德知识论之融贯性的挑战感兴趣的读者们,将会在最后一章看到对此的详尽讨论。

1.4 道德知识理论:一个综述

知识论通常被分为两个问题:"什么"以及"怎么"(e.g. Sosa,1980):

- "什么"问题:我们知道什么?
- "怎么"问题:我们怎么知道?

因此,区分道德知识论也被分为以下两个问题:

- 道德上的"什么"问题:我们知道什么道德事实?

- **道德上的"怎么"问题**:我们是怎么知道这些事实的?

道德怀疑论者对这些传统问题做出了相当强硬的回应。道德上的"什么"问题问道,对于道德我们知道什么。"什么也没有",怀疑论者答道。道德上的"怎么"问题问道,我们如何得知那些所知的道德事实。"我们不知道",怀疑论者回复到。根据怀疑论,我们没有道德知识。且由于我们没有道德知识,因此也就没有那样的知识需要去解释。

我们把那些回应怀疑主义的尝试称之为**辩护性的知识论**(defensive epistemology)。相对而言,我们所拥有的**建构性的知识论**(constructive epistemology),首先就假设存在着某种知识,然后试着去解释这种知识。再则,如果我们应用这一区分来区别道德知识论,我们会得到:

- **辩护性的道德知识论**:试图表明出我们拥有道德知识。
- **建构性的道德知识论**:试图解释我们已有的道德知识。

在这里,我们要跟进哪个方案呢?我们是否应该先试着去回答道德怀疑论,来确保我们自己拥有某些道德知识?如果这样做,我们就能直接锁定道德上的"怎么"问题。我们可以说,"我们已经表明我们知道这样的事是不道德的而那样的事是道德的",接着我们问,"那么,我们是怎么知道这些事实的呢?"

其实我们不必跟进这一径路,因为我们可能暂且或永远地跳过了辩护性的知识论。毕竟,我们大部分人并不是道德怀疑论者。我们这些相信道德知识的人真正好奇的是,我们(及周遭的人们)是怎么知道这些的(比方说,盗窃是错误的,不正直是恶行)?要是我们暂时搁置这种好奇心而着手证明它,那么这时我们就能真正开始知道这些道德事实,就不会有闲心去正面解释那些我们绝大多数人认为自己持有的道德知识。如此一来，道德怀疑论者就会表明自己是多么令人生厌，是在哲学上使人无力的干扰源头。

然而，尽管确确实实危险，但我在接下来的几页将采取一种"怀疑论优先"的径路。我这样做基于三个多少彼此关联的理由。首先，在其深度、名气及对日常思考和实践的影响等方面，道德怀疑论不同于其他一般形式的怀疑论。不可否认，哲学家依然在更一般地讨论有关他心、非观察知识的怀疑论问题。哪怕怀疑论有关外部世界的成熟论题已然淡出了视野，但在这些领域工作的绝大多数知识论者都相当确信——我们确实知道他人的所思所感和我们大致是一样的；我们也确实知道扔出去的东西会落回地面；我们这些长着手的人也确实知道我们有手。因此，对知识论其他领域的大部分论述都理所应当地致力于建构性的任务——解释我们究竟是怎么知道这些事物的。与此相反，今天依然有许多哲学家或怀疑是否存在道德事实，或怀疑我们是否拥有任何道德知识。因此，道德怀疑论只剩下一条活路，一个"相应的选项"，即对道德判断做出非怀疑论式的解释。

着手讨论道德怀疑论的第二个理由关乎着我们先前提到的辩护性计划和建构性计划之间的相互关联。我真挚地希望，当你看完这本书时，你能一石二鸟——既反驳了那些道德知识真实存在的怀疑论论证，又为你理解我们实际所持有的那类道德知识提供出了卓尔不群的理解。在以某种非怀疑论方式回答道德上的"什么"问题时，我们必须做些什么——藉由表明这一点，对可能得到辩护的道德上的"怎么"问题，我们将更好地理解那些多种多样的非怀疑论回答。

尽管如此，我承认，假如我觉得我无法回应道德怀疑论者的挑战，那么我对这些事的态度会相当不同。但事实上，我认为揭示出道德怀疑论的最佳论证，以及对这些论证的最好回应，将使你确信我们实际上拥有大量的道德知识。诚然，这是一种偏见，在接下来的几页我将沉溺其中。当我竭尽所能地以一种中正无偏的方式呈现这些论辩——我们是否知道对错以及怎么知对知错时,我丝毫不想隐藏这样的想法:即便道德怀疑论的最强论证也无能为力。若我所言为真,那么我们实在无须接受这样的前设问题——"**假设**我们确实拥有道德知识,它会是什么呢?"相反,我们能够研究一系列我们对其存在深信不疑的知识。我们可以无条件地问道,"我们怎么才能最好地描述和解释那些真真切切的道德知识呢?"

不过,在切入对道德怀疑论的检视之前,我想提醒你们,该论域还有更富建构性的方面。这将有助于祛除这一不良印象——好像道德知识论者过分执念于怀疑论,并且让我们略见了种种论证,他们有点意思但却把这一论域弄得支离破碎。

即便要建构的是最一阶的道德知识理论,我们也必须牢记某项需要解释的道德知识。也就是说,哪怕是为了讨论方便,我们也须假定某人在某地知道某种道德事实。但我们该选取哪个为例呢?我们该不该检视某人对某个**一般性**断言的知识呢?——就像"通奸是错误的"这类声明;或相反,我们该不该审视对某个**具体**声明的知识呢?——比如,某个普通人声称知道参议员恩赛因行为不道德,他同其幕僚的配偶欺骗了他妻子。假设我们区分出这种差别。我们以知道某个具体的情形为开端,并检视如下断言:我们知道具体情形往往是因为我们知道某个更一般性的道德原则。

我们将以查尔斯·狄更斯那本脍炙人口的《大卫·科波菲尔》为出发点。这部作品有来自作者自己童年烦恼的大量细节。小说的开始部分,科波菲尔被送到萨伦学堂。这是一所由卑鄙的克里克尔先生经营的寄宿学校。科波菲尔喋喋不休地评价此人之残忍:

> 我想再没什么人比克里克尔先生更能从自己职业中找到享受了。他以打学生为乐,仿佛这可以满足他的一种强烈欲望。我深信,他不能抗拒打胖学生的想法。那种学生好像有什么东西

非常奇特,使他非得在一天内把这种学生身上抽出伤痕才能安宁。我自己就是胖乎乎的,所以我知道这点,而且现在想到那家伙,我都血脉偾张,深怀义愤,哪怕我没受到他淫威的欺侮,我也这样;因为我知道他是一个不称职的暴徒,他不配受到这么大的信任,正如他不配做海军元帅或陆军总司令一样:不过,不论他从事后两者的哪一种职务,他的作恶大概都不会少一些。(狄更斯 Dickens, 1849 – 50/1997, 85 – 86)①

接下来,我们还会有很多机会回到这一案例。眼下我要考虑的是,简言之,科波菲尔的心态表明他体会到了克里克尔的施虐动机,该动机导致克里克尔如此丧心病狂地对待他所监护的未成年人,并由此出发,科波菲尔达成了如下信念:校长是残忍而不道德的。为研究便利起见,我们假设科波菲尔**知道**克里克尔行为残忍、不道德。但是,对此,科波菲尔是怎么获知的呢?

据一派人认为,科波菲尔就是能**看出**(see)克里克尔行为不道德。也就是说,科波菲尔知道克里克尔的行为是错误的,该结论并非源自什么特别的前提。鉴于许多(要不是大多数的话)知识论者认为,我们仅仅通过内省就能知道我们的所思所感。我无须从特别的前提或辅助性的证据才能推论出我很痛苦。相反,知识完完全全是**非推论性的**(non-inferential)。一小派(但也为数不少)知识论者认为,我们知觉上的知识同样如此。通过看,我就知道我面前有个红色的东西。我无须论证我如何从我知道的东西中得到这一结论的,也无须提供额外的理由来支持我知觉上的信念。我就是能看到那里有个红色的东西。越来越多的哲学家会为这类判断加入具体的事例。据此,就像仅仅通过看我就知道我面前有个红色的东西一

---

① 以免读者认为这例子是完全虚构的(或者完全出于历史取向),故在此提醒:美国教师们现在依然掌掴学生,或施行其他肉体惩罚,且这类惩罚多多少少针对有缺陷的学生;参看狄龙(Dillon, 2009)。

样,科波菲尔可以仅仅通过观察克里克尔的行为就能知道该校长行为不道德。我们会在4.2重讨论道德知识的这一知觉模型。

在道德知识论者中甚为流行一种直觉说,它认为,科波菲尔是由该事例中那些价值中立的事实来推断出克里克尔不道德的。也就是说,我们可能把这个男孩看成:(a)首先,他对克里克尔的行为加以观察,观察它对学生们的影响,并由此证实校长很乐于让孩子们遭受虐待;接着,(b)用他关于一般事实的知识来详述残忍的"本质定义(defining essence)",并由此推断出此人行为残忍。我们可以为这两步推导过程建立如下模型:

1　克里克尔以虐待他人为乐。
2　某些人行为残忍正是因为他将其享乐建立在虐待他人之上。
因此,
3　克里克尔行为残忍。

现在,仅为了讨论方便,我们假设,科波菲尔和其他胖男孩在克里克尔手上遭受了虐待,这些观察确实为他提供了这种虐待方式的知识;同样,这些观察也为他提供了他的老师施虐心态的知识。这些假设允许我们总结如下:前提(1)不但为真,而且科波菲尔**知道**它为真。而且,前提(1)的知识看起来还不是道德知识。相反,它是这样一种知识——哲学家和心理学家将其标识为"关于他心的知识"(见8.1的讨论)。

然而,我们现在同样假设"残忍"被《**牛津英语词典**》(Oxford English Dictionary)精确定义为"以虐待他人为乐"。这让我们结论如下:前提(2)事实上为**真**——按照定义,它确实为真。但作为知识论者,我们仍须追问:科波菲尔是怎么**知道**它为真的呢? 显然,科波菲尔关于(2)的知识并非以同样的方式或以同样的程度"基于"观察,就像他关于(1)的知识那样。科波菲尔不像是通过关注克里克尔的动机从而首度获悉了什么是残忍。相反,他好像是把这项知识带入了眼下的事情之中。那么,他是怎么知道我们所讨论的这个事实的呢?据一些哲学家所言,尽管科波菲尔没有非推论性知识来关乎着**具体的**评价性事实,像结论(3)那样;但是他可以有非推论性知识来关乎着**普遍一般的**评价性事实,像前提(2)那样。正如我们所知道的,通过"概念反思",我们知道"单身汉(bachelors)"是未婚的,"雌狐(vixens)"是狐狸,科波菲尔独自反思从而知道嗜好施虐是残忍的。我们也将在4.2中讨论这种理论。

但是,这里还有其他选项。在一帮与众不同的知识论者看来,科波菲尔关于克里克尔之为不道德的知识是推论性的,但该推论的前提却无须包含道德事实——科波菲尔是以某种直觉或非推论性的方式知道这些道德事实的。反之,这孩子知道克里克尔行为残忍,多多少少是从一组他所知道的完全无关道德的或价值中立的前提中推断出来的。依照这种观点,科波菲尔从"是"推出了"应当"。诚然,一些人会论证说,必要的推论将以**演绎**(deductive)形式证明,科波菲尔推论的那些前提虽然价值中立,却**蕴含**(entail)出了一个价值负荷(value-laden)的结论。这些关于道德知识的演绎模型将是第5章的论题。

其他一些哲学家也许会完全拒斥上述这种(1)—(3)的演绎推理。就他们看来,科波菲尔无须从他关于(1)和(2)的知识中演绎出(3),因为就本质而言,这孩子关于克里克尔之为不道德的知识实际上是**溯因性**(abductive)的。根据这些说明,科波菲尔推断克里克尔是不道德的,这是对此人行为的**最佳解释**(best explanation),尽管他知道可能还有其他的解释。我们将在第6章中讨论溯因性的道德知识。

知识论者同样会质疑:(a)我们道德信念的因果源头,以及(b)反思和情感在产生道德知识的过程中所扮演的不同角色,正如科波菲尔所做的那样。我们已发现科波菲尔关于前提(1)的知识——克里克尔以打孩子为乐——这项知识是基于一种相当直接的观察。而我们注意到,科波菲尔关于前提(2)的知识是一个一般事实——当某人施虐时,他行为残忍——这项知识与前者不同,因为是科波菲尔将它带进了狄更斯笔下的体罚场景之中。但是,科波菲尔关于残忍之本质的知识是否**完完全全**独立于他的经验呢?

在写下"残忍"的定义时,《牛津英语词典》的编者力图呈现该语词的一般用法,该用法源于那些说英语的普通人的种种信念,它们已然关乎着哪些人或行为是残忍的,哪些不是。我们也许会问,一个说话人怎么就到达了一个全然一般的信念的,即在施加苦痛和伤害时有所享受是残忍的? 就其反思的或先验的本质而言,这种知识是否类似于我们的数学知识? 再有,它是否更贴近于我们通过实验和观察所建立的关于科学规律的知识呢?①

在《美诺篇》中,苏格拉底重复了一个流传在"祭祀和女祭祀"之间的理论,品达也复述过它——"诗人之中还有另种神圣",柏拉图在其《理想国》中显然援引了这一说法。

> 因为灵魂是不朽的,在世间、在地下世界,它寓居万物,注视万物,它无所不晓;因此,毫不奇怪,它能够回忆起任何它以前就知晓的东西,无论是美德还是其他什么东西。(81c)

尽管这里所说的**回忆说**不再被严肃对待,但确实有相当实质性的证

---

① 关于这个"分析的(analysic)"与"先验的(a priori)"的相当直观的注解,我意在表明(正如许多哲学家已然表明的):关于一个句子之**分析性**的证明或解释并不能为该句子之**先验性**的证明或解释提供出为什么一个人会知道这个句子用以陈述的事实。我们将在接下来的部分讨论先验的知识。

据表明一个正常人类的移感(empathy)、同感(sympathy)①能力的某些方面生来就是被规定的,或被基因编码的。确实,至少有一些证据表明其他灵长类也有公平感,即便实质上很粗糙(de Waal, 2006)。我们将在第 7 章中讨论这些事情。

道德先天论者们并不限于我们目前所呈现的资料(data),他们不仅设想那些与生俱来的情感能力、推理模式,而且也设想种种与生俱来的道德信念(Dwyer, 1999; Harman, 2000a; Hauser, 2006; Mikhail, 2008;比较,Kamm, 1993)。我们用以使用并理解自然语言的能力,据称这些能力有着先天的方面,这就为道德先天论者提供了模型——一个可作比照的例子可以追溯到罗尔斯(1971)。诺姆·乔姆斯基(1957, 1986, 1988, 1995)曾设想出一种先天的普遍语法,它使得儿童能够通过幼年时所触及到的有限语料(data)来学会一种自然语言——比如英语、日语或西班牙语。类似地,先天论者们认为,有一套生来就知道的道德原则,它使得儿童能够借助父母、老师以及同伴的有限教导来获得某种道德能力。那么,想一下科波菲尔对天生嗜好施虐这类残忍的理解,以及他对不道德的人所表现出的热衷于残忍的理解,这种理解是不是就等于说他生来就对我们所分享着的"道德语法"有所知道呢?

对先天论者的批判径路指向了一系列道德分歧,也表明了我们在不同时间不同地点所发现的道德规范有着种种差异。一些共同原则支持乔姆斯基的假设,所有自然语言都遵循着这些原则。相比之下,反先天论者们认为,根本就没有普遍接受的道德原则,即便有某些共同的道德规则,那么它们在内容上即便不是空洞的,也是几

---

① "empathy"和"sympathy"在中文中往往被分别对译为"移情"和"同情","情"字在中文语境下是带有偏好的,尤其是"同情"这个词在中文语境中带着一种道德优越性,但是"-pathy"这个词根来自希腊语的 pathos,意为 to feel,因此可以说"-pathy"这个词根侧重的是感受性,而感受性并不带偏好。此外,也有将"empathy"译为"同理心"的,在我看来是同样不妥当的,这不仅失去了"em-"的行动意味,也失去了"-pathy"作为感受性的意味。故而本书将"empathy"和"sympathy"试译为"移感"和"同感"。(译者注)

近空洞的(斯里巴达 Sripada 2008a,b；普林茨 Prinz 2008a,b)。

眼下,几乎没什么实证工作可以让一个中立的观察者去赞成对道德能力的一种解释,而反对另一种解释。确实,解决争执还有待于更为清晰地表述出那些规则或原则,这些东西或许会构成一个普遍存在的"道德语法"(哈尔曼 Harman,2000a)。我会在第 2 章和第 7 章中提出一些与该论战相关的议题。

值得注意的是,即便不限于那些资料(data),我们不仅仅设想着那些与生俱来的情感能力、推理模式,也设想着种种与生俱来的道德信念,我们还是未能演示或解释道德知识的存在。认知心理学家发现,在许多领域里,一些自然的、近乎普遍的思维方式始终导致我们犯错(卡内曼 Kahneman,斯洛维克 Slovic 和特维尔斯基 Tversky,1982；卡内曼和特维尔斯基,1996)。因此,某种认知构造的先天规定并不能保证其真理性或可靠性。近乎普遍地接受某个意见这件事,既不足以奠定我们持有它的证成性,也不足以奠定其自身保有的合理性。那么,我们需要从科波菲尔那儿了解什么才能去断定他是否真的知道什么样的行为是残忍的呢？就像我们所假设的,假如他确实知道前提(2),那么他是如何获悉这一知识的呢？我们同样会质疑一个正常人的信念——比如,因一时兴起而毁约是不公平的,为钱财而撒谎是不义的,等等——坚持这些信念是否合乎理性？它们凭什么就成了知识？

通常,我们把数学和科学视作知识的范式。因此很自然,我们就想要把科波菲尔关于不道德之知识的方方面面与那些我们所热忱持有的数学或科学信念相比照。但是,怎样(哪一个)才是更为适当的比照呢？科波菲尔的道德知识是否非常近似于我们的数学知识？它是否完全基于抽象的反思？抑或,它是否更像我们的科学知识？过去所遭受的虐待以及伪善是否在源起上就至关重要？

道德理性主义者(例如康德)认为,我们能够知道诸如前提(2)那样的一般事实——以一种完全反思的方式,类似于数学式的思考,**先于**或独立于实验、观察和经验。相反,**道德经验主义者**(例如休谟)则认为,道德知识的存在依赖于我们的情感经验,因此,究其本质是**后验的**。关于这一重要的历史性论辩的更多内容将在第 4 到第 7 章中展开。

我们问道:科波菲尔对克里克尔行为残忍或不道德的知识,是由某个推理所支持所达及的,还是非推论性地就发生了的?我们又问:推理的本质是否就能支持科波菲尔的信念?本质上,它是演绎性的还是非演绎性的?科波菲尔是怎么知道其前提的?科波菲尔有关前提的知识是与生俱来的,还是后天习得的?还有,这样的知识是基于纯粹反思的,还是其存在必须依赖于他的情绪或情感经验的?然而,一旦我们对科波菲尔如何形成他的道德观点有了点理解,我们就会想去探究这一过程的**可靠性**。我们假设,当克里克尔抽打他所监护的孩子时,他确实行为残忍,那么这一假设就蕴含着科波菲尔对其校长在相关方面的行为的看法是准确的。但是,科波菲尔信念的真实性是一种凑巧吗?使他得以相信克里克尔之为不道德的这种方法是否一直能产生真的或准确的判断呢?再则,就算貌似可信,如果科波菲尔所采用的方法不是绝对可靠的,那么它何时失效?为何失效?在狄更斯笔下,科波菲尔一旦得出道德结论就达及了真理,这一案例所涉及的范围到底多大多复杂呢?这样的成功是否远多于失败?此外,这样的成功是否足够常见,以至于值得我们心甘情愿地保持科波菲尔在这里所采用的道德推理形式呢?我们将在第 7 章中回到这些问题。

1.5 本章总结

道德知识论就是这样一种研究:在一系列相关话题中我们是否能以及怎样能分辨对错。因此,这个领域非常难以限定。对于定义道德上和知识论上的核心术语(诸如"知识"、"证成性"、"美德"和

"不道德性")这事,哲学家们还众说纷纭呢。苏格拉底对"知识"的解释曾独占鳌头,却被盖蒂尔的反例所驳倒。取而代之的分析也被证明雌雄难辨。尽管如此,我们还是必须在开始着手研究道德上的知识和相关的现象时,首先对"知识"和"道德"适当定义。我们可以凭借着我们对这些术语的日常理解。

道德知识论最好采用层阶方法。零阶考察在于描述我们的道德信念;一阶的考察在于描述我们对道德信念在知识论上的不同评价;二阶考察在于评价那些一阶考察所揭示出来的知识论上的评价。融贯性是哲学家进行二阶的道德知识论考察最强大的工具。但是,对道德及其相关事务的知识,也许还有其他路径来修正我们对它的日常思考。

辩护性的知识论意图回应怀疑论;建设性的知识论假定实存着知识并试图解释它的本质和源起。虽然我们的研究始于对辩护性的道德知识论的热望,但是,先解释一下有建设性的问题,有助于把研究者们吸引到这个领域来。我们对具体道德事实的知识究竟是可推论的还是不可推论的?——理论家们对此众口难调。把具体道德事实的知识想成是可推论的那些人,他们在这些推论的本质以及我们对其前提的知识上都存在着分歧。一些理论家坚持认为道德上的推论是演绎的,一些则认为是溯因的。一些坚持认为我们对普遍道德准则的知识是先天内在的,一些则认为是后天习得的。一些坚持认为道德知识仅仅建基于反思和理解之上,因此实质上是先验的;一些则认为这种知识是后验的,因为它建基于情感经验之上。关于我们如何产生了最基本的那些道德信念,理论家们对这个过程的可靠性同样众口难调。一些人认为,我们道德推理的通常手段太不可靠,必须用一种新奇的、更可靠的思考方式来替代它;另一些人则不以为然。

1.6 扩展阅读

存在大量关于分析知识论(analytic epistemology)著作的优秀选集，包括厄内斯特·索萨和金在权编著的《知识论选集》(Ernest Sosa and Jaegwon Kim, *Epistemology: An Anthology*, 2000)，以及马西亚斯·施托伊普和索萨编著的《知识论的当代论争》(Matthias Steup and Sosa ed., *Contemporary Debates in Epistemology*, 2005)。盖蒂尔的短篇论文《证成了的真信念就是知识吗?》(Gettier, "Is Justified True Belief Knowledge?", 1963)是必不可少的，而罗伯特·肖普的那本《关于知道的分析》的著作(Robert Shope, *The Analysis of Knowing*, 1983)则不满于后盖蒂尔(post-Gitter)对"知识"的分析，对此描述了不同的缘由，做了极棒的工作。蒂摩西·威廉姆森影响深远的《知识及其限度》(Timothy Williamson, *Knowledge and Its Limits*, 2000)一书坚持认为，知识论的构想可以防止对"知识"的还原式分析。威廉·阿尔斯顿的《越过"证成性"》(William Alston, *Beyond "Justification"*, 2005)一书也在呼吁对另外那些知识上的重要概念采取一种非还原式的处理。

蒯因的《知识论的自然化》(W. V. O. Quine, "Epistemology Naturalized", 1969)一文描绘了一幅从知识论向心理学的还原图景，而这一路径正是金在权在他的《什么是"自然化的知识论"?》(Jaegwon Kim, "What Is 'Naturalized Epistemology'?", 1988)一文中所批评的。为了促进反思平衡，比上述径路更加微妙的方法自有其渊源——纳尔逊·古德曼的《事实、虚构与预测》(Nelson Goodman, *Fact, Fiction, and Forecast*, 1955)一书将此提出，并由约翰·罗尔斯在他的不朽著作《正义论》(John Rawls, *A Theory of Justice*, 1971)中将其应用于伦理学研究。诺曼·丹尼尔斯的《正义与证义》(Norman Daniels, *Justice and Justification*, 1996)一书就讨论了反思平衡方法的诸种变化,而斯蒂芬·斯迪克在他的论文《反思平衡,分析知识论和多样性的问题》(Stephen Stich, "Reflective Equilibrium, Analytic Epistemology, and the Problem of Diversity", 1988)以及著作《理性的破碎》(*The Fragmentation of Reason*, 1990)中,都警告我们不要未加批判地使用它。罗伯特·奥迪的论文《道德知识论和伦理多元主义》(Robert Audi, "Moral Knowledge and Ethical Pluralism", 1999a)提供了一个优秀的综述来划分道德知识论中的建设性理论家们,而由瓦尔特·辛诺特-阿姆斯特朗和马克·提蒙斯编辑的论文集《道德知识?》(Walter Sinnott-Armstrong and Mark Timmons ed., *Moral Knowledge?*, 1996)则包含了这个领域典型的样例。关于先天内在的道德原则是否存在的争论则集中展现在辛诺特-阿姆斯特朗编辑的《道德心理学·第一卷,道德的进化:适应与天赋》(Moral Psychology Vol I, *The Evolution of Morality*: *Adaptation and Innateness*, 2008a)以及皮特·卡拉瑟斯、斯蒂芬·劳伦斯、斯蒂芬·斯迪克编辑的《内在心智第三卷:基础和未来》(Peter Carruthers, Stephen Laurence, and Stephen Stich eds., *The Innate Mind*, vol. III, *Foundations and the Future*, 2007)。

2

道德分歧

2.1 分歧与怀疑论

我们将从怀疑论者可能持有的最有历史影响力的那些论断开始讨论道德怀疑主义。因为，只要理论家们反思我们的伦理实践，存在着深切顽固的道德分歧这件事就已然诱发了怀疑论。即便所有的"事实"都摆在那里，怀疑论者会说，典型的社会保守派还是会相信堕胎、安乐死、干细胞研究、同性恋、色情文学和无神论都是不道德的。然而自由派人士就会认为，它们是道德上可允许的。虚无主义或者怀疑主义难道没有对这些事态给出最佳的解释吗？顽固的道德分歧难道就没有给我们提供充足的理由来认为，根本就没有与道德相关的事之事实(fact of the matter)[①]，或者，任何道德观念都

[①] 查尔斯·泰勒使用这个概念。（译者注）

恰恰和它的对手一样合乎道理吗？①

开始着手处理怀疑论关于分歧的论断前，我们需要厘清这样一种道德意见分歧的类型，它挑战着真理或我们道德信念的证成性。然后，我们才能对这种类型实际上存在多少冲突做出经验上的研究。

首先，值得注意的是，道德分歧往往发生在共享道德原则的背景下。阿拉斯戴尔·麦金太尔（Alasdair MacIntyre, 1981/2007）描述了本杰明·富兰克林（Benjamin Franklin）的美德列表怎么就和简·奥斯汀（Jane Austen）的不一样了，我们还要说，简·奥斯汀的和亚里士多德的不一样，亚里士多德的和孔子的也不一样。左倾的麦金太尔吐槽亚里士多德的大度（magnificence）美德是一种贵族的恶行，而孔夫子著名的孝（obedience）则截然相反。② 奥斯汀认为，**好说话**是个美德，然而亚里士多德却认为它标志着一种虚伪或算计（social calculation）；而当富兰克林赞颂**节俭**（frugality）与雄心时，麦金太尔把贪欲与恶行看成是希腊人所谓的**贪婪癖**（pleonexia）。也不是说我们必须翻回过去才能发现道德观念上的重要区别。理查德·米勒（Richard Miller, 1985）告诉我们暴力行为在雅诺马马氏族看来就是德行可嘉的，而在我们这个发达社会来看则是败德辱行的（沙尼翁 Chagnon, 1974, 1977）。

然而在全世界大多数共同体看来，**任何**残忍、自私、贪婪、不公正还有怯懦，都被认为是恶行。就像克里斯托弗·彼得森和马丁·塞利格曼（Christopher Peterson and Martin Seligman, 2004）所指出

---

① 新近的讨论请参看汉德森（1967, 58-60）、麦凯（Mackie, 1977, 36-38）、米勒（Miller, 1985）、雷曼（Layman, 1991, 179-180）、布兰特（Brandt, 1996）、霍尔默（Heumer, 2005, ch.6）、辛诺特-阿姆斯特朗（Sinnott-Armstrong, 2006）、特尔斯曼（Tersman, 2006）、麦克格拉斯（McGrath, 2007）以及普林茨（Prinz, 2007）。

② 阿奎纳在《神学大全·第二集·第二部分》（Secunda Secunda, qq. 123-135）中试图把大度这一亚里士多德美德与谦逊这一基督教美德相调和。相关讨论请参看欧文（Irwin, 1997, 209-210）。

的,在不同文化所给出的道德列表中有许多重叠部分,这一点意义重大。虽然难以量化这些事情,但至少看上去道德上的分歧和道德上的共识一样多。

于是,有些哲学家声称,所有可能的人类道德都必须分享一个本质上的核心。按斯特劳森所言:

> 对道德系统可能存在的多样性、一个系统内在诉求所可能存在的多样性……当对此的考虑都面面俱到了,那么以下这一点依然是真实的,即对某些一般美德和责任的认知还是绝大多数可想象的道德体系在逻辑上或者人情上的必要特征:这包括了正义的抽象美德,互帮互助和共同避免伤害的一些责任形式,以及某种形式和程度上的诚实。(1961,15)

即便是麦金太尔,这位对道德理性主义和普遍主义理论化的伟大批判者,也认为,正义、勇气和诚实必须被一些共同体算作美德,这些共同体足以复杂到要从事某些类型的社会实践,并且应用着内在于这些实践的卓越标准(1981/2007,179 - 181)。倘若执念于道德分歧是论证那些个虚无主义或不可知论的论据,那么广泛的共识为什么就不是论证道德知识存在(至少有些)的论据呢(Nagel, 1979; Parfit, 1984,452 - 453)?

此外,用虚无主义和怀疑主义来解释观点上顽固的分歧并不总是最佳的解释。比如,考虑一下,面对地质学丰富的相反证据,为什么还有如此多的人继续相信创世纪的造物神话(根据最近的民意调查,差不多有50%的美国居民相信)。当然,比起怀疑论者的假设所做出的解释,在宗教正统说法上的无理性的愚昧更好地解释了地球在起源问题上的分歧。最好不要把鲍勃琼斯大学的神创论课程理解为通过否定地质学事实的存在,或者假设地质学知识永远不可能被我们全部把握。知识论上的不合理性不仅刻肌刻骨而且棘手难解。(Shafer-Landau,1994,2003)。

而且,正如休谟(1751/1998)所指出的,在伦理信念上,我们的一些表面分歧可以被解释为共享原则的不同应用,就像一个单一的道德规则可以在不同的周边情况中要求不同的行为。例如,道德原则上的普遍共识(如"以身殉国")可以解释为什么因纽特(今天的加拿大北部)大饥荒的时候,杀婴和老人自杀就是文化上可接受的;而在气候优越的时候,这类实践是被严令禁止的。单一的特性或许只在某些境况下才适当地被看作一种美德。一旦经济条件的发展超过了一定阶段,"教条式的"反思倾向有助于我们制定法律、产生制度和实践农业,这些都被我们视为进步。但是当基本生存成了问题,这些特性就可能构成一种恶行,它们的发展实际上就会有损于公共福利。(Bloomfield,2001)

在西方社会,除了最严苛的功效主义者,所有人都认为青睐自家人胜于外人是道德上可允许的(如果不是责任的话),尽管我们认为有些形式的裙带关系是不义的;我们也会谴责某人为了保护其堂兄弟而在宣誓说真话后还撒谎,这是断然不道德的。同样地,我们绝大多数人会谴责义警去杀攻击兄弟的人。然而,还有尼日利亚的迪韦(Tiv)这样的共同体(Bohannan,1968;Miller,1985),在那里宣誓后撒谎被认为是一种忠信的义务,而像伊朗半岛东南方的俾路支人总把那些为保卫家园而发动的非国家层面的暴力行为看成是可证成的。① 这是不是就意味着,在宣誓后能否撒谎这一问题上,我们和迪韦人有着根本性的、不可解决的分歧呢?在义警正义与否这一问题上,俾路支人和我们是不是就有着不可调和的道德分歧呢?关于这一点,我们或许可以取得相当(一阶层面上的)实质性的共识:要是人们被预期会为了保护他们的家庭或部落成员在宣誓说真话

---

① 与此相关,数据表明,比起美国北部,美国南部地区有更大比例的男性赞同用暴力来捍卫荣誉;参看尼斯贝特和科恩(Nisbett and Cohen,1996)。

后撒谎,其他人亦是如此,那么你在对你的家庭尽职时不撒谎就会是不忠。当然,我们需要解释,在尼日利亚的迪韦,这一实践活动是怎么存在并留存下来的,而类似的实践活动在西方却不存在。但是,一旦这一俗约行得其所,我们就能认可美德的种种要求将受到它的影响。同样的,要是部族使用暴力来对付你的家庭成员,这种暴力不会通过非暴力或假设中性(由政府决定)的手段而得以调解,那么要是你转过另一边脸让人打(以德报怨),你的家庭将抨击你的这种努力是一种懦弱。① 忠诚和仁慈在不同的境况和社会条件下要求着不同的东西,而对这些要求的再现就是恰当随性的,就必须要将此付诸解释。但是,接受这种形式的语境敏感性(context-sensitivity)并不等于怀疑论或者知识上的相对主义。或许我们都知道,一个人为了家庭成员的利益也不应当在宣誓后撒谎,除非这是法庭上所有人都期望的;或许我们都知道,一个人应当把执法工作交给警察,除非没有恰当中立且颇具影响的警察机构愿意和能够承担这个工作。或者,一种激进的(二阶层面上的)批评可以指责这些信念,并且有力地证明出我们都被一个无条件的责任约束着来诚实作证,来实践和平主义,无论这样对那些我们所爱的人会产生什么样可能的负面影响。无论如何,道德知识的存在都不应当被哲学家的企图所绑架,来规定出那些简单明了、全面普遍、无一例外的道德原则。如果大部分道德事实是复杂的,那么大部分道德事实也会难以知

---

① 这并不是说,当缺乏有效而适当的中立性的治安手段时,报复性的暴力行为通常可被当作一种令人满意的(甚或是一种必定正义的)回应。倘若政府足够强大且廉政勤勉,能够保护你的家庭、部族或组织,而你会诉诸一种非暴力的抗议且能够实现它,那么公民不服从就是一种在道德上更可取的方式(即便不是必然的)。关于这一点,我想起了在面对美国二十世纪五六十年代的种族主义暴力时,许多少数族裔公民权利工作者所作出的决策。参看伽罗(Garrow, 1986)。

晓。然而,困难却非不可能。①

  我们也应注意到,只要我们能改正那些实际上确与道德无关的事质性错误,大量的道德分歧就能被澄清。例如,认为非洲人在他们的智性能力和情感能力上是类似于非人类的动物——这种信念会导致一些19世纪的美国人相信奴隶制是道德上可接受的。(几乎我们所有人都会想,把驮兽当劳动工具使用是可以的,那为什么"像野兽一样的"奴隶就不可以呢?)针对这种假设更为极端的种种版本,只有在广泛的交流提供出对其充足的证据之后,不够理性的人才可能被迫转变想法。因此,我们发现影响深远的辩论家史蒂芬·道格拉斯(Stephen Douglas)②在表明奴隶制应当继续时,尽管奴隶制显然是不道德的,是在迎合白人共同体中那些贪婪的、恐惧的、政治上自私自利的人。虽然亚伯拉罕·林肯(道格拉斯的政敌)明明清楚地知道奴隶制是不道德的,但有证据表明,即便是他都不

---

  ① 这些思考的确引发了一个哲学或语义学上的困境。当一个当代西方人确信地说"堕胎是不道德的"时,我们该把他这话解读为断言(或许是虚假地断言)堕胎在任何时间地点都是不道德的,还是该解读为只是主张(真实地主张)堕胎这个行为在当下西方世界的通常境况下是不道德的? 如果他从未深思过在极端情况下堕胎是否是道德上可允许的"最不罪恶(least of all evils)";或如果他开始思虑这件事,他就会强调自己从来不曾承诺说在此种极端情况下堕胎行为是不道德的,那么,一种宽容的解释就会限制他试图断言的范围。此外,我们或许会将他解读为虚假地断言了堕胎在任何时间地点上的不道德性——也就是说,解读为他在表达一个信念,而如果他考虑了各种各样的极端事例他就会放弃这种信念。此类(颇为试探性的)讨论依赖语境,对语义解读造成了影响,关于这类讨论请参看2.2。
  ② 史蒂芬·道格拉斯(Stephan Arnold Douglas,1813年-1861年),美国政治家、辩论家,美国民主党成员。曾担任过美国国会众议员(1843年-1847年)和参议员(1847年-1861年)。道格拉斯支持美国扩张领土。对于某些敏感议题,例如将奴隶制度带到新领土上,他都是负责谈判协商的领导者。在1858年的参议员选举中,道格拉斯与共和党的林肯共同竞争一个席位。林肯与道格拉斯进行了七次辩论,也就是现在我们熟知的(林肯-道格拉斯大辩论),最后道格拉斯胜出。南北战争爆发后,作为林肯曾经的对手,尽管与林肯之间存在诸多分歧和矛盾,但他出于对祖国的爱国,义无反顾地支持林肯,反对南方的叛国行为。1861年,他在斯普林菲尔德的一个雄辩的讲话后,因染上伤寒而死亡。尽管道格拉斯没能成为美国总统,但历史没有遗忘他,依然将他定义为19世纪美国最杰出的政治家之一。(译者注)

能全然摈弃如此错误的信念——黑人在先天上就智力低下,这导致了他的很多批评者无法认同他。(雷诺兹 Reynolds, 2006)

> 我同意道格拉斯法官的看法,他(黑人)在很多方面跟我都不一样——肤色就不用说了,可能在道德禀赋或智力天资上也不一样。但不靠任何人施舍,黑人吃自己亲手赚来的面包的权利,跟我一样,跟道格拉斯法官一样,跟所有生活着的人都一样。(伊利诺伊州渥太华县论辩,1858 年 8 月 21 日;全文网址:www.bartleby.com/251/12.html)

在林肯那里,或许这些话源于知识上的不理智;或许出于政治理由要迎合听众;或许只是反映出了在区分一个人认知上的"能力"和认知得以成熟的诸种条件时的困难。

还值得注意的是,含混性的存在并非阻碍了道德知识的存在,甚至反而还解释了某些道德分歧(Brink, 1984, 1989; Boyd, 1988; Railton, 1992; Shafer-Landau, 1994, 2003)。细想一下,比如杂耍家鲍勃①,这个尖酸刻薄的小丑,秃脑袋上还包裹着蓬松的红发冠。也许没有相关的事之事实来说鲍勃是否真实,是否是实实在在的秃顶男人。或许不管这样那样,存在某个事实但我们却还不知道(Williamson, 1992)。在上述任何一种情况下,弥漫在鲍勃所处情境中的那种含混性并不会妨碍我们知道杰西·文图拉(Jessie Ventura),这个前任的明尼苏达州的光头州长,是个名副其实的秃子,而头发蓬松飘逸的摇滚歌星琼·邦乔维(Jon Bon Jovi)不是。现在,也许含混性被我们的观念给诱导了,起码它是**某个人**对眼下某种分歧(例如堕胎之道德性上的分歧)的解释吧。一位母亲流产掉一个健康的婴

---

① Sideshow Bob,杂耍家鲍伯,本名罗伯特·昂德当克·特威利格(英语:Robert Underdunk Terwilliger),是美国动画电视剧《辛普森一家》中的虚构配角。(译者注)

儿,如果她这样做只是因为照管孩子带来的不便,我们中的大部分人都知道这是不道德的。那些没有被宗教神话蒙蔽的人都知道,在房事后服用紧急避孕药是完全可以的。但对生育来说,什么东西比一个胚胎变成一个人来得优先呢? 比起除掉一个人身上一大团未分化出来的细胞,什么意义上流产更像是遗弃一个贫困儿童呢? 精确到什么时间一个胎儿开始有权要求他父母的帮助,这是没有事实来定论的,或者说,这样的事实永远超出了我们的视野范围,而这也能解释我们为什么无法精确地知道,从什么时候开始为了便利而堕胎成了不道德的。

现在怀疑论者宣称,必须有一些道德分歧——若对非道德事实、含混性、推理不当(poor reasoning)、诡辩术等诸如此类的东西一无所知的话,就无法解释它们(Mackie, 1977),因为只有这种特殊类型的分歧才能暗示出虚无主义或者全面的道德怀疑论。然而,对分歧的执念应当被描绘得如此显而易见么? 有没有一种先验的方式来指明是否在结构精良(well-framed)的道德命题中有着理性不能解决的分歧? 相反,看来我们必须按照我们的工作方式来把每一个火热进行着的伦理论争过一遍,评估每一方的论点,直到那时才能指明是否一方或论争中的更多方忽视了某些事实,犯了某些错误,或忽略了我们日常概念中因地方特征而带来的含混性。①

的确,要是怀疑论者专门关注那些热点问题,诸如堕胎问题和所谓的道德困境,他就会把事搞得对他自己来说太简单了。比如,想一下这样一件事情——经常在《101个道德难题》(Ethics 101)这样的书中讨论——20世纪早中期,在南方一个小镇,一名白种女人

---

① 假设你在一个道德问题上不同意某人,并且你知道他所提出的证明和你的一样好,以致于你们关于这些问题的判断同样可信。[我们或许可以将这个案例对比于大卫·克里斯坦森(David Christensen, 2007)所设置的情形——你和一个在能力和思维敏捷性上旗鼓相当的同事在计算每人的组内分红时产生了分歧]。在你理解他的分歧观点时,你是否应该将自己的信念换位成他的,或者应该高度保持自己的信念? 关于这一普遍问题的文献不断增加着。请参看,例如凯利(Kelly, 2005)和叶尔迦(Elga, 2007)。

被杀,由于人种上的动机而产生了不义的报复行为,一些白人公民正准备将镇上近百名黑人居住者以私刑处死(Rawls, 1955; Nielsen, 1972; McClosky, 1963; Smart and Williams, 1973)。一个流浪汉因为流浪被关在了镇监狱,假设你作为这个镇的治安官,只有把谋杀犯的罪名强加在这个无辜的流浪汉头上,才能阻止那些可怕的罪行发生,这是唯一的办法。指控这个无辜的人是道德上可允许的吗?你有这样的道德责任去这么做吗?一个怀疑论者也许会说,没有关于正确答案的事之事实来回应这一个或所有这些问题。① 但是,倘若怀疑论者的这些剧情是恰当的,正义和功效相互冲突,那么这就不会建立在道德知识完全缺乏的情况之上。我们不仅都知道,故意指控一个没有犯罪的人是罪犯,这是不道德的;也都知道,在力所能及之时,我们有责任去阻止严重的死亡和苦难,即便我们不知道一旦这些道德责任得不到相应的满足,我们会怎么做。(在某些时候,保持正义最可怕的结果正是它必须要求有所献祭,但是这个时候,无人知晓这是如何发生的。)诚然,要是我们从不去权衡相互较劲的种种道德考量,以达乎在特定境遇下怎么做是对的这样考虑周全(all-things-considered)的判断,那么就会产生相当实质性的道德怀疑论。但是,没必要用道德困境的存在来抨击简单道德问题的可决定性。反正不管怎么样,为了建立一套普遍全面的道德怀疑主义,怀疑论者必须关注那些我们在推理中隐藏着的种种前提,而不关注道德审慎的诸多结论。

文化上、经济上和政治上同类的共同体倾向于同意他们有基本

---

① 约翰·多瑞斯和亚历山德拉·普拉基亚斯(John Doris and Alexandra Plakias, 2008)指出,对于什么才是这种情况下正确的道德回应这件事,中国和美国的被试群体有所分歧。实际上,他们与我在这里所主张的正相反,因为多瑞斯和普拉基亚斯将我们对这一情况的裁决看作有关道德判断的一个"核心事例",他们才得以利用这种分歧去支持他们对"道德实在论"的反对。而我已然尽我所能地将道德形而上学排除于这项研究的范围,但如果反对道德实在论意味着反对所有的道德知识,那么多瑞斯和普拉基亚斯还是走得太快了,竟然在对这一困难事例的研究中得出了一个如此怀疑论的结论。

的道德信念,所以怀疑论者大多数转而向文化人类学来找寻共同体间在基础道德上的分殊,以此来构建他们的学说。即便如此,找到真正的基本道德冲突不容忽视,因为在特定实践活动中的大多分歧从不为构建怀疑式推论提供足够基础性的证明(参见 Bloomfield, 2008, 341)。比如,想一下杰西·普林茨(Jesse Prinz, 2007)为道德主观主义下的论断——道德主观主义强调了我们的道德对女性割礼、多配偶制和食人俗在信念上的文化差异。在一项以西方为主体的心理学研究中,墨菲、海德特和别尔克伦德(Murphy, Haidt, Björklund, 2000)描述了一个假想的案例:一具尸体捐赠给一个实验室用以研究,研究员决定要烹调并食用这具尸体上未经使用的某部分。大多数人认为这个行为是不道德的,但却找不到好的论据来支持他们的判断(比较 Haidt, Koller 和 Dias, 1993; Haidt, Björklund 和 Murphy, 2000)。相比之下,普林茨认为(2007, 223 - 229),食人俗是许多古老社会的规范。这是不是表明,在食人俗之为不道德的这个判断上,我们就有一个基础的信念,这个信念与过去文化上的基本信念相冲突,通过没有食人俗真的不道德的事实,分歧就得到了最佳解释?

作为纯粹因果性或心理学事件,貌似现在绝大多数人都认为食人俗是道德上错误的,因为他们觉得这事情令人厌恶(比较,尼克斯 Nichols, 2004)。有人或许认为,厌恶并非一种经验基础,不足以证成一个道德信念。或许厌恶还太弹性十足、变化变端了,也或许我们太容易看到许多令我们厌恶的行为却是道德上可允许的,因此厌恶并不能可靠地把我们导向道德真理。(想象一下,你喝一杯自己的痰,吃一只活虫,或者抓屎。大部分人都会觉得这些行为令人厌恶。但这就能证成出它们之为不道德的判断了吗?)既便如此,就要证成在道德上全面禁止食人这样一个普通人的信念来说,对其根本证成性(无证据)的缺乏就是在抨击我们相信残忍、自私和不公正之为不道德这样一些最为基本的信念的证成性——如果也只是因为厌恶而使得我们接受了这种证成性的话。但这是一个高度可疑的说法。我认为,约翰·爱德华兹①(John Edwards)的通奸之为自私,或者张伯伦(Neville Chamberlain)的绥靖主义政策之为怯懦,不是因为它们令我厌恶,而且我对自私和怯懦之为不道德的一般信念也不是以此为基础的。正如我们所见,究竟是什么让我们持有如此信念的,这个问题还迷雾重重,但是每一个严肃的假设都有诸种来源,而不单单源于厌恶。

的确,就墨菲及其同事的研究来看,通过反思,普通人最多推导出食人俗在某些特定境况下是可以的这一结论。正如这样一个墨菲式的情节:不可能为了满足普通的消费目的而杀一个人来吃,且吃人的行为还必须不是出于侮辱、鲁莽和麻木——不能与被吃人及其家庭的意愿相左,不能是危险的不正之风,或者某种对人类生命的普遍漠视。相比而言,考虑到我们眼下所见证着的对同性恋态度的转变,这确有启发(Persily, Citrin 和 Egan, 2008, ch. 10)。也许特定的人会认为同性恋是不道德的,因为同性性爱让他觉得厌恶。(这里我们把那些人排除在外了,他们明确地根据宗教上的论据来

---

① 约翰尼·爱德华兹(John Edwards, 1953 -),美国民主党前参议员(1999—2005),2004年民主党美国副总统选举候选人(约翰·克里为民主党2004年美国总统选举的候选人),在角逐2008年美国总统选举民主党候选人提名期间发生丑闻,于2008年1月30日宣布退出总统竞选。2008年8月,爱德华兹在一次媒体访谈中承认了他和摄影师亨特的婚外情,并且两人有私生女。但爱德华兹和前情人赖利·亨特幽会偷欢时,竟然还拍下了他们的性爱录像,一盘性爱录像带显示亨特当时已经怀有身孕。这盘性爱录像带显然保存在爱德华兹的前助手安德鲁·扬的手中,而亨特则向美国北卡罗莱纳州奥里恩奇县当地法庭发起诉讼,要求安德鲁·扬将原本属于她的一些"有关个人私生活和隐私事件"的录像带及照片归还给她,亨特的诉讼请求赢得了当地法庭的支持。(译者注)

为其带成见的信念辩护。)①但要是一个理性的人知道他没有理由这样来想同性恋，他们就会被逼着重新审视他的种种看法。确实如此，当他已经认识到像厌恶这样的反应是有弹性空间的，且他为同性恋们必须面临着被当作不道德这件事而苦恼的时候。应当承认的是，当一个人从小就认为同性恋是道德上可恶的，那么往往就不可能让他承认他的信念只是建立在厌恶之上，因为这种厌恶对道德真理的导向是可变且不可靠的，并且负面的道德判断不利地影响着评估。相反，通过凭空制定出更加实质的证成性，人们倾向于"动摇"(confabulate)(Haidt, Björklund 和 Murphy, 2000)②。倘若一个理性人面对这些现实，那么他就不太可能中立，却有可能重新审视自己的种种信念是否确切。

就女性割礼和多配偶制的一夫多妻而言，事情也大抵如是。如果厌恶是我们确信这些实践之为不道德的唯一动机，那么我们就是在错误地把不道德的标签贴在了它们身上。但相反而言，假设：我们认为每一位女性追求幸福的权利就在于让她们有权使用她们完

---

① 这里，关于对同性恋之可允许性的否定，我们还忽视了一个被误解的功效主义式的证成。即，有人会主张，倘若对同性恋的成见已经相当广泛，那么：(a)知晓了同性恋行为而带来的厌恶就会大大严重于(b)那种从开放的同性恋爱中所得到的喜悦和愉快，更不用说(b)还夹杂着(c)同性恋情所经历的痛苦——要么被迫终止，要么对他们的关系遮遮掩掩，要么忍受社会的责难。(更加确切地说，(a)的绝对值要大于(b)和(c)的绝对值之和。)因此，人们或许会认为，我们的责任是促成尽可能多的快乐，但这责任却要求我们致力于削弱(或至少是隐瞒)同性恋的行为实践。既然如此，我们可以假设，同性恋关系将会导向更多的幸福而非痛苦，是赞许的，是可爱的——对此的接受是非功效主义者对消灭同性恋这件事的成见，那么(a)之反效用的存在就取决于我们并没有采取功效主义的视角。因此，功效主义最合理或最有力的形式就会坚持认为，当我们计算什么才最好时，我们并不考虑(若非忽视的话)这些成见。参见斯玛特和威廉斯(Smart and Williams, 1973)对此的论证。

② 这类动摇通常是可预测的。海德特和赫什(Haidt and Hersh, 2001)探究了自由派和保守派在对如下行为是不道德的信念加以辩护时所提出的证成性的不同，这些行为在"我们的"道德法则中貌似是无受害者的犯罪——例如手淫、同性恋以及经过双方同意的成人乱伦。惠特利和海德特(Wheatley and Haidt, 2005)探究了催眠对于动摇的影响。

好无损的性器。假设:我们认为每一位女性自治(automony)或自决(self-determination)的权利就在于让她们在婚姻关系中有完满且平等的地位。再假设:女性拥有自治权和追寻幸福的权利,我们对此的信念本身并非完全出于没有这些我们就会感到厌恶。那么,我们就没必要把我们对女性割礼和多配偶的禁止看成不正当的或者专制的。相反,关于女性权利及其在女性割礼和多配偶制在道德问题上的含义,我们需要知道异质文化是否对其有所异议,以及为什么会有所异议吗?最后,倘若因着宗教成见而存在的分歧消解了,那么几乎可以肯定的是,至少其中一方对这些事是不是道德的无所谓了。也许,多配偶制的拥护者忽视了女性的才能,或者它的诋毁者并未认识到它在特定条件下有着实际功用和必要性。①

那么,看来必须从单纯的动机上去解释道德分歧的来源才能支持道德分歧中的主张。也许有根本性的、无法解决的道德分歧,但它们的存在并不是[道德主义者的——译者加]先天担保。

于是,分歧到最后也没有向我们提供一条走向道德怀疑主义的快速通道。为了指责我们道德信念中的合理性和我们对道德知识的主张,怀疑论者必须审查我们大部分基本道德确信在因果关系上的来源。如果我们大部分基本道德判断仅仅是出于厌恶;或者,如果卡尔·马克思(1818 – 1883)是对的,把这些信念设想成权力宣传推广的结果;再或者,如果约翰·洛克(1632 – 1704)的证明是对的,把它们归因于一个宗教形式如今已不再可信了,那么这对道德怀疑主义来说就是一个好的例证。(我们下面会审查这些说

---

① 即便如此,一夫多妻制的协议也仅仅出于如下原因才有可能具有经济上的优势:由于女性的能力被忽视以以制度形式被恐惧和嫉妒,从而导致女性离家外出工作的可能性被否定了。关于此问题的更多讨论参看格罗斯巴-沙克曼(Grossbard-Schechtman, 1984)以及怀特和伯顿(White and Burton, 1988),这两篇文章在普林茨(Prinz, 2007)那里被引用和讨论。我们还必须注意大量的证据,它们表明:一夫多妻制社会里的女性并不赞同这种一夫多妻的做法(维康 Wikan, 1996),并且实际上普遍地怨恨家长制的社会结构(Abu-Lughod, 1991; Wainryb and Turiel, 1994)。

法。)但如果,探询我们大部分道德看法的发生起源揭示出了类似于区分对错的可靠机制这样的东西,那么怀疑论者的处境就岌岌可危了。

2.2　道德语境主义

我已经说过了,食人俗单纯的恐怖不能证成我们对它之为不道德的信念。但起码看起来,诸如厌恶和嫌弃这样的反应所提供出的证成性使得道德知识不再必需。当然,我们知道食人俗在某种显著的方面是错误的,因为我们经由来源确凿的证据得以知道,或者从它可能构成的健康风险、可能渗透出的对人类生命的不敬来推断出它是不道德的。但无论如何,神经过敏并不是道德信念的充分基础(Moore,1912,66 – 67)。

女性割礼,多配偶制,甚至乱伦的某些变式,亦复如是(沃尔夫Wolf 和达拉谟 Durham, 2005)。假设一对成年的兄妹,他们没有生育能力,在明知的情况下两厢情愿地性交。研究表明,大部分发达国家的现代人都会认为这样的行为是不道德的,尽管他们也拿不出好的论证来支持自己(Haidt, Björklund 和 Murphy, 2000)。现在,无论一对兄妹多么愿意发生性关系,总会充满着权力的不平等和情感的张力,它们足以把这种关系看成是愚蠢的、鲁莽的,甚至是不道德的。(起码由此而言,亲子乱伦总是错误的,这就是一个好的例证。)但倘若只是靠着粗劣性(grossness)来反对兄妹乱伦,那么我认为,我们就必须重新审视我们所持有的关于"这是不道德的"这一信念了。

诚然,意见相左者认为,厌恶已足以证成道德信念了(Prinz, 2007, 31 – 32 and 238)。厌恶大体上能为在相应情况下的某个行动或活动之为**恶心**(disgustingness)的信念提供证明,因此我们就必须审视那些会让我们在此情此景中将其判断为不道德的道德观念。

然后,假设粗劣性是不道德的良好佐证,那么相应来说,从"x 是令人厌恶的"推导出"x 是不道德的"就是可以的。因为对厌恶的种种反应是相当有弹性和可变性的,所以人们从不同的文化中就会发现不同的令人恶心的事情。那么,我们怎么才能解决这样一个争端呢?——在某人看来,所有形式的乱伦都是不道德的,就因着它们都是令人厌恶的;而就另一种异质文化中的人看来,他并没有对某些形式的乱伦感到不适,所以认为它们是完全可以的。如果我们不能解决这个争端,那么就恶心与道德而言,对我们这种失败的最佳解释就包含着怀疑主义与虚无主义了吗(乔伊斯 Joyce, 2001, 164 - 165)?

还有一个看法值得一提,那就是**道德语境主义**(moral contextualism, Dreier, 1990; Unger, 1995 and 1996, ch. 7;并参见 Arrington, 1989)。正如我们这里所理解的那样,语境主义是一种语义学或语言学上的论点:语境论者主张,我们日常的一些道德术语,在使用它们的语境有所改变时,它们的指称(reference)和/或意义也就有所改变。比如,想一下这样一个句子:"天在下雨"。当托马斯在伦敦说出这个句子时,他是用以来表达伦敦在下雨;但当扎德在圣巴巴拉市说出同样的话,他则是用以来说圣巴巴拉市在下雨。"天在下雨"是**语境敏感性的**(context-sensitive),因为它的固有意义(standing meaning)和规约意义(conventional meaning)都表明它被用来在不同的语境下说不同的事情,而且说话者借此来辨别一个人用这句话在任意给定语境下想要说的是什么。在最基本的意义上,通过查明你身处何处,也通过推断出你断言那里正在下雨,我理解了你在说出"天在下雨"这句话时表达出了什么。

最为重要且有趣的是,那些**纯粹表面上的分歧**之所以可能发生,往往就是由于忽视了某些语境敏感性表述的意义或指称(denotation①）。如果我并没有真正理解一个语境敏感性的表述，或如果我掌握了它的固有意义但不知道谁在什么时候什么地方说的，或针对什么说的，那么由此产生的分歧就不过是幻象。真正**认识上的分歧**必须排除这类纯属语义上的或者解释上的错误。

认识上的分歧：鉴于 S 因为相信 P 而明确断言了 P，S:S* ≠ S 因为相信非 P 而断言了非 P，并且 S* 想要否定的正是他明知 S 已经断言了的那个命题。

比如，假设托马斯在阴霾严重的伦敦，他的朋友扎德从晴朗的圣巴巴拉市打电话给他，幸灾乐祸地说："天气很晴朗啊。"要是托马斯知道扎德在哪里并且完全不确信圣巴巴拉的天气如何，而就着伦敦的阴霾反驳说"不，不是的"，那么托马斯就是对这句话的固有意义全然无知。如果托马斯说"不，不是的"这话是因为他以为扎德也在伦敦的话，那么他就犯了一个相当严重的理解性错误。（在这个例子里，托马斯理解"天气晴朗"这句话的固有意义，但因为他不知道扎德在哪里，所以他不能以此理解来推论出扎德所断言的是圣巴巴拉市天气晴朗。）这两类都是语义上的无知，都排除了真正的争端或真正认识上的分歧。只有当托马斯说"不，那里天气是不晴朗的"时，认识上的分歧才会产生，因为他知道扎德所断言的是什么——也就是说，知道圣巴巴拉天气晴朗——但他认为（与事实相反）圣巴巴拉实际上是阴天。因此，只有关于"事实"的分歧而没有纯粹交流不畅所导致的分歧。

在特定的道德多样性问题上，当下的语境主义者认为，"乱伦是错的"这句话类似于"天在下雨"这句话，它们都恰当地用于断言不

---

① reference 和 denotation 在语义学中都是指称；有人区分了它们，译 denotation 为类指，指称意义；译 referentation 为实指，实指意义。我认为这里并没有深入讨论语义学问题，是一般意义上介绍，所以混用了两者，都译为指称。（译者注）

同语境下的不同事物——由于道德词汇表中有些词项的指称或意义有所不同而导致了上下文的不同。

道德语境主义：一个或多个道德表达式都恰当地用于指示或表述不同言说语境下的不同事物。那么,包含着该表达式的语句将被恰当地用于断言不同语境下的不同事物。

所以,继续来审视乱伦这一问题,我们可以假设：露西和那鲁巴图在打电话,一个是生在美国长在美国的公民,一个是特罗布里恩群岛人,她刚刚嫁给了她父亲那边的大堂哥。当露西说："你这是乱伦,乱伦是不道德的!"那鲁巴图就反驳说："不,这不是不道德!"关于这个对话的一种语境主义解释可能会这样主张:因为"不道德"的指称变化了,所以露西和那鲁巴图实际上并没有分歧——相反,她们都用了一个简单句"乱伦是不道德的"来断言不同的命题。就像扎德用"天气是晴朗的"来断言圣巴巴拉天气晴朗,而托马斯用"天气是不晴朗的"来断言伦敦天气不晴朗一样,露西用"乱伦是不道德的"来断言堂而皇之与大堂哥发生性关系是不道德的,考虑到她所在的共同体所普遍流行的文化实践的话;然而,那鲁巴图则用"乱伦不是不道德的"来断言这样的行为不是不道德的,考虑到特罗布里恩群岛所设定的标准的话。因此,露西和那鲁巴图并不比扎德和托马斯更加相互分歧。①

---

① 此处的问题在于:是否"不道德的"以及其他英文表达方式会呈现出语境敏感性? 如果是,那么是什么类型的? 当我们想知道在基里维拉语(Kilivalan,这门特罗布里恩群岛土生土长的语言)里是否会有一个给定的表达式可以被恰切地翻译为"不道德的"时,类似的问题就出现了。既然(看起来)学习了英文的特罗布里恩人或许仍然会对"堂表兄妹发生性关系是不道德的"这个英文句子产生异议,但是将乱伦行为道德与否的明显分歧统统归因于翻译上的错误,这种做法显然是不合理的。关于此问题更广泛的讨论,请参看库克(Cook, 1999);库伯(Cooper, 1981);吉巴德(Gibbard, 1992a, b);穆迪-亚当斯(Moody-Adams, 1997)和施奈尔(Snare, 1980)。

记住,要是扎德和托马斯来来回回地说"天气是晴朗的"、"天气是不晴朗的",那么他们就真的会陷入困惑。他们应当都同意圣巴巴拉的天气晴朗,而伦敦的天气不晴朗。道德语境主义者会主张说,"嫁给你的大堂哥是可以的"与此类似。要是那鲁巴图和露西来来回回地说"乱伦是道德的"、"乱伦是不道德的",那么她们也真的会陷入困惑。她们应当都同意在讨论中乱伦是多样性的——在露西的道德标准下是不道德的,在那鲁巴图的道德标准下就是完全可以的。圣巴巴拉有晴朗的天气,伦敦亦有晴朗的天气,但就没有那里的天气只是"晴朗的",**到此为止,句号**(full stop)。与此相仿,有对美国人来说不道德的事,亦有对太平洋群岛人来说不道德的事,但并不意味着就有某事只是"不道德的",**到此为止,句号**(full stop)。当然,这里排除了这样一种情况:地球朝向太阳的一面全都是晴天;也排除了这样一些行为:在所有文化看来皆是不道德的。即便如此,道德事实在形式上也是**相互关联的**(relational)。就每个人来看,是不道德的,依然是"就 X 来看,是不道德的"的一个实例。它并不是画句号式的不道德或者说绝对的不道德。

虽然这个解释有点令人沮丧,但语境主义者对道德话语的看法实际上协助调和了非怀疑主义的道德知识论和那些文化间貌似存在的根本性道德分歧(哈尔曼和汤姆森 Harman and Thomson,1996)。比如,当露西说"乱伦是不道德的"时,语境主义者可以说露西表达了**所知所识**(knowledge),因为如果语境主义者是对的,那么露西在这里所知道的(乱伦是不道德的)是就着她所在社会运行的标准来知道的。但这并不排斥,当那鲁巴图说"堂表亲乱伦是道德上可允许的"时也表述了所知所识。(比较:当托马斯说"天气是不晴朗的"时,他表述了所知所识;而当扎德说"天气是晴朗的"时同样如此。扎德所知道的是圣巴巴拉天气晴朗,而托马斯所知道的是伦敦天气不晴朗。)教训在于,一旦道德事实被解释为在形式上是相互关联的,那么道德事实就更容易被知道。表面上的道德分歧并不威胁相互关联的道德知识,但却往往会被诊断为得了语义上的误解病。①

然而,怎么语境主义关于道德话语的看法就合理了呢？大卫·卡普兰(David Kaplan),这位首度为语境敏感型表述提供出严格逻辑形式的理论家之一,给出了一个结尾开放但有所限定的清单:

> 我建议,一个语义理论的词群包括:代词——"我"(I)、"我的"(my)、"你"(you)、"他"(he)、"他的"(his)、"她"(she)、"它"(it);指示词——"这"(this)、"那"(that);副词——"这里"(here)、"马上"(now)、"将要"(tomorrow)、"曾经"(yesterday);形容词——"实际的"(actual)、"当下的"(present)、等等……这些语词的共同之处,或者我所感兴趣的用法在于:它们的指称依赖于使用的语境,而且语词的意义给出了一个规则——根据语境的某些方面来决定其所指。(1989,489－490)

但是,现在看来这一现象更加普遍了[虽然卡佩伦和莱波雷(Cappelen and Lepore, 2005)对此有所异议]。时态明晰地指示出了语境敏感性,数量表述词和程度形容词同样如是。如果玛丽在五月时说"叶子是绿色的",而山姆在十月时说同一片叶子"是红色的(不是绿色的)",那么山姆的话并未否定玛丽的话。如果弗兰克自言自语地说"冰箱里啥也没有",因为里面没有食物;而清洁工山姆让他的助手默里撤空冰箱所有的零部件时说"默里,那些架子和抽屉还在冰箱里呢",那么山姆的话并未否定弗兰克的话。如果一个贫穷的牙买加人乌塞恩说"伊万德富有",这是将伊万德与其他牙买加人

---

① 批评家或许会说,"相关于道德的知识"(relational moral knowledge)根本不是真正的**道德**知识,因为真正的道德知识不会完全与动机脱节,就像"相关于道德的知识"那样。这一批评给我们刚刚考量过的那一类道德语境论造成了严重的障碍。

相比较而言的；而富有的阿联酋生意人阿米尔说"伊万德不富有"，这是将伊万德与阿米尔自己国家的人相比较而言的，那么阿米尔的话并未否定乌塞恩的话。恰恰相反，玛丽坚称**在五月叶子是绿色的**，而山姆并不是要否定她才坚称**在十月叶子不是绿色的**。弗兰克坚称**冰箱里没啥吃的东西**，而山姆并不是要否定他才坚称**冰箱里还有可拿的东西**。乌塞恩坚称伊万德对一个牙买加人来说是富有的，阿米尔会同意，但进一步还是会说，**这个人在阿联酋人看来并不富有**。

那么，"厌恶"怎么样呢？假设玛利亚爱吃香菜，而对凯西来说这东西吃上去一股肥皂味儿。凯西诚恳地说："香菜令人厌恶"，于是玛利亚回答说："不，不是的"。这里有认识上的真正分歧吗？或者是不是凯西坚称香菜令她厌恶(对凯西)，而玛利亚则坚称香菜不令她厌恶(对玛利亚)？好吧，这里玛利亚需要考虑几种可能性：也许凯西只是吃了快蔫坏了的老香菜，或没有恰当地清理香菜，再或者她总是因为害怕或陌生恐惧症而拒绝尝试新事物，但要是她思想开放的话就会喜欢香菜。而凯西自己可能也有一些臆测：也许玛利亚就是习惯于香菜肥皂汤，或者，如果去除这个原料，她实际上会喜欢菜肴的味道。用反语境主义的话来说，我们可以这样说，玛利亚和凯西实际上是就香菜的味道相互产生了分歧：如果玛利亚的假定是正确的，当她对凯西说香菜一点都不令人厌恶时，她说的就是真的；但如果凯西是对的，那么香菜就真的是令人厌恶的。

相反，对不少人来说(其中包括了凯西但不包括玛利亚)，为什么香菜吃上去味同肥皂，对此假设有种遗传学上的解释，且假设凯西和玛利亚都知道这个解释，此外也知道肥皂味让所有人都厌恶。那么，如果她们继续来来回回说"香菜令人厌恶"、"香菜不令人厌恶"，我们就必须推断她们俩要么彻底陷入了困惑，要么就弄错了她们所用语词的意思。凯西应该直截了当地断言：香菜吃起来让**她**(以及其他像她这样的人)感到厌恶；而玛利亚应当坚持己见地宣称:香菜并没有让她(以及其他像她这样的人)感到厌恶。那么,她们就没有理由争论到底香菜是不是真的令人厌恶。我们事先已经知道香菜可以不让人感到厌恶(也可以不让人感到美味),到此为止,句号。

一旦给出了道德语境主义的整个语义学性质,我们就可以问:倘若就着我们作为道德知识论者的身份而言,其所言的真理是否真的重要?如果仅仅因为事情让我们感到厌恶就能让我们判断其为不道德的,那么对道德话语的一种语境主义解释实际上就和我之前提出的那种"不变论者"(invariantist)的解释效果一样了——这种解释坚持认为厌恶还不足以让我们判断某事为不道德的。露西坚持说"乱伦是不道德的",通过这样坚持来希望她断言出乱伦**就是**不道德的,但就语境主义而言,露西不能前后融贯地这样坚持。相反,这句话的常规意思表明她用这句话是根据自己的标准(或者她共同体中的那些标准)来断言乱伦是不道德的。稍微对比一下,不变论者认为,正是"乱伦是不道德的"这话的固有意义让露西能以此来坚称乱伦就是不道德的。如果不变论者加入我们的讨论——厌恶对道德判断来说是不充分的根据,那么不变论者就会坚持露西的断言是未证成的。无论如何,露西用了相当强的批评方式来继续与那鲁巴图争论。要么语境主义者是对的——露西不能用"乱伦是不道德的"这话来断然否定那鲁巴图所坚称的东西;要么我们所描述的不变论者是对的——露西只能用一个未经证成的或者毫无根据的风俗习惯来否定那鲁巴图。就两种解释而言,露西都不能真理在握地或前后融贯地谴责特罗布里恩群岛的婚姻实践是不道德的。

当然,露西既可以前后融贯地用"乱伦是不道德的"来断言乱伦就是不道德的;也可以证成这个断言——如果一个不变论者对她这话的解释是对的,而她所在共同体对厌恶的反应是一个良好证明,来证明乱伦**就是**不道德的(比起特罗布里恩群岛人的反应所给出的证据来证明乱伦是道德上可允许的,这一证据更具优越性)。但难以理解的是，单纯的厌恶在这里怎么被关联进去的。我已然说过，因为厌恶显然要么与不道德不相关，要么相关性极为薄弱，它不可能证成露西相信乱伦之为不道德这一判断，即便是最肤浅的证成。诚然我错了——她对厌恶的感觉并不能证成露西认为所有的乱伦都是不道德的，但相当确定的是，在面对那鲁巴图相反的经验和证据时，这一感觉并没有给出足够好的证据来证明乱伦的不道德性，来证成她对这一信念的坚持。比起那鲁巴图来说，作为一个有理性的人来接触一种完全不同的实践活动，露西需要很多理由来思考她对乱伦之为不道德的反应是否更加可靠，而且，没有证据可以证明堂表亲乱伦就是不道德的——单纯的厌恶还远远不是——如此的理由也太唾手可得了。

即便如此，我们将会看到，与休谟或康德论证不同，理论家主张一种更为基本的径路——以非推论性为依据——道德信念产生于种种反应能力而不是厌恶。不管我们是否通过拒斥异质文化或陌生共同体的相异主张，就能言之凿凿地坚守哪怕些许此类信念，我们都会看到这一点。再则，如果我们要去评估道德判断的可靠性以及我们的信念所根植的那些知识论上的凭证，我们就必须找出一种解释来说明我们那些最基本的道德判断的源起。毕竟千里之堤毁于蚁穴啊。

2.3 本章总结

一些理论家坚持认为，虚无主义或者知识论上的道德怀疑主义都假设了道德分歧的深切性和普遍性。有很多方式来抵制这条推理路线。当然有大量的道德多样性；但是正义、勇气、诚实以及某些形式的互助对全世界来说都是有价值的。单一的道德原则在不同的周边情况下需求着不同类型的行为，而道德分歧往往起因于对非道德事实的无知。如果怀疑我们能在清晰地应用日常概念时有所知道的话，那么日常概念的含混性就会使得分歧无法解决。知识论上的不合理性解释了为什么我们在宗教主张上始终众说纷纭——比如创世纪的造物神话——这些主张根本无关道德，而且这些主张早就不能让每个人满意了。关于同性恋和不谦逊的那些道德分歧同样可以这么说，它们也有一个宗教上的原因。

一些判断仅仅因为厌恶。显然，倘若没有好的论证或构成信念的更为可靠的方法，厌恶感就不能证成我们的道德信念或提供给我们道德知识。这也不能让我们对最根本的道德信念产生怀疑，除非这些信念只建基在厌恶感之上，但它们并非如此。就残忍、自私和不公正之为不道德这一判断而言，我们必须深入研究它的因果起源，才能发现这些信念是否真正可靠。从分歧到怀疑主义，没滑得那么快。

道德语境主义者们认为，跨文化的道德分歧往往流于表面。根据自己的眼光，我们使用"错的"这个词来断言多配偶制是错的；根据某些异质文化者们的眼光，他们使用"错的"这个词来断言这种实践并不是错的。因此，如果我们继续来来回回地说"多配偶制是错的"和"不，它不是错的"这两句话，那么我们就会陷入困惑。而我们的分歧不过是虚泡幻影。

当我们在某些实践的不公正、自私和残忍中探询核心的道德信念时，道德语境主义就似乎不合情理了。我们反对多配偶制的道德性是出于这样的信念，它们关乎着女性的权利和能力；也出于这样的论证：支持多配偶制的对话者不能合理地把他们所相信的东西作为与真理无关的东西。但是当语境主义只是凭借着厌恶就做出道德判断时，那么它所得出的真理就几乎没有知识论上的重要性了。我们要么不能在如此信念的对立看法面前为其辩护证成；要么不能中肯地反驳异质文化对此的种种看法。无论这样或那样，我们都会被指责在坚持认为一个别人可接受的行为是不道德的，而我们断言的背后只是因为厌恶，别无其他。

2.4 扩展阅读

克里斯·戈恩编辑的《道德分歧》(Chris Gowans ed., *Moral Disagreements*, 2000)一书收入了这个主题下的重要文本,保罗·莫泽和托马斯·卡尔森编辑的《道德相对主义:一本读物》(Paul Moser and Thomas Carson ed., *Moral Relativism: A Reader*, 2001)亦是如此。就强调我们在道德事务上差异的深度和广度而言,最近的讨论包括了吉尔伯特·哈尔曼的《解释价值》(Gilbert Harman, *Explaining Value*, 2000b),戴维·王的《自然道德》(David Wong, *Natural Moralities*, 2006)和杰西·普林茨的《道德的情感建构》((Jesse Prinz, *The Emotional Construction of Morals*, 2007)。就强调实际的和潜在的一致性而言,这些讨论包括了罗斯·谢弗-兰多的《道德实在论》(Russ Shafer-Landau, *Moral Realism*, 2003)和迈克尔·霍尔默的《伦理直觉主义》(Michael Heumer, *Ethical Intuitionism*, 2005)。而理查德·米勒的重要论文《道德习得的路径》(Richard Miller, Ways of Moral Learning, 1985)则旨在一种中间立场。

语境主义最微妙且影响深远的观点都可以在一般的知识论文献里被找到。这些文献包括斯图尔特·科恩的论文《知识与语境》(Stewart Cohen, "Knowledge and Context", 1986)、戴维·刘易斯的论文《难以捉摸的知识》(David Lewis, "Elusive Knowledge", 1996),和基斯·狄若斯的论文《断言、知识和语境》(Keith DeRose Assertion, "Knowledge and Context", 2002)。彼得·昂格尔在《伦理学中的语境分析》(Peter Unger, "Contextual Analysis in Ethics", 1995)一文以及《其生也荣,其死也安》(*Living High and Letting Die*, 1996)一书的最后一章中,发展了道德研究。对语境主义的批评包括詹森·斯坦利的《知识与实践的好处》(Jason Stanley, *Knowledge and Practical Interests*, 2005)。更为广泛的批评呈现于赫尔曼·卡佩伦和欧内斯特·莱波尔所著的《不敏感的语义学》(Herman Cappelen and Ernest Lepore, *Insensitive Semantics*, 2005)一书中。

3

道德虚无主义

3.1 特征：道德怀疑论

我们通常并不是用怀疑论的方式来看待道德判断的，道德分歧的存在不应当让我们无视这一点。因为我们往往这样假定：所有正常的、健全的成年人都能在基本层面上辨晓是非，而且只要孩子生来没什么极端心理缺陷的话，也能教会他们应当如何行事。**温和的道德怀疑论**却挑衅了这种想法，认为我们没有道德知识；而**极端怀疑论者**则宣称我们根本无法可证成地持有任何道德信念。在此章，我们旨在描述和评价代表着这些怀疑论主张的种种附加论证。

首先我们将指出，道德怀疑论并不仅仅是指某些人怀疑我们通常所理解的道德知识。正如勒奈·笛卡尔(1596－1650)曾评论的(1641/1993)，或许疯人院里的病人会非理性地把自己看成是玻璃做的，但这并不会对他实际上是血肉之躯这一主张构成严重质疑。同样的，昏了头的人可能认为杀妪夺钱并没什么错，但它根本无法蚕食我们相信杀妪夺钱是错误的这一信念。①

对于道德知识的存在、道德信念的确证等等来说,真正挑战了它们的人是那些有**好的理由**(good reasons,充足理由)的人,他们认为我们对这些信念的理解都是虚假的,或不过无稽之谈。因此,我们必须要关注的是这样一些怀疑论者,他们不仅质疑或不信我们对道德事务能有所知,而且他们确能对这一立场有所证成。然而,激进怀疑论者到底在怀疑什么呢?考虑到怀疑论批评的复杂性和反思性,想要质疑我们所提出的那些关于道德知识的一般主张,怀疑论未必就能直接或**非推论性地**加以证成。所以,你仅仅通过内省就说你知道你疼,或者仅仅抬头看看就知道身前有个红色的物体,再或者,仅仅掌握了相关概念及它们之间的逻辑关系就能知道"4+4=8",我认同你的这些知道,但怀疑论所怀疑的并不是这些可以提出论据来论证其不可推论的知识。相反,怀疑论者必须用某种**论证**来支持他的立场——这论证能使一个理性的人去怀疑或否认存在道德知识这样的东西——而通常来说,一个理性的人会认为他自己以及他所在共同体中的成年人就有这种知识。怀疑论者的论证可能只基于这样一个霸道的断言:我们没有充足理由去相信我们的所做所为关乎道德。连同这一断言的是个不宣的假设:如果缺乏好的理由(good reasons),那么我们便无从知晓也无法理性地去相信什么。但怀疑论者必须提供些什么才能使得我们这些普通老百姓去怀疑那些普通的见解。

这样的论证分为两类。**虚无主义者**认为,不存在为人可知的道德真理,因此也就没有道德知识。相反,**纯粹知识论上的道德怀疑论者**认为,不管道德真理存在与否,我们所持有的关于道德信念的所有证据、理由或根据都不足以提供出道德知识,不足以证成道德

---

① 比照着福格林(Fogelin, 1994)和辛诺特-阿姆斯特朗(Sinnott-Armstrong, 2006)对皮浪怀疑论的描述。

信念。我们的讨论将从第一类怀疑论开始。

3.2 上帝之死

在传统社会中,道德训导(moral instruction)显然具有宗教色彩。即便在那些西方国家,他们通过法律和宪章将政教分离奉为圭臬,但家长和教会学校的教师们仍将道德学习与上帝规训编织在一起。须上帝存在方有道德真理么?若是,怀疑论者就能通过质疑上帝存在来说服我们承认我们没有道德知识么?陀思妥耶夫斯基(1880/1990)笔下的伊凡·卡拉马佐夫得出了这样的结论(即便不完全是针对这个事情说的):如果上帝不存在,那么在道德上,一切皆可允许。若伊凡是对的,上帝不存在的话,那么就没什么道德责任能为人所知了。

确实,道德怀疑论者最具说服力的论证就集中在陀思妥耶夫斯基作品所提及的**可允许性**(permissbility)这个概念上——就我们的信念而言,对于可以这样做和避免那样做,我们负有道德上的**责任**。自不必说,小孩是自私的,也往往会对其他人残忍相向。(虽然称他们"本性"邪恶往往是夸大其词。)为了负责任地把下一代抚养成人,我们必须得训斥他们的这种行为,并鼓励他们要慷慨善良。因此,当我们试着告诫孩子不要残忍和自私时,我们会颇为合理地假设我们能激发他们去做他们所须做的事——他们知道,如果要得到想要的,他们就必须这样去做。如果比起霸占玩具或欺负玩伴所带来的力量感,他们更想得到父母的爱和认可,那么父母就告诉他们,我们希望他们能友好地与人分享和玩耍——因为不这样做是错的,而这样做就可以如愿以偿。要是他们不那么在乎我们的期望或对他们的观感,那我们就不得不采取强硬的奖惩手段。但是,当不在孩子身边时,父母如何能使孩子继续与人分享呢?要是父母离世了,孩子也不再需要父母对其行为有所认同了,这时如何才能保证孩子依旧行事良善,或者说,如何使得孩子免于做出不为人知的劣行? 或许,可以使他们想要得到一位永恒神明的认可,祂无所不知。再或许,孩子可以相信,无论自己最想得到什么,只要他行为不道德,上帝就不会成全。对上帝的畏与爱可以作为一种"内在的"道德制裁来起作用。①

现在,如果孩子关于道德责任的信念具有这种神学基础,他们就容易遭受形而上学的质疑。对着我们孩子的灵魂,怀疑论者刀俎相向:

1. **道德责任的权威**:如果你在道德上有责任来避免行为残忍,那么无论在什么情况下,你都不应当行为残忍。
2. **工具理性的至上地位**:如果你无论在什么情况下都不应当行为残忍,那么一定有什么东西是你想要的,而你可以通过避免行为残忍来得偿所愿——而且相较于你的残忍行为所能获得的东西,这才是你更想要的。

原则(1)和(2)共同牵涉:

3. 如果你在道德上有责任来避免行为残忍,那么一定有什么东西是你想要的,而你可以通过避免行为残忍来得偿所愿——而且相较于你残忍行为所能获得的东西,这才是你更想要的。

当然,怀疑论者承认,只要父母所描述的上帝存在,则命题3恒真。上帝,作为道德的强制施行者——或者说,道德领域的"行政机

---

① 密尔认为,尽管一开始这些是"外部的"制裁,但当这些约束力成功地在孩子身上养成一种习惯之后,有关被禁止的行为的观念将成为本能的或"内在的"。(1861/1998, ch. 3)

构"——能够保证,只要你履行道德责任就总能得到你想要的。但如果你逃避你的责任,那么最终也保管你得不到它。用洛克的话来说:

> 善与恶不过就是快乐与痛苦,或者说,它们引发或导致了我们的快乐和痛苦。那么,道德上的善与恶只不过是我们自发的种种行为与出自立法者意志和权力的某种律法相符合或相龃龉,基于此,善与恶才是我们的善与恶。这种善与恶、快乐与痛苦、以及经由立法者所裁定的守礼与违法,便成了我们所谓的奖赏与惩罚。(1690/1991,§183)①

但如果洛克式的上帝不存在,那么在许多情况中经验会证实命题3是假的。不过恰巧,对于某些不道德的人来说,不道德貌似使他们多多少少有所获益。(尽管这种事发生的可能性也常被高估。)倘若这些不道德之人的种种罪行并未**真的**使他们得到所想要的东西——这之所以发生,可能只是由于日常世界的种种惩罚取代了对他们的奖赏。但是,既然洛克所描述的上帝不存在,来自上帝的奖赏与惩罚也不复存在,那么实际上,履行你所认为的道德责任就是在工具意义上**不合理的**行动。

4. 有时,你避免行为残忍所能获得的东西并不是你想要的,你什么都不想要,或者说,相较于你残忍行为所能获得东西,你避免行为残忍并没有想要得更多。

---

① 洛克此处所描写的上帝既是道德的立法者也是执行者——道德法则的书写者、裁定者和执行者。但是,延伸柏拉图在《游叙弗伦》中的问题或许会暗中破坏关于道德真理能够被某人所"立法"这个信念。此外,洛克谈及了我们普遍欲求快乐而厌恶苦痛,所以,就那些并不将自己的欲求和厌恶按照趋乐避苦这个信念来分配的人,我们对上帝角色的描述就会与洛克的描述有所不同。

(3)和(4)共同包含着一个怀疑论性质的中间结论:

5 有时,你在道德上没有责任来避免行为残忍。尤其是,一旦(就像时有发生的那样)行为残忍能使你得到你(经利弊权衡)所欲求的东西,你就在道德上没有责任来避免行为残忍。

但是,耳畔萦绕着怀疑论调的我们仍然无法接受这样的事:经利弊权衡,只有在这样做能满足自身欲求的情况下,我们的孩子才应当避免残忍待人。如康德(1785/2002)所言,归根结底,道德责任在本质上就应该是**无条件的**(categorical)。正因如此,道德责任才区别于其他种类的责任。譬如,你不去上班这碍不着谁,但上班干活是你维持这份工作的条件。那么这貌似意味着,不管你喜不喜欢,要是你想保住这份工作,你就有责任去上班干活。有人可能认为,这足以表明我们在此讨论的责任并不是某种**道德上的**特殊责任。就算你确实**在道德上**有责任去上班干活,那它也并不取决于你想保住这份工作的念头。你可以**摆脱**某些非道德的责任,但不管怎样,道德都束缚着你。(参见 Foot, 1981; Wiggins, 1995; Herman, 2008)。

现在,怀疑论者加入到我们的思考当中。当然,他不认为我们的孩子应该保持正直,即便通过不道德行为,孩子能最大程度地满足目的。但在以下这个有条件的断言中,怀疑论者将乐于加入我们这一边:如果我们的孩子真的有道德责任去避免行为残忍这样的事,那么这就不取决于他恰好想要的东西。

6 **道德的条件范畴**:如果在任何情况下,你在道德上都有责任来避免行为残忍,那么,你如此遵守并不取决于你对可能缺乏的东西有所欲求(或有欲求性结构)。

结合我们之前的论证,(6)使我们推出:

7 你在道德上从没有责任来避免行为残忍。

显然,从对我们到对我们的孩子,怀疑论者就可以所向披靡地给出相似论证;从残忍到自私,到阳奉阴违,再到其他所有在道德上被认为不可取的行为方式,怀疑论者就可以所向披靡地转移论题。因此,由于他在选择了目标听众及其行为上表现出了全然的中立立场,怀疑论者就宣称他能得到了一个有那么点儿普遍的结论:

8 没有道德责任。

在这个意义上,这确实是一个事关存亡的危机:上帝信仰的丧失让某些人在那种极端的道德怀疑论面前变得毫无免疫。①

现在,虽然怀疑论的推理魅力十足,但它的每一个前提也可以继续被怀疑。比如,针对(1),我们可以声称,保罗·高更在道德上负有养妻育儿的责任,但他权衡再三后还是做了对他来说正确的事:搬去巴黎(随后搬去太平洋小岛)画出他的杰作(Williams, 1981;参见 Wallace and Walker, 1970, 11)。当然,一般来说,我们认为道德考量比审美考量来得重要,即便如此,有些思想者依然提出后者能胜过前者(Nietzsche, 1886/1966)。针对前提(6),我们可以争辩道,道德是一个假言命令系统,虽然命令句(祈使句)深深地根植于人类的需要和欲求之中。即便我们的道德责任仅仅约束着那些善于同感的、完全成年的个人,或者那些自愿加入到道德事业中的人,那它们就不够真实了吗(Foot, 1972;参

---

① 可参照格雷戈瑞·卡夫卡(Gregory Kavka, 1985)对柏拉图《理想国》中格劳孔之挑战的解释。

见 Wong, 2006)？当然,那些相信洛克式上帝的人会否认前提(4)。

然而,怀疑论的论证中最有问题的前提无疑是第二个。为了得偿所愿,你知道你必须要去做的某些事,而你却并未这么做,这其中肯定有什么不合情理的地方。(实际上,我们可以比较两点:其所牵涉的心理上的不融贯性,以及相信一个有效论证的前提而同时拒绝接受它的结论。)一般说来,我们认为,一个人要么为了得偿所愿,就应当付诸行动(或者努力地去行动),要么就应当调整他的偏好。但难以说清的是,这种说法中所包含的工具理性在前提(2)所宣称的意义上是**至高无上的**。实际上,让我们来做这样一个假设:就前提(6)所做的规定而言,道德通常被假定为无条件的,并且那些缺乏洛克式上帝的人也都如此认为。于是,我就可以坚定地告诉你,权衡再三后,你就不应该残忍行为,即便我知道行为残忍可以让你得到你最想要的,并且[如果事情轮在我头上——译者加]你也会这样对我说。那么,在我自己行动时,是什么阻止了我采纳你的建议呢？如果我做了我知道我应当做的,我也不能得到我最想得到的——做出这一判断优先于我做出下一个判断:即便如此,我还是认为不应当在眼前这件事情上行为残忍——那么,是什么阻碍了我呢？

3.3 麦凯的古怪性

回到我们的讨论,这里涉及这样一个重要的问题:上帝死后,工具理性是不是就必然产生虚无主义？但我们得先讨论一个与之相关的论证,它在分析哲学里更具影响力,即约翰·麦凯关于"古怪性(queerness)"的著名论证(John Mackie, 1977)。

麦凯说,普通人认为他们的道德责任既是"客观的"(objective)

也是"本质规定的"(intrinsically prescriptive)(1977,P33)。① 让我们暂且把客观目的性的问题放在一边,来看看本质规定性这一点。麦凯认为,我们有很好的理由来得出结论:不管是什么,实际上无物有此性质。② 为什么? 因为客观的、本质规定的责任怎么就被我们知道了,这件事还没有靠谱的说法呢;而且,我们有这些责任这个事实怎么就与其他种种更加凡常的事实相互关联了,这件事也还没有靠谱的说法呢。会不会是这样:我们确实有道德责任,但它们既不是客观的也不是本质规定的? 麦凯不这样认为,因为我们的道德责任概念变得如此深陷于对客观目的性和本质规定性的假设之中,以至于除非它拥有这性质否则就不是一种道德责任了。于是,我们必然得出"没有道德责任"这样的结论。没有人真正在道德上有责任去做什么事。

论证的基本结构可以做如下呈现:

9 "客观的、本质规定的",对道德责任的这个假设深深地扎根于道德思考之中,以至于除非有这性质,否则就没有道德责任。
10 没有什么东西是客观的、本质规定的。
8 没有道德责任。

---

① 麦凯之意并非在于某种对道德责任的狭隘分类,而是在于讨论更为普遍的道德(和美学)。但是因为当针对个人的责任及其关于此责任的知识这件事来考虑时,该论证就最为有力,所以我们可将关注点保持在道德领域的这一方面上。

② 在我看来,麦凯认为,没有什么东西可以既是客观的又是在本质规定的,但确有文本证据来反驳我的这一解读。其中最有说服力的就是其本人在1977年的书(1977, 48)中所表明的:上帝创造了我们且让我们得以生活有德,正是祂的存在确确实实地把我们安置于一系列的道德责任之中。但麦凯怎么就认为上帝的存在驳斥了他关于虚无主义的论证了,这一点却依然不清不楚。父母带着让我过上正直生活这一目的而创生了我——为何这一事实就不能起到相同的效果呢?

要进一步来解释麦凯的观点,我们就需要知道,通过"客观性、本质规定性",麦凯想说些什么(1977,35)。这些特征是什么?为什么麦凯认为常人就相信道德责任必须有这些特征?不幸的是,麦凯并没有回答这些问题!他并未努力去揭露:在日常生活中,我们就会做出"客观性"和"本质规定性"这样的假设。相反地,他坚持认为道德并不是客观的,也不是非得走柏拉图、亚里士多德、普莱斯、康德、西季威克或摩尔所走的路子(15-33)。麦凯指出,柏拉图误以为善好的形式是"这样一种知识,它给掌握者提供指导,还提供至关重要的动机;也就是说,某事物的善好会告诉那些知晓者要去追求它,并促使他们追求它"(40)。亚里士多德则误以为,每一个人都有一种"客观目的性的"功能,如果没有美德或性情上的卓越,就不能完成这项功能(45-48)。而康德则误以为,在关于谁有道德责任去做什么的判断或主张中有一种正当的、真切的"绝对命令(categorical imperative)"(29)。就道德哲学史中首当其冲的特征而言,道德是客观的、本质规定的——好吧,他们都大错特错了。

即便我们可以这样假设:对于伦理学史上那些最为重要的思考者们所做出的最为重要的种种主张,麦凯的成功之处就在于让它们大多蚁穴溃堤——虽然没那么明显——然而我们依然困惑:所有这些到底怎么就和我们的日常判断关联在一起了?设想一下,比如,通常认为纽约州州长斯皮策①知道他在道德上有责任不欺瞒他的妻子。如果斯皮策知道他的欺瞒是不道德的,那么他就必然有责任避免自己的这种行为,而且保持忠贞的责任就必然存在于这样类似的事例中。我们就真的认为这项责任是某种抽象的观念——它能以其超自然的吸引力将所有的理性行为者导向正义?我们就真的认

---

① 艾略特-斯皮策:民主党人,前纽约州州长。在担任纽约州总检察长期间,因着力整顿华尔街金融秩序、打击商业巨头的不法行为而享誉美国政坛,被称为"干净先生"。于2007年当选纽约州州长。2008年3月,被揭发曾经在首都华盛顿嫖妓,因此州长就任不满一年就被迫辞职。(译者注)

为斯皮策完全没有理解善好的形式,并且如果他完全理解了就能使他不被花枝招展的年轻女人吸引了吗?意见引发轻信(吉巴德 Gibbard,1990,154)。甚至在柏拉图的奇思妙想所构成的迷魂阵里,苏格拉底最圆滑的对话者都踟蹰不前。

此外,即便我们同意麦凯的看法:我们对道德责任的日常思考中有一些或者全部都**收编**在了柏拉图的设想里,这也尚不足以确立麦凯至关重要的前提(9)。也就是说,麦凯有这样一个主张,即"普通的道德判断就包含着……这样一个设想:有客观的价值",这些价值是"行动的指导,绝对必然的指导而不是偶然的……就行为者的种种欲望和倾向而言"(1977,29)。就道德术语的使用而言,一旦我们认为这个设想不是指称上的一种预设,那么就会有人同意麦凯的这个主张。因为一个人有可能认为,客观性和本质规定性并不是道德思考中"不可商榷的"(non-negotiable,用理查德·乔伊斯 Richard Joyce 的术语来说,2001,3)部分。

比如,设想一下制造窗户和酒杯的那种普通玻璃。我们通常认为这种玻璃是固体,科学家告诉我们,它实际上是一种高黏度的液体,或者说,它在形式上既不是固体也不是液体(布里尔 Brill,1962)。但是,这个发现并未致使我们得出结论说:没有玻璃。是不是?同样地,我们可以问:对道德的客观性和本质规定性而言,即便假设这个设想真的像麦凯所宣称的那样普遍,它盘踞在我们思考的中心,然而一旦摒弃它就会导致我们得出结论说斯皮策没有道德责任去实现他婚姻的誓言了吗?若它并非如此,麦凯就会认为它应当如此吗?

作为反驳,麦凯这样的虚无主义者可能会试图吸纳我们的**道德责任**概念,把它说成类似"龙(dragons)"或者"女巫(withces)"这样的东西(乔伊斯 Joyce,2001)。"龙"看上去是一个物种概念,可能在某个时代,大多数人相信龙是存在的。但现在我们知道根本没有这类东西:龙并不存在。注意,我们并没说现在有或者过去有龙,或者说,根据进一步调查,这些生物结果就是恐龙或者巨蜥。我们也没说,关于龙的存在这件事,中世纪的乡民们是对的,而关于动物的特性这件事,他们犯了大错。因此,我们貌似是在说玻璃是存在的,尽管它与我们所设想的样子有天壤之别,而在龙的例子上则完全是另一回事。然而,"龙"和"**玻璃**"真有根本性区别吗?麦凯的主张——比起玻璃及其所断言的固体性,道德责任的存在及其所标榜的客观性和本质规定性之间关联得更加紧密,就好像龙及其所预设的魔力一样——这个主张怎么就看似有理了?

这里的一种可能性在于,"龙"并不是一个动物学概念,而完全是一个神话的或小说的概念(沃尔顿 Walton, 1973, 1978; 埃文斯 Evans, 1982, ch.10)。也许说起或想起龙是由小说,或者神话(那些被认为是创造出来的虚构故事)启发出来的,这也就使得"龙"的概念区别于"**玻璃**"的概念——这大概是源于一种坦诚的尝试,即分类、分等以及研究我们在日常生活中所遭遇的种种事物。

如果麦凯采取了这条思路,那么倘若他要成功地表明道德命令本源上就是个天方夜谭,那么他就只能把我们关于**道德责任**的概念类比于**龙、独角兽、女巫**等等。沿着这个思路,我们必然会走到这个地步:那些给年轻人预备的种种幻想,不知怎么就被年轻人(或者年长者也一样)误以为是现实了。当然,在创造神话传说时,我们不需要力求维护那些文学上真实的东西,所以从某种程度上来说,一部神话的真理性——当然你可以怀疑有没有,但如果有的话——总是偶然的。① 一旦考虑到谎言制造者为了他们自己的邪恶目的,一心

---

① 索尔·克里普克有一段著名的论述:倘若我们关于**独角兽**的观念有着神话起源,那么事实上,没有一个可能世界里存在着独角兽。倘若一个世界中有着这样的生物,它符合古代神话所描述的独角兽的特征,但我们并不能说,这世界就是一个有独角兽存在的世界。现实世界中对"独角兽"这个词的使用确实会牵涉这样一种与独角兽的关联,好像独角兽就存在于某个可能世界中(Kripke, 1972, 23–24, 156–158)。若此为真,那么麦凯的理论就暗示出:并不存在这样一个可能世界,其中,任何人在道德上都有责任去做任何事。

想限制女性自主和信仰自由,那么对"女巫"这个词贬损和虚构的用法立马就有了某种特殊的真实性。(相比之下,"**一位善良的女巫**"这个概念并不等同于**性格乖戾但心地善良的老太太**,而"仅仅"是指一个虚构的角色。)诚然,在安哥拉、刚果、刚果共和国等地的部分地区,巫术的主张依然用来粉饰那些对儿童的虐待,比如,每年有成千上万的儿童被奴役、致盲、致残、逐出家园甚至被勒令杀害(比拉克Bearak, 2009)。因此,正如在原因论上争论这些虚构概念一样,如果要在原因论上的争论道德责任这个概念,对我们的道德信念和观念进行**揭露式的解释**(debunking explanation),麦凯就必须要为此提供出实证支持。显而易见的是,即便能给出,然而关于道德是不靠谱的这件事,源于虚构、叙事、或者政治宣传的迫害妄想的证明也会把我们道德判断的真实性以及道德概念的适用性变成大疑问,但这样的做法却根本无涉于这些概念与其所具有的某些假设(即,假设客观性和本质规定性)之间的任何关联。关于我们的道德概念,由于没有揭露出一个令人信服的谱系,麦凯的论证就是一个孤零零的断言,它关涉着一种知识论上的怀疑主义。他仅仅告诉我们,种种道德信念都有个不靠谱的起源,因而就不大可能构成关于道德真理的知识。在史学、人类学和发展心理学中,其种种现实可见一斑。或许,直到指明那些最基本的道德信念是如何被我们掌握并持有的,我们才能评价麦凯对不靠谱性的怀疑论主张。

要不然就换条思路:在我们满怀真诚地试图去分类和解释这个质料世界时,我们就容许采用或给出"龙"这一概念的语言表达,就像"**玻璃**"这样的概念那样。然而,怎么会这样呢?本着真诚的努力去对动物界做分类,怎么就会分出一种会飞的蜥蜴、喷火的蛇来了?一旦考虑到相信龙这件事是古代闪族人、波斯人、中国人和欧洲文化的一个特色,我们就更加感到匪夷所思了。(虽然故事似乎是从某些地区传播到其他地方的,而且这些神话传说有着种种不同,这暗示着它们在源头上就有两个甚至更多的不同点。)古代的动物学家明明彼此孤立,怎么就会犯如此相同的错误呢?当然,神话传说中的角色被叙述如此,必然是它起到了一定的作用才如此。所以,可不可能是一些原初使用者在使用"龙"(以及同义词)时在竭尽全力地说明着某种"景象"?他们采用"龙"这个词或许就是要指称那种**看上去**是喷火的蛇和长翅膀的蜥蜴[①]?(就这一点而言,我们也许会把"**龙**"比照着"**女巫**",或把一个孩子偶发的恶劣行为比照着庄稼的死亡。)倘若如此,"**龙**"和"**玻璃**"之间的另一个根本性差别就可以被发现出来了。因为,幻觉——而不是巨蜥、恐龙或者其他某种类龙的真实生物——主导了对"龙"以及同义词的使用,我们不会把任何真实生物作为它的外延;相比之下,"玻璃"却继续指涉着玻璃器皿,尽管它的实质是令人震惊的流体,因为这个词就是与玻璃器皿纠缠在一起才被采用的。[②]

再则,如果在这个方面,麦凯试图把**道德责任**整得像"**龙**"而不是"**玻璃**",那么就我们相信道德责任这件事的原因论而言,他就不得不把相关的"道德上的幻觉"单摘出来论证。为了补充这个就着古怪东西而做出来的论证,我们就需要一个解释,它不依赖于他物并且带着揭露性。古里古怪地对我们道德责任的强制力与范围做出假设,这就只会让我们更加怀疑这样的故事是否真实。

麦凯的脑子里难道就没有一个完全不同的参照?想一下"燃素"这个词。它可以追溯到约钦姆·贝歇尔(Johann Becher, 1635-1682)对燃烧现象的解释。是什么让东西烧了起来?贝歇尔假设了可燃物含有燃素:一种无色、无味、无质的东西。一旦可燃物变成了"矿灰"这种它的真实形态时,燃烧了的可燃物就把燃素释放到了

[①] 原文这里是"fire-breathing lizards and winged serpents"与上文"flying lizards and fire-breathing serpents"不一致,怀疑是笔误,但不妨碍理解。为了避免中文读者的揣测,我处理成了一样的短语。(译者注)

[②] 与此相关的是最近的一场论证,关于干星上的"水"(诸如此类的某个语词)的语义属性——尽管他们的星球上没有水,但这星球上的居民却具有我们所有的经验。比如参看博格西昂(Boghossian, 1997)。

大气中。最终,罗蒙诺索夫(Mikhail Lomonosov,1711－1765)和拉瓦锡(Antoine-Laurent de Lavoisier,1743－1794)的试验推翻了燃素理论,证明了燃素并不存在。因此我们可以问,道德责任难道就不会走燃素的老路?我们关于责任的观念难道不就是形成于我们先辈们某种大错特错的解释?现代的燃烧理论都回避所有关于燃素的讨论;同样地,麦凯建议,要对宇宙理解得越先进越好就越要避免所有关于道德责任的讨论。

为了论证这个立场,麦凯还必须要确立两个关键的主张:(1)我们关于"道德责任"的概念是一个理论上推想的概念,以及(2)这个概念形象所坐落的理论根本上是错误的。我们先来评估一下第一个:"道德责任"是不是一个理论上推想的术语?"燃素"这个术语并没有进入到我们科学论文的词汇表里,贝歇尔的《物理教育》也一样没有。相反,"责任"(连同它在其他语言中的同义词以及词源)一开始就与思考本身密不可分,且被广泛讨论。因此,麦凯必须证明,我们种种的道德概念构建了一套**内隐理论**(implicit theory)——充分表达出了一个关于共享信念的网络(它看上去像一个系统的科学理论)——这是这些道德概念的前提假设。此外,在这个内隐理论里,"责任"所扮演的角色自己必须相当理论才行。比如,想一下我们关于"龙"这个词的第二种解释,我们把它说成了民间动物学(folk zoology)①徒劳无益的尝试。然而,一旦我们采用了这个解释,我们就不得不假设那些幻觉——或者观察上相应的失误——以此来解释"龙"怎么就不能指出什么真的东西了,为什么?因为我们假设民间动物学家是用"龙"来分类(用来表示)**可观察到的**实体,即这里所说的动物。因此,即便在采用"责任"时附带着一个内隐的道德理论,但如果这个术语在这个理论中所扮演的主要角色取决于对

---

① 这里把 folk zoology 以及下文的 folk chemistry 翻译成民间动物学和民间化学,参考了我们现在经常使用的"民间科学家"(民科)、"民间哲学家"(民哲)这样的说法中对"民间"的使用。(译者注)

可观察行为的标示,那么,内隐着的道德的虚假性就还无法诋毁道德责任的存在。就这一点而言,对比"责任"和"玻璃"还是有用的。假设我们把"玻璃"看做一个理论术语,把这个理论所持有的内隐理论看做一个相当难以说清的"民间化学"(folk chemistry)。设想,如果民间化学在种种鲜明之处都是错的(如我们所见,玻璃不是一种固体),但是,民间化学的失败并不会让我们推断说没有玻璃。为什么?因为"玻璃"在这个设想出来的民间化学里所扮演的角色并不特别理论。相反,我们主要就是用这个术语来归类出一种可观察的物质。要真正推论出没有玻璃,我们就得设想种种所涉范围广泛的幻觉,或在观察中发生了同等尖锐的错误,使得我们发展出了"玻璃"这样一个术语。总的来说,麦凯必须论证出"责任"是**双重理论性**的:在一个近于破产的内隐理论中,这个词必须扮演一个很理论的角色。

但麦凯并没有激发出这些设想,因此他为虚无主义所做的论辩就相当不充分。然而,为了论证,让我们假设一下,对这件事的实证调查也许能揭示出"责任"确实是一个双重理论术语。换言之,我们所设想的心理学调查也许能揭示出民间道德学就是一个被广泛共享却相当内隐的理论,而且"责任"在其中所扮演的角色远离着观察所得,晦暝莫辨。当然,我们还可以问:民间道德学是不是一个**虚假的**内隐理论?倘若这个理论确实有不准确之处,那么道德思考就**彻底**虚伪了吗?或者说,这些方面的虚假就会妨碍我们知道道德责任了吗?我们可以将"责任"这个术语与"固体性"和"密度"作对比(我们所谓的内隐的民间物理学就使用了这两个概念);我们也可以将道德术语与"记忆"、"信念"和"欲望"作对比(我们所谓的民间心理学就使用了这些概念)。民间物理学和民间心理学自有它们的不当(麦克罗斯基McCloskey,1983;赫兰德Holland等,1986),但我们就不会因此得出:没有什么东西是固体或密度大的;或者得出:没有人是有记忆的、有信念的、有欲望的。为什么我们思考"责任"就必须沿着"燃素"那条路,而不是"固体性"、"密度"、"记忆"、"信念"或者"欲望"的那条路?这就是我们必须提出的质问,质问麦凯那些反对道德责任的论证!①

3.4 动机的内在主义

现在,我们不得不回到那个问题:"客观性、本质规定性"到底假设出了什么?对麦凯的评论已然从两个主要的方面解释了这个短语。就其一而言,只有对道德责任的鉴别总是构成了一个关于它的**动机**,那么道德责任才有了这样的特性——这种心智状态在没有种种相抵消的动机存在时,就会引导某人去履行责任。就其二而言,只有对道德责任的知识总是提供给某人一个关于它的**理由**,那么道德责任才在客观上具有了本质规定性——这个考量支持去履行责任,也就是说,在没有什么考量能阻止履行责任时,某人就会去履行责任,这是他最有理由去做的事了。②

> **动机的内在主义**:如果一个人有意识地或明确地知道他在道德上对 X 有责任,即他有动机去做 X,因此他就去做 X——除非被相反的动机或外在的困难妨碍了。

> **理由的内在主义**:如果一个人有意识地或明确地知道他在道德上对 X 有责任,即他有理由去做 X,因此在没有大量实质性的理由来反对做 X 的情况下,X 就是他最有理由去做的。

---

① 关于对民间心理学的错误和民间物理学的错误之间的比较,以及随之而来的论证(即不存在信念和欲求),可参看保尔·丘奇兰德(Paul Churchland,1981)。几乎无人还在为丘奇兰德辩护,他在其中赞同了一种"消除型的唯物论(eliminative materialism)"。

② 关于第一种解释可参看哈尔曼(Harman, 1984, 30),关于第二种解释的支持性论证可参看加纳(Garner, 1990)。

诚然，许多哲学家认为应当用"道德判断"来取代"道德知识"，至少在第一条上（达沃尔 Darwall，1983，1995；乔伊斯 Joyce，2001；辛特－阿姆斯特朗 Sinnott-Armstrong，2006）。毕竟，他们推测，如果哈克贝利·芬相当坚信他有道德责任遣送吉姆（这个和他一起旅行的逃逸奴隶）回去，那么就会对他决定哪个才是真正的道德责任产生巨大影响。倘若哈克没啥责任感，他也就不可能**知道**他有责任遣返吉姆，而吉姆所相信的**真理**就与哈克决定做什么毫不相干。这里重要的是他信念的强度，而不是它的准确性。

然而我认为，对于动机的内在主义，我们最好还是不要回应这些重铸苏格拉底式表达的召唤。也就是说，我们应该坚持审查大卫·布林克（David Brink）所谓的"混合物的内在主义"（hybrid internalism），而不是"行动者的内在主义"（agent internalism），或者"评鉴人的内在主义"（appraiser internalism）。这种"混合物的内在主义"认为，道德知识与动机在概念上就相互关联；"行动者的内在主义"则认为，责任的实际存在就是充分的；而"评鉴人的内在主义"认为，道德判断就足够了（1986，27）。

为什么我们要关注混合物的内在主义呢？首先，一些哲学家已经提出，在动机的属性或说明的属性上，知识都不同于证成了的真信念（威廉姆森 Williamson，2000）。考虑到，就像马克·吐温的故事里所说的那样，哈克保护吉姆不被逮到，是出于同情和友谊。哈克认为他的行为是在反抗道德责任的力量，而现代读者知道他这样做是对的（麦金太尔 Mac Intyre，1957；班尼特 Bennett，1974）。恰恰相反，哈克也许已经**知道**了他有责任阻止吉姆逃到北方，如果这时他有**丝毫**矛盾感受的话，它们也没有使他对责任的理解陷入困境。① 不管怎样,如果道德知识包含着道德信念,类似于判断的东西就会牵涉出我们此前所刻画的内在主义。对于道德知识,如果这种内在主义在动机说明或理由提供上是错误的,那么对于道德信念,它也一样是错误的。

虚无主义始于理由的内在主义或者动机的内在主义,而对这种观点的论证正是共享了麦凯所试图给出的证明的那种形式。其中的看法必然不仅仅是虚假的,而且是一个在道德思考中"不可商榷"(non-negotiable)的预设。

> 9' 对道德思考来说,动机的内在主义或者理由的内在主义假设是如此重要,因为,对动机或理由的知识总是能把理由和动机提供给某人以实现它们,否则就没有道德责任。
> 10' 没有什么东西是这样的东西:对动机或理由的知识总是能把理由和动机提供给某人以实现它们。
> 因此,
> 8' 没有道德责任。

这对虚无主义者来说可不是个好兆头,因为那么多哲学家都已经小心翼翼地反思过我们的道德思考了,并且在不断否定这些前提中的一个或者更多。那些坚持赞同某种形式的动机内在主义或理由内在主义的人中不仅包括新康德主义者,比如托马斯·内格尔(Thomas Nagle, 1970)、克里斯蒂娜·科斯嘉德(Christine Korsgaard, 1996a, b);还包括新亚里士多德主义者,比如约翰·麦克道威尔

---

① 哈克不仅具有而且自知其具有这一责任;而吉姆则由于一些与其所谓身份(作为财产的)不相关的法律上的缘由,必须被强制遣返为奴——难以弄清的是,哈克所处的这个"最亲近的世界"就是吉姆所出的那个世界。可以确信的是,如果存在一个这样的世界,其中我们有道德上的责任来遭返回逃奴(这或许是出于某些目的论原理),那么这个世界则与我们自己的世界截然不同,并且具有相当一段"距离"。

（John McDowell, 1979, 1985）、大卫·威金斯（David Wiggins, 1991）。这个阵容认为，虚无主义者也许是对的，一个人对其道德责任的知识在一开始的时候定会裹挟着理由或者动机，但在最终的结算中，那些要求他们怎么去做的建议就没啥古怪的了。那些否定虚无主义的人主张，动机或者理由的内在主义是一般道德思考中不可商榷的部分，这些人包括很多道德现实主义的外在主义者们，比如皮特·莱尔顿（Peter Railton, 1986）、理查德·博伊德（Richard Boyd, 1988）和大卫·布林克（David Brink, 1989）。这个阵容认为，我们有道德责任，但我们却不能"直观地"认为我们对它们的意识会总要求我们去实现它，或者给我们理由（一种实质性的理由）去履行它。

我们要从动机的内在主义开始讨论，因为它是两种论证中更清晰的那个。我们一般是怎么去思考道德知识与道德动机之间的关系的？一开始我们注意到，那些明辨善恶的人有时也会明知故犯地不道德。的确，证明自身对恶行一无所知，这种证明常常被用以洗清或减轻对他如此行为本应当的惩罚。因此，一个行为错误的人对他违反了的责任一无所知，这种一无所知被看作一种特定的境况，而不是他所做所为的一个必要条件。

这里，可以玩味一下那些要捍卫内在主义一般假设之人的两种特征：那类所涉及的知道以及那类动机（迪 Deigh, 1995）。内在主义的强形式会声称，对一项责任**最低限度的**知道产生了**义无反顾的**（unimpeded）动机去履行这个责任，即便当这种知道还全然**暧昧不明**时。

激进的动机内在主义：任何人认为自己知道了 X 是道德上的责任，只要他持有这个知识，他就总对 X 有个义无反顾的动机。

当然，激进的内在主义并不处理日常理解（common sense）。亚里士多德主义者的"美德"就无法与行恶的动机相互兼容。但若认真审视亚里士多德,有一种特殊类型的知道或智慧可以解决这事:实践智慧(phronesis)。然而,亚里士多德主义的智慧只是作为一个理念典范在我们的考量中起作用——比如我们一般会说,"正宗的欧洲大陆"人就知道他有责任恪守承诺,即便他很想赚不义之财。所以,也许亚里士多德主义的智慧是先验可知的(或者说,可明确定义的),它可以抵制趋向不道德的种种诱惑。我们会像麦凯那样怀疑:实际上人有没有这样的智慧,或者,它是不是真的可以获得?即便我们的回答是否定的,这也并不意味着我们认为,没人知道他在责任上应该做什么。对吧?

假设不对,对道德略有所知了就不需要有一个**义无反顾的**道德动机了。那么,还有必要考量出一个**高于一切的**(overriding)动机吗?比如,一个纠结的人会知道他所做的事是错的,然后马上就在反思的层面上后悔自己所犯下的罪行了——这也太不可思议了。所以,也许道德知识就是要求某种动机,就像我们所描述的动机的内在主义,它就规定:那种明知故犯的人是知道在某些方面不必纠结的。不过,日常理解能否赞同这个说法,目前还尚不清楚。日常理解会说,斯皮策知道他行了不道德的事。但是,我们能就此推测这位州长在翻云覆雨时苦苦挣扎、纠结万分了吗?若我们假设他根本没有左右为难而是全身心地沉浸其中,难道我们就必须说他临时忘记了通奸之为不道德?当然不是。按照日常思考,对道德责任**暧昧不明地**略知了一二,与"就要去做不道德的事"是相互兼容的。①

诚然,也许在某些情况下,某人自知不道德也丝毫不会妨碍行动。吉罗德·华莱士(Gerald Wallace)和沃克尔(A. D. M. Walker)就这样质问我们:

---

① 当阿奎纳解释使**良知**(或在智性上理解基本美德)无法产生美德行为的各式障碍时,他采用了一种富有成效的方式来讨论这个问题。对阿奎纳观点的讨论以及其观点的前情可参看欧文(Irwin, 1988, 1997)。

假设,当着孩子的面,他的父母被残忍地杀害了。这个孩子发誓要报仇雪恨,最终他成功了。良心上从未纠结过,也从不感到后悔——他这样说:"我知道(相信),我的所做所为是错的;即便这样,我还会照做。"我们所审查的论点真的强到我们可以轻轻松松下结论说,这孩子并不相信他有所作所为是错的?(1970,16)

但是,也许这个孩子的仇恨和愤怒妨碍了他仔细考量其所犯之事中不义的地方,以及为什么他不应该屈从于复仇的渴望——这种渴望他明明预料到别人会拒之千里。换句话说,也许为了实现正义(至少他在动机上会为此纠结一番),他会相应地考量一下公平机制的必要性。无论如何,如果我们把思量已知的不道德行为这件事当作主动地"知觉"到不道德,那么我们就会断言出:斯蒂芬·达沃尔(Stephen Darwall)所谓的"知觉的内在主义"(perceptual internalism)的真实性,与他所谓的"判断的内在主义"的虚假性,这两者是相互兼容的(1983,54－55;1997,306－310;参见 Watkins and Jolley,2002,79)。

不过,倘若知觉的内在主义——或者与另一条路子相应的最低限度的内在主义——就是虚无主义者所归因于日常理解的东西,那么,对其虚假性的演示将变得更加困难。能明确而有意识地鉴别出一个行为的不道德,这种鉴别在动机层面上是有效的——那么,我们这样想到底有什么古怪的呢?

在这一点上,虚无主义的卫道士们齐刷刷地转而求助于所谓的

"休谟"论证,即理性①(reason,理由)在动机层面上是无效的。要么对行为之为不道德的考量是理性的产物,要么必有激情、情绪或嗜好牵涉其中。如果讨论中所涉及的心智状态是纯粹理性的产物,它可以算作知识,但只有当它与某种欲望协作时,才能劝阻某人行那不道德的事。另外,如果伤心、失望或自责被看成包含在对行为之为不道德的考量之中,是它的组成部分或方面,那么这就足以促使某人行那道德的事。但是,成为他如此行动之动机的,并不是行动者彻彻底底地知道了其行为的不道德之处,而恰恰是伴随着这种知道,在情感上或意愿上所产生出来的东西(Smith,1994,2004; Dreier,1997)。因此,今晚斯皮策作奸犯科时没啥积极性,导致如此并不是他知道他在毁掉他妻子的幸福,也不是恰好他抽象地考量了破坏婚誓的不义。相反,这想必归功于某种伤心或失望,它们与这些思量同在而又判然不同。

然而,我们为什么总把理性和激情看得判然不同呢?关于这两者的"真正的区分",休谟的论证从自下而上与自上而下的两条路径来入手。自下而上的路径依赖于特例。当一个普通人自觉地关注于这样一个事实:他在道德上有责任去做某事,那么至少在某种程度上,他就受到激发去做那件事。不过,在极端的情况下,我们能看到知识和动机形同陌路。一位心情沮丧的母亲也许知道她孩子饿了,在道德上她就有责任给孩子弄吃的,即便她根本不想做这些事(史道克 Stocker,1979)。一个变态知道滥杀无辜是不道德的,而他这种冷酷无情的知道对他的决定毫无影响(Brink,1986;Smith,1994,2004)。这种类型的例子把我们带向了这样的问题:道德知

---

① Reason 这个词,可以翻译成"理由",也可以翻译成"理性",这两个意思本来就相互关联着。在这里,所谓的休谟论证,作者的论述依傍的是休谟在 reason/cause 上的区分,即行动的理由与行动的原因之间的区分。其中一个重要的区分建立在我们对行动加以考量时并不能把理性和情感截然区分,这一点正是作者在这里所呈现的。因此,我将根据不同的上下文,采用"理由"或者"理性"来翻译 reason。(译者注)

识是否自身就是一个动机？——尤其是在这样典型的情况里：人们行了他们知道自己必行之事。当我们明知故犯地行为不道德时，我们会把心理上一整套要素细细思量一番，而这正激发了我们去履行道德责任，致使了我们感到道德冲突。倘若一个抑郁症患者或者一个无道德论者知道他们的道德责任是缺乏道德动机的，他们就必定错失了这套要素中的至少一项。那么，就某人行其所知必行之事而言，这些错失了的要素就是其行动的必要条件，这不禁让我们认为，这些要素是这一道德行动的**真正**原因——即便是在那典型的情况中也是如此，即道德知识是伴随着道德动机的。为了抵抗这种"不禁"，我们看来就必须否认这个抑郁症患者或者无道德论者真的知道他们的道德责任，或者就坚决认为他们必然有某种动机——一种无意识的或者深深内隐着的倾向，这种倾向会让他们去做他们知道正确的事，而这些事却被他们病理上的问题这样或那样地妨碍了或抑制了（Sidgwick，1874/1981，5；Dancy，1993，25；Jackson and Pettit，1995）。

比照之下，为了构建一种科学的心理学而做出一套**目的论上的**方案，自上而下的方式正是从维护这一方案来反对动机内在主义的。根据它们的功能，也许非精神性的器官（Non-mental organs）是最好标定或者分类的。比如，心脏的功能就是把贫氧血供给肺，然后把肺的富氧血泵给身体的其余细胞。确实有人会认为，那种被称为心脏的东西就是将循环血液作为其功能的东西；因此，什么东西要是心脏的话，只有当它泵血的时候（或者说，功能正常的时候）。那么，也许最科学的做法就是要用同样的方式来标定精神的器官（mental organs）或者**心理的模块**（psychological modules）。比方说，视觉能力的功能就是准确地表征外界可见的样子；而发出渴了或饿了这种感觉的那类食欲，其功能就是要做出满足有机体原始需要的行动。那么，标定道德能力的是什么功能呢？为了回答这个问题，休谟主义者论辩说，我们必须对两个互斥的选项做出选择：要么道德模块就像视觉,它的功能就是能精确地表征出真理;要么道德模块就像食欲,它的功能就是**成功行动**(比如,道德的、审慎的、得体的行为)。如果选了第一个,那么道德能力就能发出知识或者说真信念,但却不会自己触发自己,而是作为一系列截然不同的能力之运作的动机。如果选了第二个,那么道德模块就能发出动机,但它并非可精确的,且并不建构知识或者真信念。在任何一种情况下,某人对行动有所预期,有意识地考量着这一预期过程中的不道德性,我们都不能把这种考量看作道德知识和道德动机。

这样的论证在休谟的主张中也能找到,即,纯粹理性不可能成为动机。因为"我们的理性必须被视为一个原因,而真理为其自然的结果"①(1739 - 40/2000,1.4.1.1),然而我们在动机层面的能力并不"包含"任何"表征的特性","使它们成为其他任何存在物或变异的一个复本"②,因此,这些能力并没有真理可以作为它们"自然的结果"(1739 - 40/2000,2.3.3;cf. Zimmerman,2007)。然而,现代公式化的表述(行动主义者们对此态度坚决)已经受到了广泛的探讨。当迈克尔·史密斯(Michael Smith,1994)说,某人的信念 P"旨在于(P 的)真理"——他大体上说的是,知觉 p 引发或者强化了我们信仰所讨论的那种心智状态。相反,当他说,某人的欲望 P"旨在于满足"或者实现 P,他大体上说的是,知觉 P 消除或者平复了那种心智状态。由于在所有这两种方式上都没有什么精神状态能与知觉相互作用,所以在这两种方式上也就没有什么相契合的心智状态。作为结论,史密斯论辩道,道德知识自身不能构成道德动机。这里没有信念与欲望的混合物,没有什么"信欲(besires)"(史

---

① 此句的翻译参考了休谟《人性论(上)》(关文云译,郑之骧校,商务印书馆,1996年),第 206 页。(译者注)
② 此处的引文并不完整,无法直译,故参考休谟在《人性论(下)》(关文云译,郑之骧校,商务印书馆,1996年)中这一节的原文加以补译。中文版参考第 453 页。(译者注)

密斯,1994)①。

作为以上论证的回应,内在主义者可以指出其他那些更加世俗的心理能力,它们貌似有一种**双重**功能。引起身体疼痛感觉的心理模块貌似就有这样的功能,即为了:(a)为有机体提供身体受到创伤的讯息;(b)发出行动来减轻或者避免痛苦及其所警示的伤害。比如,此时此刻我左脚所经历着的高强度疼痛就是下列情况的准确表征:我确实有只左脚,而且确实有什么对我不好的事情正在它那里发生。(用这种方式来想事情,幻肢的疼痛和"牵涉性的"疼痛——比如坐骨神经痛——都是不准确的表征。)但是,在激发、产生或解释我右脚的伴随性跳痛这件事上,很难说清为什么一个表征论者对疼痛的看法就不能假设为兼容于把感觉当作谈论关键的这种做法。(比奇 Pitcher,1970)。我们怎么就能如此确定,道德能力不会通过一个双重功能来标定? 自省(self-censure)的感受、非难的情绪或者不公平的判断,为什么它们就不能构成一种"信欲"?②

我们在接下来的章节中还会继续谈论休谟的这些论证。在这里表明出这一点已经足够了:判断温和动机内在主义的真实与虚假,把这件事恰切地归因于日常思考是一个高度抽象的理论问题。为了解决它,我们看来需要对沮丧和变态做出一个经验上合理的解释,以及一个有理有据的方案来标定心智的能力与模块。我们关于道德知识和道德动机的观念——以及极端情况下间或产生的模糊

---

① "信欲"是奥尔瑟姆(J. E. Altham, 1986)所提出的术语。对史密斯的批判集中在他分析适应方向(direction of fit)的行为主义面向上,可参看基兰昕欣(Kieran Setiya, 2003, 364 - 366)。

② 一些证据表明,特定的神经手术和药物可以使患者"示痛不能(pain asymbolia)",即患者处于这样一种情形之中,他有着疼痛典型的表征属性但却没有疼痛在动机上令人厌恶的典型特征,讨论可参看爱迪特(Aydede, 2005, 32)。我们必须说这些情形只有一种适应方向吗,并且"疼痛"必须只关涉着这些可分离情形中的一种吗? 或者关于"疼痛"所指示的复杂性,我们能不能遵循它的信欲模型,并且示痛不能真的没有痛苦吗? 我们的前理论信念和语言使用的通常模式是否决定了事情朝这个方向或那个方向发展?

"直觉"——并不能彻底在实证研究之前就有所设定。我们希望,在进一步探寻过程中,随着对分级或分类做出种种决断,这些观念才会固化下来。

诚然,假定实证心理学的历史和发展证明外在主义是对的,也就是说,假设,我们能发展出来的最好的(最有解释力最有预见性的)心智理论认为,如果心智状态上没有可孤立的情绪或者欲望加以补充,自觉且明确的道德知识并不会激发我们有道德地处事。这依旧会得出这样的结果:范例性的或者**典范式的**(Lewis, 1989)道德知识总是在一个心智的框架下才被持有,这个框架使我们倾向于去做正确的事。比如,我们可以这样假设,一个冷漠的人知道做慈善的必要,但如果他是从寄给他的小传单上获得的这种知道,那么这种知道就是无效的。一个敏感的人,他为慈善出力,他直接地(无须证明地)知道同样的必要性:对苦难的人的亲知激励了他为这些人的利益而努力工作,而不是为了什么金钱报酬。这个结果会不会与日常思考相冲突,更不用说,冲突激烈到会导致通常所持有的关于道德责任存在的标准都无法满足了——这件事还眇眇忽忽呢。

3.5 理由的内在主义

现在,我们转向理由的内在主义及其相应的主张:(a)根据日常思考,对道德责任的知识必然总是裹挟着一个理由来遵守其所涉及的责任,但(b)这种情况实际上根本不会遇到。在评述之前,这两个主张中的第一个肯定需要来解释一下。尽管"理由"并没有麦凯的"客观的,本质规定的"那么晦涩难懂,但它的用法可相当灵活,这致使理由的内在主义也没那么精确严密。(参见奥迪 Audi, 1997a)

首先,"理由"可以用作表示一个现象的本质(非心理学上的)原因,就像我们论及苹果树落叶的理由或者地球自转的理由时那样。虽然这个用法就反映出了一段拟人化的历史,即,我们的先祖把天体想成经过慎思的行动者,但现在,并不需要断言或暗示无意识、无生命者有心智或者有理性,我们就能论及为什么它们行为如是的理由了。这样做是为了说明**作为本质原因的理由**(reasons qua brute causes)。

但当我们论及为什么一个人如此行为的理由,我们心里常常怀着非常不同的解释。比如,我们会说(虽然这话是假的):为什么布什总统下令入侵伊拉克,其理由是他认为他们有大规模杀伤性武器,并且希望摆脱这些武器所造成的区域性威胁。尽管我们知道伊拉克没有这些武器,但对于他的所做作为,我们还会在这里说**布什的理由**。"布什入侵伊拉克的理由是他认为他们有大规模杀伤性武器并且希望消除威胁——虽然事实证明,在大规模杀伤性武器这件事情上,他错了。"现在,我们把这个描述与一个不那么空穴来风的例子对比来看,这个例子是说,副总统切尼对布什总统施了催眠术,让他发动了一场毫无合理根据的战争。虽然这相当依赖于催眠起没起作用,但我们能想象:布什发动空袭时处于行尸走肉般脱线的状态,还一直疑惑他为什么行其所行。如果我们用这种方式描述这个情景,我们就会谈及**切尼**发动这场战争的理由以及**切尼**催眠布什的理由,就不会谈论**布什**行其所行的理由,尽管我们知道他的行为有一个近似神经学上的原因。相反,我们会说这位被施了催眠术的布什下令入侵,即便他没有理由来行其所行——他无理由地引发了这场侵略。那么,当我们寻找某人行其所行的理由时,我们通常在心智上对这一行为有**一类**特定的解释。我们期待通过在行动者行动时的心智结构以及行动的执行之间建立某种特定的联系,以一种"合理化"的方式或者有意义的方式解释这一行为的发生(Davidson, 1984)。因此在这里,我们论及了那种作为**合理化说明的理由**

(reasons qua rationalizers)。①

但值得注意的是"理由"的第三种用法,即,我们在行动前慎思一番或者建议别人该怎么行动。假设,比如杰克·谢帕德医生正在决定这样一件事:他是要利用他的医学训练来帮助那些贫困地区的人缓解生理上的严重病痛,还是相反,继续留在文化更多样、思想更充满活力的城市里,这样他就有更舒适的生活。我们不可能脱离杰克的性格来给出"赞成"或"反对"下的任何条目项,不管这些条目项是杰克自己提出的还是别人帮他提出的。以下列表中,在"赞成"栏里所罗列的是我们正常能想到的一些项目,这些项目作为理由用以说明为什么杰克应该接受这份纠结的工作(他正在纠结),而"反对"列里所罗列的则是**反对**他那么做的**理由**。

做无国界医生:

赞成:	反对:
(a) 帮助那些急需帮助的人	(d) 钱少
(b) 参与到一个新的文化中	(e) 冷落朋友和家人
(c) 感到正义凛然并且意志坚定	(f) 感到居无定所或者不知所措

当我们提及行动者想出来的理由,写下来或者像表中所列的那样讨论交流,那么我们就是把理由看成了上述各项,用以评述为什么行动者应该或者不应该采取行动。当然,我们不是把理由看作一组语句;也不是把它们看作某人的心智状态。相反,就建议和慎思而言,我们用一种稍微有点抽象的方式来看待行动的理由,把它们看作一组命题或者事实。第一个支持谢帕德医生加入无国界医生的理由是这样一个貌似**事实**的东西:这份工作能使他帮助那些急需

---

① 弗朗西斯·哈奇森(Francis hutcheson,1728/1971)是我所知道的第一个做此类区分的哲学家,他区分了"证成性的(justifying)"理由和"刺激性的(exciting)"理由。

帮助的人；而第一个认为他不应该接受这一工作的理由也是这样一个貌似**事实**的东西：这份工作比他做其他的工作赚的少得多。因此，我们就得到了"理由"的第三种、完全不同的使用案例。有时候，"理由"所指示的既不是无关心智的原因，也不是心智的合理化框架，而是这样一种考量——是支持还是反对行动者采取一种特定的态度或者行动（Skorupski, 1997；Scanlon, 1998；Parfit, 2001）。哲学家常常使用这样的术语："规范性的理由"或者"证成性的理由"，用以指示我们所说的这个层次的"理由"。但是，为了更加清晰地区分于我们所提及的"理由"的第二种使用方法，我们在这里将第三种用法称之为作为**相关考量项的理由**（reasons qua relevant considerations）。

现在我们大概可以清楚地看到，就我们所指明出来的三种"理由"的使用方法，第一种不能用来解释理由内在主义的特征，因为这样做会把我们的道德信条降低到之前已考察过的那种动机内在主义上去。比如，这样想一下，当两架飞机在 2001 年 9 月 11 日撞向世贸中心大楼时，那位叫威尔·吉麦罗（Will Jimeno）①的新任警察，他前不久才被委派到纽约市的港务局汽车站任职。当汽车驶向被撞毁的大楼时，吉麦罗有充足的时间去体会他的恐惧，去琢磨如果他死在废墟中，他怀孕的妻子和未出世的孩子要怎么办。但无论如何，他还是冲了进去，之后只是被坍塌的废墟困住了，并且在碎石堆里被困 13 个小时之后，他被营救了出来。② 现在，我们可以这样假设，吉麦罗确切地推断出参加营救任务是他作为一名警察的职责，并且实现这一职责是一项道德责任，他义不容辞。那么，我们就可

---

① "911"恐怖袭击后，一批警察和消防队员最先冲进世贸中心救人，随后大楼倒塌，这些人大部分殉职，身在地下室的两个警察受伤被困，最终幸运地获救。其中一位即是威尔·吉麦罗。（译者注）

② 吉麦罗的故事——同他的警官同伴约翰·麦克劳林（John McLaughlin）一起——被派拉蒙电影制片公司改编成电影《世贸中心（World Trade Center）》（2006），由安德里亚·比洛夫（Andrea Burloff）编剧，奥利弗·斯通（Oliver Stone）导演。

以问:他的这种知道是不是一种**作为原因的理由**(reason qua cause),来说明为什么他没有逃离现场?但是问出这一问题其实就是重新检验了一下道德知识能否作为动机;如果不能,那么就是在问:道德知识是否仍然被日常的道德思考标定为"内在地关乎动机的"。

那么,理由的第二种用法呢?假设我们承认吉麦罗对他职责的知识确实让他有所行动,而且如果他没把冲进大楼看成一种道德要求,他就不会如此行动。我们能否这样问:这种知道的状态是否让吉麦罗的行为合理化或者可被理解了?会不会吉麦罗行其善事压根儿是没有理由的?当然,理由的内在主义会说,我们不能把英雄吉麦罗来比照被迪克·切尼催眠的傀儡。如果吉麦罗行其所行是因为他知道这是他的责任,他的这个知道就是他的理由——这正是我们上述的"理由"的第二种用法。

为了质疑对吉麦罗这个事例所做出的如上描述,理由的外在主义必定要对我们业已熟悉的休谟论证做出某些变化。外在主义说,我们必须对两方面做出区分:一方面是吉麦罗对其职责所声称的那种知道;另一方面是被同事排挤的那种担忧,如果不履行职责就会有负罪感和羞耻感的那种预估,对英雄名号的那种渴望,对困在大楼里的人们的那种同感,甚至只是对他认为必行之事的那种赤裸裸的欲求。我们不能把后一组分类的精神状态看成是吉麦罗的道德知识的构成(部分或方面);对心智状态所做出的这些区分中至少有一个定能使得他的行为合理化。因此,知道某种行为是道德责任,这种知道总是提供给知道的人这样做的理由,以此来为他如此行动提供出一个基本原理——但情况远非如此——知道一个行动是义不容辞的从来不是靠这种知道本身来使得如此行动合理化的。如果吉麦罗知道进入大楼是他的职责,但并没有明确地要履行职责的欲求,没有对逃离现场有负罪感和羞耻感的预估,没有对困在里面的人的同感,等等,他进去就"不可理解"了。如果不强调某种明显的激情、情感或者欲求,道德知识就不能使得行动合理化——这相当于在假设:道德知识能自我激发或引起行动。

回顾一下,虚无主义者论辩说:理由的内在主义是虚假的,日常理解预设了它。所以,这就是日常理解:当吉麦罗仅仅是被道德知识引导着去试图营救时,他是以一种合理的可解释的方式去行其所行的;这里也必须有某种理由,用以考量日常理解是否错误地做出了这些假设。确实,对于我们道德思考来说,这假设必定如此举足轻重,以至于它的虚假性足以得出虚无主义的结论。

诚然,虚无主义在这里做出的第一个论证,难与论争。就像康德(1785/2002)所指出的,即便确定一个人仅仅出于义务而行事是相当困难的(如果不是不可能的话),但我们确实将此作为一种道德理想来坚持。以下说法并不符合康德的说法:按责任行事总好过按着弱不可靠的情感行事;或者说,只要一个人如此行为了,他就应得赞扬和敬重,进一步说,按着纯粹职责行事,其中起作用的意志是最善好的,或者说,是这世间所有价值的源泉。然而,这看上去似乎是正确的:一个普通人要是确信吉麦罗只是按义务行事,那么他就不能把吉麦罗的行动看成是不可理解的、没有意义的或者毫不合理的。那些在实现道德责任这件事上纠结不已并必然失败的人,他们可能把这个新兵蛋子看成了他们所坚信的某种令人敬畏之物的化身,体现了康德式的理想。但是,敬畏并不是虚无主义脑袋里想的那种不可理解性。

那么,虚无主义的第二个主张呢?如果不靠一种暂时的但连贯的情绪、情感或者欲求的协助,道德知识也可以使得一个行为合理化——为什么虚无主义者会如此坚信普通人把这一点想错了呢?难以想象,为了论证这一点,怀疑论者会不援引我们之前说过的那种工具理性所假设的至上性。根据工具主义者,经过方方面面的深思熟虑之后,一个人所应当做的正是这个人所知道的和所思考的,也绝好地满足了这个人的欲求。而且,工具主义者说,如果经过方方面面的深思熟虑之后，这就是一个人应当做的，如果他没这么做就是不合理的或不融贯的。如果比起冲进摇摇欲坠的大楼，吉麦罗更想逃跑——如果他脑袋里的每件事，除了他对其义务的知识，都使得他倾向于这个想法——那么，逃跑就是他应当做的，而责任就应当受到谴责。如果他的道德让其反向而行（就像我们刚才所假设的那样），那么他就是个黄鱼脑子——我们会喜欢身边有这样黄鱼脑子的人，但即便如此，黄鱼脑子就是黄鱼脑子。

下面，我们再来讨论一下工具理性的"至上性"。眼下，我们只会注意到，具有潜在破坏效果的怀疑主义论证建基其上。假设事情是这样的：吉麦罗认为他应该进入双子塔，尽管这非其所想，只是因为他的道德义务就是要像一个警察那样履行职责。他确信他的道德责任就是去实现他的职业责任，只是因为他认为履行义务是**合理的**，即便他满脑袋的声音都在喊他反向而行。那么，依此行事是愚蠢且不融贯的，这一想法将逐渐蚕食他那种应当进入塔楼的信念。如果怀疑论者能接着说服吉麦罗——无论在什么情况下，道德责任的存在都依赖于道德知识，而在没有出现其他动机的特殊情况下，正是道德知识使得道德行为融贯，那么吉麦罗就会臣服于怀疑论者。

然而，当理由内在主义的"理由"被解读为作为相关考量项的理由时，它就仍然有待考察。我们可以从两个路径来处理这个问题。首先，我们可以从提供意见者的角度来讨论这个主张。根据内在论者的看法，当我相信正在纠结的行动者定会知道（只要他听我的意见）这项行动确确实实在道德上是义不容辞的，那么我就总能恰当地引用这个行动的义不容辞的自然本质来作为考量项，以便支持它。（再则，怀疑论者强调，这是我们的实践活动，但同时也否认它有融贯性。）其次，我们可以从考虑者自身来讨论这个主张。根据内在论者的看法，当我知道这个行动是道德上义不容辞的，当我考虑时，这是义不容辞的这一事实必然总是能找出"支持"项来填进那一列。普通人认为,对我来说,如果我在我的考量中没有将某种积极的"砝码"给予这一考量项,那么我就不可能知道这一行动是道德上义不容辞的——但是,根据怀疑论者,普通人这样认为是不对的。

关于形形色色的精神病理学和非道德主义,一旦我们重新考量它们的本质,以上这些主张那有争议的本性就涌现了出来。当然,精神病患者有能力慎思,而且绝大多数人认为他能明辨对错(Nichlos,2002)。然而,难道精神病患者就必须在他的慎思中给道德考量项任何砝码吗?为了实现自私的目的,当他正在盘算要不要去抢劫、欺骗或偷窃时,难道他就必须把道德上对这些行为的禁止考虑进去吗?——或者,把使得它们在道德上予以禁止的事实考虑进去?——将此填到"反对"的那一列中?现在,再回到提供意见者的角度,我们能恰当地告诉精神病患者不要去抢劫、欺骗或偷窃吗?他正在盘算的这些行为在道德上是禁止的,这一点就能提供给他不去这样做的理由了——我们真的能这样说吗?如果我们知道他对这些禁止是有所知的,这些就不会被他盘算了——我们真的能这样说吗?①

至此,想一下哈尔曼(Harman,1977,1984)和乔伊斯(Joyce,2001)所讨论的黑手党杀手。哈尔曼所描述的杀手并不是没有某种类型的道德动机,比如他看重对其"家族"的忠诚,因此他看不起受

---

① 吉尔伯特·哈尔曼(Gilbert Harman,1984,5-7)认为,我们显然不能说被害人及其家属所遭受的可怕损失能够作为执迷不悟的杀人犯停止杀戮的理由,因为这个理由恰恰就是这个杀人犯所不愿理会的。但这或许是因为哈尔曼认为工具理性的至高地位本身就是显而易见的(9)。诚然,一旦哈尔曼对理由的工具主义看法与"一个人只应该做他有理由去做的事情"这个自然而然的看法相结合,导致了哈尔曼相当有悖常情地提出:当我们说"希特勒本不应当下令灭绝犹太人"时,**日常理解**就能在这个说法中找到谬误(6)。哈尔曼随后主张,单单说"希特勒本不应当杀害那么多犹太人"这话并非"足够强硬"。然而,这个论证的脆弱恰恰证明了它的真实性。进而,哈尔曼所承认的"应当"和"理由"之间的联系将迫使他这样说:归根结底,希特勒还是有一个理由不去杀害所有那些犹太人的——这与他的工具主义相反。这种不一致性有一个明显的原因:尽管在日常理解中,虚无主义或有其根源,但虚无主义本身显然不是日常思考的信条。

害人,正是这些人背叛了他们曾经发誓效忠的"家族"。但是,这个杀手依然是一个反社会分子,他并不关心受其伤害之人的痛苦。现在假设:他告诉我们他的计划,干掉一个讨厌的警察,他无法收买的清廉姿态损害了帮派利益。为了论证考虑,再假设:虽然他知道他的行为是不道德的,但他并没有看到任何不应当这样做的理由。我们坚持他不应当杀人是因为这样做会给一个无辜的人及其家庭带来不可挽回的伤害——我们这样说就**确凿正当**(truly)了吗?为了支持这一行动,杀手援引了帮派和自己的利益,我们论辩道:这一行动的危害和不义远比这两个理由加起来还要严重——我们这样说就是报道**事实**(the facts)了吗?我们当然要强调这些反对项是"不可协商"的。但实际上,除非这些反对项在他自己的慎思中就占有一席之地,否则作为或多或少有点儿道德的人,我们是无法给他建议或劝告的。

杀掉一个清廉的警察

赞成:	反对:
(a') 有助于帮派的形势	(e') 可能被逮捕入狱
(b') 这是老大下的命令	(f') 死了一个无辜的人?
(c') 增加威望	(g') 一个好端端的家庭蒙受苦难?
(d') 赚很多钱	(h') 一次不正义的行动?

现在,有些哲学家(那些有点"内在论"癖好的)强调:在我们和杀手说的时候,我们断言了某些真实的东西——除非我们能让这个杀手关心起所谓的伤害和不正义——这些我们通过类似**合理性论证**(rational argumentation)所得出的东西——我们才能告诉杀手(f')—(h')是使得他不去实施那个计划的好理由。假设:通过对他罪行后果的生动想象,我们强迫这个刺客采取受害人及其家庭的

视角。假设:我们让他从整体上想了一下他的生活,并且审视他的暴力行为是否有另外的目的,他的计划是为他自己而设计的;假设:我们让他想了一下行为的规则,这些规则,他的受害人和他都能从理性上认可;假设:再一般点说,我们让他经历了一场被理查德·布兰特(Richard Brandt,1979)称之为"认知上的"心理疗法。如果我们真的都这样做了,他仍然没有任何想法要放弃他的犯罪,那么,这些哲学家就会说,我们就不能确凿正当地主张这个杀手有任何道德理由不去为了利益而杀人,而我们必须从我们的表格里把(f')—(h')剔除掉(Williams, 1981)。当然,我们可以说这个杀手对不去谋杀缺乏道德上的理由,理由内在主义者就会强调我们修正了我们的假设,修正为:他**知道**他的谋杀行为在道德上是不可允许的。而且,如果我们修正了这个假设,怀疑论者就会给出一个虚无主义式的解释来说明为什么我们被迫这样做。我们至此得出结论说:这个杀手不知道他在道德上有责任不去实施他的袭击,因为他事实上就没那么有道德责任。就没有道德责任。

　　作为回答,非怀疑论的哲学家要么放弃理由内在主义,要么就试着从虚无主义式的结论中有所挽回。对于为什么一个人要改变他的方式而如此行为的种种理由,不能通过理性论证或认知疗法来纠正的这些缺陷会不会使人对此"视而不见"? 当然,我们都会想,这个杀手没什么错。由于他不为受害者的痛苦所动,他必定是一个极度冷漠和麻木的人。对于他不应当按照现有流程加以行动的真正理由,为什么我们不能把他在同感(sympathy)或者人性上的缺陷想成是由一种无知所引起的,是一次领会上的失败呢? (McDowell,1979, 1985)尤其,可能的情况是:同感就需要真的知道他的道德责任,或者说,真的领会他去履行这些责任的种种理由。或者说,如果我们要摆脱对这些责任和理由的某种抽象领会,就得换个视角,在这个视角中,我们能在我们的慎思和决定中扮演有行动力的积极角色,那么,人性和同伴间的感受就是必须的。

这个问题,争论广泛——这些争论在以下的章节中还会出现。但眼下,我们就只是指出这论辩的两个重要的特征:首先,关于精神病患者慎思和决择的问题与关于他的动机的问题,并不完全相同;虽然,它们多多少少有点经验主义性质。(诚然,如果我们把这一问题做得过度推理化,把"对 X 有某种动机"做成"对 X 有某种理由"加以考量,那么两个问题就会同归于尽。)因此,我们就必须试着让心理学家和犯罪学家加入到对精神病患者到底是怎么慎思的考察之中来。最后,我们可能揭示出一些重要面向,其中,精神病患者对己身责任的理解并不同于那些健康人对此的知识。这种不同也许可以用来解释为什么当一个精神病患者决定如此行为时,他并不把这一行为在道德上的禁止作为不去如此做的理由。这一结论能不能冲击到日常理解还远不清楚,更不用说在多大的程度上冲击到、劫掠到我们对道德责任的所有信念。哲学家也许会希望证明不道德是不存在的,但是普通人则将其信念寄托于法律的强制和社会舆论的制约。

其次,当我们建议精神病患者行其当行之事时,我们是不是就采取了一种精神病患者的不道德视角——这一点根本还不清楚呢。我们可以坚持认为,他所犯罪行之残忍和不公正的本质就是他改变初衷而如此行事的理由,即便我们知道我们的建议未必能让他这样做,因为他缺乏道德目的,且不可能仅凭那些"认知上的"心理疗法形式就让他接受这些目的。无视他不道德的目的可能有点像专断的家长作风,他可能会觉得与我们试图打压他这样做的理由"隔阂疏远"(Joyce, 2001)。但是较之他所犯罪行的邪恶,我们恫吓他的邪恶简直是小巫见大巫。也许在有些时代,家长式的专断做派是恰当可取的立场,与某个人自己的慎思活动隔阂疏远,反而让他更接近其行为之价值的真理。

3.6 本章总结

温和的道德怀疑论宣称我们没有道德知识;极端的道德怀疑论宣称,我们所有的道德信念都不可证成;而虚无论者则宣称道德真理根本不可知。

有些人认为,道德责任的存在取决于神明的存在,祂惩戒不义者,奖赏行义者。如果没有这样的神明,那么所谓不义之举就完全可行,只要它能实现我们的欲求。但如果允许我们如此行事,那么这样做就不是真正的不道德,因为按照一种无可厚非的日常看法,我们决不应当行为不道德。我们可以如此回应这一论争:或肯定神明存在来强化道德上的约束;或认可这些以不道德为目的的人就是行为不道德;或者坚称我们不应当行为不道德,即便这样做是满足我们种种欲望的必要手段。这些回应最终否认了工具理性的至上地位。

麦凯认为,道德责任的存在应有客观性和本质规定性,并且因为无物实际上有这些特征,所以我们就没有道德责任。但是,我们却允许普遍地把道德责任看成客观的、本质规定的;也认可麦凯所说的无物有这些特征;同时依然坚持道德责任是存在的。假定了道德责任的客观性和本质规定性,看上去像假定了玻璃的固体性。虽然我们也许会惊讶于发现了我们的种种责任并没有这些特征,但我们还是会合理地保有我们的信念——责任尚待发掘。当然,如果麦凯能表明我们的道德概念源于神话或幻觉,那么他的确就能质疑道德信念核心的可靠性。然而,无论他还是其他什么人,都还不能提供历史材料来证实道德概念有这一昭然若揭的谱系。麦凯也必定需要表明,在某种普遍持有、深信不疑的道德理论及其相关方面的错误中,"责任"扮演了一个举足轻重的理论角色。然而,他在这些最基本的要求上都一事无成。

对麦凯的整体观点有两种解释:(i)按照日常看法中无可厚非的一面而言,道德知识提供了行动者趋向道德行为的动机,但道德知识实则并不具有这一特征。(ii)按照日常看法中无可厚非的一面而言,道德知识提供了行动者追求道德过程的理由,但道德知识实则不然。就第一种解释而言,"动机的内在主义"是一个影响深远的、普遍持有的执念,虽然完全就是错的。就第二种解释而言,"理由的内在主义"同样根深蒂固,也同样错误百出。这两种信条有很多不同的版本,但可以同时既适用于日常看法又适用于对其驳斥看法的单一版本,目前还在虚无缥缈中。

动机的内在主义版本振振有词地诉诸日常思考,认为:行动者总想着一个行为的不道德性,那么这就会使得行为者对如此行为心生厌恶。这一论点正确与否取决于精神病学的自然本质,取决于非道德主义的自然本质,以及取决于对心理状态的最佳分类方案。如果道德有这样一种双重职能:既表征出坏的,又激励我们去做好的,那么一种弱形式的动机内在主义就会为真。然而,即便道德信念(或表征)和道德欲念(或动机)总能有所区分,也还不足以冲击道德本身的存在。

理由内在主义所遭遇的是我们对"理由"极度灵活的用法。"理由"能表示非理性的原因——行动者在行动时的心绪,或建议和慎思中的支持方和反对方(the pros and cons)。如果假定我们只按照道德知识行动,那么我们可能会怀疑这样做是不是非常天真幼稚或糊里糊涂。否定这一点,说这就是天真幼稚糊里糊涂的,那就等于再一次否定了工具理性的至上性。沿此思路,就我们而言,这往往是合理的:按我们所知的行事是我们的道德责任,即便我们知道如此作为并没什么特别的欲念。

知道一个行为之为不道德是否总会引发这样一些考量:一个"支持方的"行动取决于慎思和建议的恰切方式。我们会同意,对于一个执迷不悟的职业杀手,他行为的不道德、负影响和不正义实际上不构成改变其行为方式的理由。并且我们会断言，只有那些带着道德目的的行动才会在慎思的时候将种种道德事实考虑进去。或者我们坚持职业杀手也应该将凡此种种考虑进去，尽管他在行动上有思考障碍（病态地缺乏对受害人的关心）。虚无主义者必定坚持说，我们已然共享了的道德观念将第一个立场排除在外，而第二个立场完全是不合理的，或根本是错误的。然而，在麦凯那里找不到这个结论的任何论证，而且近期酝酿出来的虚无主义者们能否代他给出一个成功的证明，还远不明朗。

3.7 扩展阅读

犹太教—基督教之上帝信仰的消失对道德所产生的影响在早期存在主义者的思想中是一个核心主题。沃尔特·考夫曼主编的《从陀思妥耶夫斯基到萨特的存在主义》（Walter Kaufmann, *Existentialism from Dostoevsky to Sartre*, 1956/1975）一书就是这一方面的代表作。从无神论到怀疑主义的线索在齐默曼的《日常理解下的道德心理冲突》（"A Conflict in Common-Sense Moral Psychology", 2009）一文中有比较详尽的展现。

如上所述，经济学家以及社会学家常常假设工具理性的"至上性"，就好像合理决策和行动的经典模式就是工具主义。詹姆士·德雷尔的《休谟对道德实践之正当性的质疑》（James Dreier, "Humean Doubts about the Practical Justification of Morality", 1997）一文是从哲学上对这一观点加以辩护的最好尝试之一。珍·汉普顿则在《理性的权威》（Jean Hampton, *The Authority of Reason*, 1998）一书中反对工具主义，这与克里斯蒂娜·科斯嘉德在《创造目的之王国》（Christine Korsgaard, *Creating the Kingdom of Ends*, 1996a）一书中所做的工作一样。科斯嘉德的一篇论文《对实践理性的怀疑》（"Skepticism about Practical Reason", 1986）有着相当的影响，就好像托马斯·内格尔的《利他主义的可能性》与《本然的观点》(Thomas Nagel, *The Possibility of Altruism*, 1970; *The View from Nowhere*, 1986)两部著作一样。伯纳特·威廉斯的《道德运气》(Bernard Williams, *Moral Luck*, 1981)和德里克·帕菲特的《理与人》(Derek Parfit, *Reasons and Presons*, 1984)认为,偏好就受制于合理的评价。

麦凯的怀疑主义观点可以在《伦理学:对与错的发明》(*Ethics: Inventing Right and Wrong*, 1977)一书中找到。在道德本质问题上,这些观念后来被大量讨论。斯蒂芬·达沃尔除了区分道德的内在主义和外在主义,还做了大量工作。他的《公正的理性》以及《英国的道德主义者与内在的"应当"》(Stephen Darwall, *Impartial Reason*, 1983; *The British Moralists and the Internal "Ought"*, 1995)两部著作都是很好的参考资料。罗伯特·奥迪在这个领域的工作同样引人注目,比如他的《道德知识与伦理学特征》(Robert Audi, *Moral Knowledge and Ethical Character*, 1997b)一书。帕菲特在《合理性与理由》("Rationality and Reasons", 2001)一文中用典范式的清晰和关怀描画出了那些必要的区分。

伯纳特·威廉斯的《内在理由与外在理由》(Internal and External Reasons, 1979)一文是对理由内在主义的经典辩护,而约翰·麦克道尔的《有外在理由吗?》(John McDowell, "Might There Be External Reasons?", 1995)一文则是对威廉斯的回复,此文同样重要。乔纳森·丹西的《道德的理由》(Jonathan Dancy, *Moral Reasons*, 1993)一书完全反对在行为的动机和理由上的所谓休谟主义,同时,迈克尔·史密斯的《道德问题》(Michael Smith, *The Moral Problem*, 1994)一书则试图将休谟关于动机的理论与一种微妙的、高度隐蔽的主张结合到一起,这种主张认为,我们行动的理由取决于我们的欲求。相比之下,吉尔伯特·哈尔曼的《道德的本性》(Gilbert Harman, *The Nature of Morality*, 1977)一书和理查德·乔伊斯的《道德的神话》(Richard Joyce, *The Myth of Morality*, 2001)一书从在普遍可共享的理由上休谟对完全怀疑主义的限制,一直谈到了道德地行为。在《外在主义的道德现实主义》("Externalist Moral Realism",1986)一文以及《道德现实主义与伦理学的基础》(*Moral Realism and the Foundation of Ethics*, 1989)一书中,大卫·布林克(David Brink)通过反对诸种内在主义来避免了道德怀疑主义,他认为这些内在主义都是典型的预述条件。

精神病的患者及其与内在主义诸形式之间的关系,其本质参见于辛诺特-阿姆斯特朗编纂的《道德心理学》第三卷《道德的神经科学》(Sinnott-Armstrong, *Moral Psychologyvol. III*, *The Neuroscience of Morality*, 2008c)。此卷的参考书目附有相关试验及对其五花八门的解释,可供参考。

4

怀疑论与直觉主义

4.1 皮浪的疑问

为了支持虚无主义,麦凯(Mackie)及其后继者高瞻远瞩。因为怀疑论者无须证明没有道德事实,他只须表明我们有足够的理由怀疑它们存在,这些理由足以夺走我们的道德知识甚至已被证成的道德信念。对于道德怀疑主义来说,这些知识论上的纯粹争论可被归为两类:一类对于道德而言是具体的,一类则有更加普遍的应用。

怀疑论最常见的攻击路线是由**知识论上的回溯论证**(epistemic regress agreeement)或**皮浪主义者的质疑**(Pyrrhonian problematic)给出来的(Sextus Empiricus, 1562/1949; Chisholm, 1946; BonJour, 1985; Audi, 1993; Fogelin, 1994 和 Sinnott Armstrong, 2004)。要知道某事,你就必须对相信它有所证成。(知识处于实质性的知识论批评之外。)但怀疑论者说,为了证成对一个命题的相信,你就必须有好的理由来相信它,这理由必须是某个或某些明确的命题——某些证据或支持性的事实——它们表明你所相信的是足以可能的。此外,怀疑论者继续说,对于保有初始信念这件事,所涉及的那些支持性的明确命题反而不能给出好的理由,除非你能证成你相信它们。但要证成相信它们,你就必须有更深一层的理由——一个二阶的证据,来蕴含(entail)出或提供出好的理由(good reasons),以支持你对初始信念这一所谓事实的相信。回溯(regress)就这样风起泉涌起来了。

怀疑论的初始论证有三个前提:

1 如果 S 知道 p,那么 S 就被证成为相信 p。
2 如果 S 被证成为相信 p,那么 S 就必须有理由相信 p。
3 S 有理由相信 p 必须基于 S 理所当然地相信 q≠p。

重复应用这些前提导致了知识论上的回溯,并且给接受前提(1)—(3)的人留下了三种可能性:或许,**循环论证**能证成某人对某命题的信念;或许,人们原则上能够为他们所相信的东西发展出**序列无限且不循环的辩护**;再或许,倘如怀疑论所主张的那样,两者都不可接受,那我们就真可能既无法知道也没有理由去证成任何事情了。

最低限度的融贯论:对于相信 p,通过接受一系列明确的理由即 q1≠p…qn≠p,S 就能被证成为相信 p,即便在他相信一个或多个 q1…qn 的理由中至少有一个是 p 本身。①

无限论:对于相信 p,由于某个明确的理由即 p1≠p,S 就能被

---

① 极端融贯论主张,每一个证成了的信念都是从其他信念中推论出来的,而这里所引用的最低限度融贯论则只需主张一个信念**能**不加根据地被证成出来。除非我们假定对于回溯论证我们只有一个好的回应,而那种"基础融贯论 foudherentism"(哈克 Haack, 1999)则总结说,如果我们不能既允许非推论性的证成信念,也允许善好的**局部整体论**(local holism),还允许循环的证成信念(皮科克 Peacocke, 1992),那么最低限度融贯论才产生出极端融贯论。出于相似理由,接下去所描述的基础主义立场就被称为"最小限度的基础主义"——它同样对比于基础融贯论。

证成为相信 p;同理,对于相信 p1,由于某个明确的理由即 p2≠p1,S 就能被证成为相信 p1……同理,对于相信 pn(所有 n>2),由于某个明确的理由即 pn+1≠pn,S 就能被证成为相信 pn。

极端怀疑论:从来没人能证成过相信这件事。

劳伦斯·邦朱(Laurence BonJour,1985)在其早期著作中提出了一条为最低限度融贯论辩护的路径,值得注意;皮特·克莱恩(Peter Klein,1999)则采纳了无限论的路线,同样值得注意;而皮特·昂格尔(Peter Unger,1975)则接受了普遍怀疑论(精致的语境论者的那种)。

那么,我们要如何来理解怀疑论自己的前提呢?或许,知识要求证成性这一点是先验可知的;也或许,假如没有好的理由来相信某事某物,你就不能被证成为相信它,这一点是先验可知的。(尽管每个断言都有它的批评者。)然而,**基础论者**质疑,为什么我们所有的理由都必须是由前提(3)推论出来的呢?对回溯论证而言,驳斥前提(3)为我们提供出了另一种重要的回应。

最低限度的基础主义:S 有理由相信 p 并不需要基于 S 理所当然地相信 q≠p。(比如,p 自己本身就构成了相信 p 的好理由,或者,S 有一套恰当的经验来为自己保有这个信念提供好的理由。)

我知道我在痛。之所以我相信我在痛,这一点必然是被证成了的——也就是说,无须那些知识论上的严肃批评来为此辩护。但对于相信我在痛的真理性,为什么人们会认为只要没有明确的证据或支持性的根据,我内省式的信念(introspective belief)就理应遭受批评呢？无疑，这不是我们的做法。正相反，我们认为，对我而言，我在痛这个事实本身就是我相信我在痛的一个好理由。正如艾耶尔（A. J. Ayer）所言：

> 问一个人他是如何知道自己在思考一个哲学问题的，或他是怎么知道自己在痛的，这样问是明显荒谬的。因为除了回答这正是他此时正在思考的或这正是他此时正在感受的，他还能回答什么呢？我们自动地遭受到对自己所思所感的知识，也就是说，有这些知识就使我们有所处境，使我们对报告它们有所权威。所要求的无非是必须真实地报告。（1968, 34）①

甚至普通人都不会相信前提（3），更不用说，实质性的论证或研究会对此大然有所知。怀疑论需要为这个至关重要的前提提供论证，且对于任何这样的附加论证而言，其本身的前提如何被认可为保证了对其基本结论的信念，这一点还很难说呢。②

尽管如此，对皮浪主义者的质疑，基础主义者的回答仍然是有其限度的。我对我在痛的信念是内省的产物，我对我面前有红色的东西的信念是视觉的产物，我对 2 + 2 = 4 的信念（可论证为）是纯粹概念或理性的产物。我们通常把这些都当作非推论性的知识以及已证成信念的来源，其中，那些非推论式证成的信念（non-inferentially justified beliefs）貌似能够阻止怀疑论回溯理由的企图。但是，当我们厌倦了回溯论证在知识论上的一般形式，转向其在道德上的特定版本时，又会发生什么呢？一种宽泛的基础主义者回应称，只有建立一种或多种正反两面针锋相对的主张，在如此境况下，对前提（3）的反对才会看上去合理。为了捍卫基础主义对道德知识的观

---

① 参见齐硕姆（chisholm, 1966）和齐默曼（Zimmerman, 2006）
② 深入这一点可参见迈克尔·威廉姆斯（Michael Williams, 2001）和唐纳德·戴维森（Donald Davidson, 1989）。

念,我们必须:(a)确认一类非推论式证成的道德信念;或者(b)表明我们如何能够从非道德命题中推论出道德命题,即我们能非推论式地证成出信念。① 在接下来的部分,我们会首先处理(a),探问到底有没有非推论式证成的道德信念。对于道德怀疑论、(b)以及融贯论的回应会分别在第5章和第6章中加以处理。

4.2 非推论性的道德知识

以上,我们指出了日常理解下的种种非推论性知识。在没有论证或推理的情况下,一个普通人也能知道他在痛。他只需要内省就行了。相似地,你只需要看,就能知道当下在你面前的是一本书还是一台电脑。或许,你可以通过描述可靠的视觉感知通常是怎样的这一前提来支持你的结论。(尽管很显然,你不得不凭着你如此这般感觉来建立它们的可靠性。)但是,为了知道你能清楚地看见什么,就一定要嵌入若干论证吗?在推论出你一贯所知道的东西前,难道你就不知道书或电脑的颜色或形状了吗?

相似地,通过反思、或通过理解、或通过简单的综合,我们能够知道 $2+2=4$。也许,你可以通过涉及的整数和算术运算的集合论定义来支持这一事实。但是,$2+2=4$ 这个知识只有等到有了论据才能证明它是真的吗?而且,这些定义和集合论公理自身为真的论据又是什么呢?比如,定理是一个有元素的集合呢,还是只不过一个空集呢?当然,关于这个事实的知识不需要论证;你只需反思作为一个集合它涉及了什么。

---

① 唯一的回应是"宽泛的"基础主义,因为它不再需要支持传统的基础主义立场,也不需要假定某种非推论式证成的信念。这一信条的真实性足以使它反驳回溯论证——我们无需把这里的信念看作为绝对可靠的或明确无疑的,当我们为所有推论式证成信念找根据,或当我们通过先验可知的衍推来证成其他种种信念时。关于这些观点尤为清晰的讨论可参见奥迪(Audi, 1998, 1999b)。

当然，内省自身是一个需要经过检测和评估的心理过程。必须承认，我们对它的本质还所知甚少，而心理学家和神经学家正忙于建构关于它和其他心理现象的各种理论——他们能用实验来检测这些理论。当你全神贯注于你自身的感觉时，关于内省的最佳理论会对所发生的这个过程说些什么呢？貌似你就必须从你所知道或所相信的清晰前提里才能推出你在痛——尽管**看起来**你并非如此，但难道科学家们就不能最终**设定出**某种完全无意识的推论了吗？

尽管看起来不太可能，但或许他们能。为了解释你对自身心智的意识，科学家们所假设的那些推论仍然难以达及你自身。确实，它们与你当下的所想所感隔着十万八千里，以至于难以确保它们说的就是你。可能是你的某一部分——或你的心智或大脑的某一部分——推理出了你在痛这个结论。但对你而言，从感到疼痛到你相信它存在是直截了当的。你可能不得不把注意力从其他事情上转回来，切实地关注你当下的感觉。但如果你这么做了，密切关注着自己的感觉，你就无须推理出你在不在痛的结论。如果你确实对这件事有了判断，它会对检视中的感觉形成现象学上的直接反应。

你对"2 + 2 = 4"的知识，或许亦复如是。关键在于你之前并不明白加法。你父母或老师不得不用种种例证①教给你这个概念——或使它凸显出来。尽管如此，在某种意义上，你成功地学会了用新的数来加和计算——以前你从未在课上遇到过——而且老师也自信你理解了" + "、"加法"、"相加"及其相近的术语。他确信你完全掌握或理解了与这些说法相关的概念。② 那么也就是说，一旦你理解了这一

---

① 这里并非在某种程度上认为，幼儿在掌握数字符号之前就理解了数字。就此请参见德阿纳（Dehaene, 1997）。

② 当计算总和时，成年人会不断犯错，而在我们看来，这兼容于他们对"加法"的理解。那么，这里有没有一系列知觉、行为或性向之类的东西让我们用来对概念的掌握加以认定？就此讨论请参见克里普克（Kripke, 1982）。

点,并且完全理解了"＋"以及其他由"2＋2＝4"所引起的相等和简单多数制的数学观念,你就完全肯定了这个等式是真的。而且,你的确信并不会止步于你过去所知或所信为真的那些特殊命题。事实上,重新思考2＋2是不是等于4只会使你更确信它一定等于4。

当然,我们不能排除这种可能性,即你逐渐相信2＋2＝4的这个过程正好被塑造成了某种推论什么的。或许这种推论导致你更深地确信这一等式是真的——这种真是你当下反思它时就能经验到的。但这些推论——倘若它们确实存在——却与你的经验隔着十万八千里,至多只能归于你心智或大脑的亚个人成分(sub-personal components)。对你来说,从理解"2＋2＝4"到相信"2＋2＝4"却是直截了当的。

就你而言,我们通常也不把这当作一种知识论上的缺陷。我们不会问,"什么使你确信2＋2＝4",不会试图评价你认为这个等式有效的理由。我们既不会自问这个等式之真的证据,也不会因为无法提出任何证据而自责。相比之下,假如你相信一个复杂的数学定理,却不能引用某个数学家的证明来代表它,不能给出任何论证来支撑它,那么我们就认为,你并不知道这个所涉及的定理。(即便**我们都知道这个定理是对的**。)简单的等式与此不同。通常以一种现象学上的直接或即时的方式,理解2＋2＝4催生出了对这一等式为真的信念。并且由此所产生的信念通常被认为构成了知识,即便我们知道,持有这一知识的人既不能解释也不能论证它是真的。(Ginet,1975)

洛克(Locke)并不怀疑这些常识性断言。与上述纯粹的皮浪怀疑主义者不同,洛克愿意承认我们能非推论性地知道某些基本真理。但洛克认为,道德事实与我们所举出的简单内省意义上的事实和智性上的事实,大相径庭。为了知道或可证成地相信**道德**命题,你必须有实质性的论证或实质性的证据群来支持你的道德信念。

比如,就洛克所赞成的解释而言,你可以推论出你不应当撒谎,因为:(a)传闻知识(purported knowledge)——上帝要你诚实,并且如果你不说真话,就会让你遭受巨大的痛苦和苦难;(b)自明知识(knowledge of the self-evident)——你不应该做那些你知道会让你遭受巨大痛苦和苦难的事情。在洛克看来,我们非推论式地知道这种非道德规范的审慎理由,这一点帮助我们推理出了对道德的知道。

有些人或许会指责洛克混淆了道德的"应当"和审慎的"应当"。其他人或许会说(b)并非自明。我们必须从我们所知道的其他事中推论出我们应当审慎地行动。并且,当然,许多人会反对(a)所宣称的对上帝策略的那种知道。但考虑到我们当前的焦点,更重要的是洛克的否定论点。因为洛克主张,如果缺少推论什么的,你的道德信念就会是**无基础的**,并且因此完全谈不上知道。(对比黑尔Hare,1952)用洛克的话说:

一个人一边问一边又想要给出一个理由——**为什么同一件事不可能既存在又不存在**——他就会被认为缺乏日常理解。这一点自带着自明性和论据,并不需要其他证明:他理解这一点,并为了自己而承认这一点,要不然就没有什么能说服他这样做。但是,最坚不可摧的道德法则及所有社会美德的基础——**人应行其当行之事**(one should do as he would be done unto)——如果这一点被推荐给一个以前对此一无所闻却有能力理解其意的人,难道这个人就没理由问一个原因吗?既已如此推荐,难道就不需要使这个人理解它是真的,是合理的吗?(1690/1991,§157)

但是,**道德直觉主义者**会否认洛克的主张。或许洛克在这一点上是对的:黄金法则的真理性要被知晓的话,就必定需要支撑它的论证。毕竟,正如亨利·西季威克(Henry Sidgwick,1838-1900)所指出的,即便是黄金法则,用全然笼统一般的方式演绎出来,也都会不正确。施虐受虐狂不应当打你,即使他让你"对"他这么做。你买滑雪橇给滑雪的人,这没一点错处,即便滑雪令你又冷又烦,你也讨厌给你自己买这种笨重的装备。但是,难道就没有能够如此直接明了的道德事实了吗?

道德直觉主义:我们拥有一大堆非推论式证成的道德信念或非推论性的道德知识。

让我们来设定黄金法则,比如十诫,或者类似有影响力的格言警句。比起相信关于**特定**道德事实的非推论性知识,相信那些关于**一般**原则(像这样一些)的非推论性知识也许更为普遍,不过也有大量的理论家信奉前者。

首先,历史上许多重要的哲学家都假设过,在人的认知发展过程中,对特称命题的信念通常先于对全称命题的信念。(尽管Hook,2002,174 持反对意见。)W. D. 罗斯(W. D. Ross)(1877 – 1971)是一个杰出代表。尤其是涉及承诺时,罗斯描述了 C. D. 布劳德(C. D. Broad)(1930,214)称之为"直觉归纳"(intuitive induction)的东西。

一个行为是对一个特定承诺的兑现,其他行为是对其他承诺的兑现,在我们眼中,这样的行为有着缺省态的正确性(the prima facie① rightness),并且一旦我们充分把握了用一般术语来思

---

① 中文的法律术语中对于"prima facie"的翻译比较混乱,把"prima facie rights"翻译为"当然权利",把"prima facie evidence"翻译为"表见证据",等等,因为下文作者提出了这是一个法律术语,鉴于无法在中文中找到一个固定的对译词,我在这里把"prima facie"处理成"缺省态的"(缺乏反省的、不加反省的),用这种生硬用词来提醒读者这个词在原文中是个专门术语,并非日常用语。与此相应,下文中罗斯原文中"prima facie duty"不按照通常翻译为"初定义务",而翻译为"缺省态的义务",以保持译名的一致性。(译者注)

考,我们就把这种缺省态的正确性归属于承诺兑现的自然本质。最先,我们所理解的那种自明的缺省态正确性是关于特定类型的个体行为的。接着,通过反思,我们逐渐理解了关于缺省态的义务(prima facie duty)的一般自明原则。(罗斯 Ross, 1930, 33)①

伯特兰·罗素(Bertrand Russell)(1872 - 1970)完全赞同这个观点。

在我们所有关于一般原则的知识里,实际发生的是:首先,我们意识到的是对原则的特定应用。接着,我们意识到特殊性其实无关紧要,用同样的方式,真正被确定出来的是一般性。(1912/1997, 70 - 71)

关于直接认知(immediate knowledge),这些段落所表达出来的看法在诸多方面值得注意。但首先,有件事情亟需解释。罗斯谈到,我们最初所理解的是一个特定的尽责行为的"缺省态的"正确性。但是,在这上下文中,"缺省态的"这个法律术语到底啥意思呢?

一种可能的解释:在罗斯所描述的这个事例中,我们直接即刻明白的是,对我们来说,信守承诺**看上去是**正确的。我加粗这几个字就是为了防止有人受其诱惑。因为,内省得出非推论性的知识,罗斯所反复重申的这个观点已经被广泛接受了。你保守承诺,或见证他人这么做,在眼下事例中,就是所行正确的事,这一点使你"触动"。就我们所谈的这个解释中,罗斯声称,你会以这样的一种方式意识到已经被"触动"了,即这种意识到并不是推论

---

① 参见罗斯(Ross, 1973, 171)。据齐硕姆(Chisholm, 1966, 76fn.)说,术语"直觉归纳"是由约翰逊(W. E. Johnson, 1921)引进的。

出来的最终结果。正如你不需要推理出你在痛这个结论一样,你能够以一种直接的或非推论性的方式知道什么时候事情看上去是好的或对的。因为所论及的这种知道兼容于那些非其所见的事物,所以这种知道就不是道德知识。虚无主义者就接受了你以这种方式所知道的全部。

按照一种对"缺省态的"更为精彩的解释,罗斯认为,我们在其事例中所直接知道的并不是:对我们来说,保守承诺的行为**看上去**是正确的;也不是说:没有推论的帮助,我们不能直接知道保守承诺的行为**事实上**是正确的。正相反,罗斯宣称,我们就是以一种直接的或非推论性的方式来知道保守承诺的行为事实上是正确的,除非在这种情况中,恪守是道德的这事包含着某种例外,不过这例外也是有限的。或许以一种直接的方式,你就知道了接下来的命题:在保守承诺这件事上,许诺者行为正确,除非:(i)许诺者知道保守承诺会造成巨大的痛苦;(ii)受约者胁迫承诺;(iii)在保守承诺时,许诺者违背了更为重要的承诺;等等。在这部分文段中,关于保守承诺这类事例中高度**有条件**的德性以及其他多种多样的道德行为,罗斯把关于它们的非推论性知识给了我们。

同时代的哲学家们经常把"缺省态的错误"(pro facie wrongness)这个术语限制于指明:在给定的语境中,对于理性观察者而言,什么看起来是错误的。这个特殊术语"至此阶段的错误"(pro tanto wrongness)就表示了这样一些行为,只要没什么特例,它们就是错误的。让我们遵守这一约定俗成。那么,倘若罗斯在这方面是正确的,即承认你能够以一种非推论性的方式知道——恪守的具体行为是至此阶段正确的;倘若你也能知道——以非推论性的方式或某种其他方式——在这种情况中,如果对保守承诺的正确性而言没什么特殊例外的话,你可以推断出如此行为**就是**正确的,或**在所有的方面**都是正确的。

1 保守承诺的行为是至此阶段正确的。
2 就保守承诺的正确性而言,在这种情况中不存在例外。
因此,
3 保守承诺的行为在所有方面都是正确的。

但你是怎么知道前提(2)的呢?罗斯会争辩说,你关于这类行为的知识实际上也是非推论性的。某些人说,不能把所有正当的例外都说成是对违背承诺的一般禁止,即便违背承诺是可能出现的。因此,就当前事例而言,即便从对规则之例外情况的先验知道中,从对例外缺失的当下知道中,以一种详尽的方式来推断,再好的道德判断也推断不出(或许不能推断出)(2)是正确的。就其知识而言,它推不出(2):(a)对于保守承诺,z 是一个例外,但在这个事例中,它并不存在;(b)对于保守承诺,y 是一个例外,但在这个事例中,它并不存在;(c)对于保守承诺,x 是一个例外,但在这个事例中,它并不存在;等等。相反,好的道德判断对于例外情况有一种"敏感度",这些例外情况正好就着规则给出来以反对违背承诺:在积极有利的情况下,它们就能够用这种敏感度来直接理解出(2)的真理性。

你知道你应该保守承诺。而且即使你不能清晰地把它们说出来,但你可能也知道了关于这一规则的大部分(即便不是所有的)正当的例外情况。(还记得我上文所列的例外情况(i)-(iii)吗?在读到它们之前,你是否已经知道了它们?这是你内在的"道德语法"的一部分吗?)就直觉主义者而言,你可以运用这些不可言喻的知识来证实;就你面前的事例而言,关于保守承诺的正当的例外情况一个也没有,在这一点上就可以推论出,在此事例中,承诺者保守了自己的承诺,他做得对。①

关于上文所引用的两段话,需要注意的另一件事是它们对知识的**多种来源**所做的描画。关于普遍道德,罗素和罗斯都赞成有推论性和非推论性两种知识。一旦结合着我们关于一系列相似真理的知识时,我们就会领悟到某种具体的道德事实是真的,正是这种领悟最初奠定了我们对普遍道德的信念。然而,在某种意义上,罗斯和罗素都认为,这些具体事例恰恰又被认为是无关痛痒的。

为了说明这种观点,让我们假设小亚伯意识到他的叔叔鲍勃一个月前向他的婶婶撒谎是错的,他的婶婶凯茜上周向他的奶奶撒谎是错的,而他最好的朋友大卫本不该告诉老师说他的狗吃了他的作业。最后,以某种方式将这些遭遇普遍化,亚伯逐渐意识到撒谎是至此阶段(pro tanto)错误的。

为了完成这个故事,我们必须再假定某个过程,通过这个过程,亚伯获得了上文所提及的那种对例外情况的敏感性。他默会地知道,人不应当撒谎,**除非**它对于维持一个计划了数月的惊喜派对来说是必须的,或对于挫败恶魔是必须的,或对于维持一个值得尊敬而高尚的朋友所托付的信任来说是必须的,等等。对大多数(即便不是所有的)正当的例外情况来说,它们都是就着规则搞出来的。

在这个意义上,罗斯说,我们可以这样假设:亚伯知道撒谎是至此阶段不道德的,这一知道**依赖于**他知道他所观察到的那些撒谎的具体事例中本身的不道德。当我们说亚伯关于普遍性的知识"依赖于"他

---

① 科特·拜尔(Kurt Baier, 1958)认为,知道规则的例外情况就构成了知道(或部分知道)规则的成分。这也就暗示着:除非一个人知道要办一个惊喜派对时撒的那种小谎是无伤大雅的,否则这个人就没有真正知道撒谎是错误的。(结果,像阿奎纳和康德那样拘泥于规则的人要么就不知道撒谎是错的,要么就明确否认他们默会的知识。)安斯康姆(G. E. M. Anscombe, 1958)认为,缺乏对一般禁止撒谎的例外情况并不是一个已知的前提,从这个前提才能周全地推出一个人在某个特定谎言上的信念是不道德的。相反,她主张:一个人推出撒谎是不道德的,这种推论是非演绎的,是自成一格的。(齐硕姆[1966]也考察了这个观点。)更多对一般规则的质疑请参看第五章。

关于这些特殊性的知识时,至少意味着:如果对大量这样的特称判断的批评不是知识的话,亚伯对某种普遍一般性的信念也就不是知识。

然而随着时间推移,我们可以假设这个男孩的思考成熟了。他开始抽象地深思对撒谎的一般禁止。他思考撒谎之所是:断言的自然本质,诚实的自然本质,以及它们与其他重要的活动、特性等诸如此类之间的关系。最终,罗斯宣称,亚当关于撒谎是至此阶段错误的这一知识(本来植根于他对具体撒谎行为的评价之中)就此松动了。因为在他思维成长之后,亚伯关于不诚实是不道德的这一知识不再基于他对所观察到的具体撒谎行为所做出的评价。重要的是,他仍知道撒谎是错的,即使他叔叔没有真正向他婶婶撒谎,或他婶婶向他奶奶撒谎并没有做错,或他朋友的作业真的被狗吃了,等等。通过这一过程,亚伯知道了一个命题,即撒谎是至此阶段错误的——不过,亚伯对这个真相的知识证实或证成的基础从归纳转变到了**反思**(reflection)。

因此,正如奥迪(Audi, 2004, 29)所恰切指出的,罗斯不仅保证了我们归纳性地知道了种种中介性的道德原则(比如,人不应该撒谎),而且也保证了我们非推论性地证成了对这些原则的信念,这证成使理解得以发生,这些原则标志着我们与如"2 + 2 = 4"这样的自明事实之间的关系。而且,奥迪自己的道德知识论(2004)给这两种知识的来源增加了更深一层的证成性。当理论家们从康德的绝对命令所反复申明的**人性公式**(the formula of humanity)——"你要这样行动,把不论是你的人格中的人性,还是任何其他人的人格中的人性,任何时候都同时用作目的,而决不能只用作手段"(1785/2002, 46-47[Ak 4:429])①——中演绎出了同样中介性的一般原

---

① 如同绝大多数作者引用康德作品的英文版本那样,我引用康德的文本时所使用的页码以"Ak"开头,以此表示他作品的德语权威版本:*Immanuel Kants Schriften*, Ausgabe der königlich preussischen Akademie der Wissenschaften, Berlin: de Gruyter (1902 -)。同样作为标准的是,引用康德的《纯粹理性批判》时,使用"A"来表示它的第一版,使用"B"来表示第二版,后面跟着页码。

则,他们就获得了这种证成性。

再次假设,叔叔鲍勃向婶婶凯茜撒谎时做了错事,凯茜向奶奶撒谎时做了错事,大卫向老师撒谎时做了错事,通过这样想,亚伯开始形成了对撒谎之为不道德的信念。而且,他以罗斯和罗素所描述的方式形成了概念——在发展出对例外情况的敏感性的同时,他还一定要达成某种信念,来相信撒谎是至此阶段不道德的。相似的归纳使他相信在通奸、勒索、偷窃、残忍、剥削等等不道德中充斥着例外。但现在,进一步想象,亚伯参加了关于康德伦理学的课程,课程给他解释了绝对命令。起初,对事例的反思使他确信这个原则在很大程度上具有外延意义上的正确性。就是说,现在,当他思考那些我们没把人性当作其自身有价值的事例;当他思考那些他参加这门课程前认为不道德的行为,基于反思,他就发现,这类事例和行为在很大程度上是彼此一致的。当然,这种一致并不精确,正如亚伯所发现的,某些行为他以前认为不道德,但事实上,这行为并没有不把人性当作本质上有价值的。现在,他发现自己开始怀疑这些行为中的大多数——即便不是全部——到底是不是真的不道德。("或许,"他自己这么想,"我过去只是把它们当作不道德的,因为我认为它们令人厌恶。或者,我错了,我如此严重地信赖了《圣经》。")相比之下,过去亚伯认之为不道德的那些行为,(现在他意识到),**的的确确**牵涉着对自我或他人的诋毁。我们发现,只有当亚伯在康德哲学的光芒下考虑它们时,他对这些行为是不道德的确信才会成长。诚然,作为一个对康德哲学深信不疑的人,亚伯宣称他最终明白了**为什么**这些行为是错的。它们是不道德的,恰恰是因为它们不尊重最值得我们敬畏的那部分。不道德行为否认了人性应得的尊严。

如果我们将奥迪的模型外推到当前的事例,我们会说:

(a) 在很大程度上,亚伯起初已然证成地相信他的朋友大卫的行为是至此阶段不道德的。(亚伯直接地"理解"着所思及的这个事实。)
(b) 一旦亚伯从归纳性证成的事实中演绎出了相同的事实,他的证成性就加强了,然后非推论性地(反思性地)知道了撒谎是至此阶段不道德的这个一般主张。
(c) 一旦亚伯从他对功效原则、绝对命令或其他的关于道德的"第一原则"的理论知识中,演绎出了他所思及的那种中介性的普遍一般,那么他对大卫撒谎是至此阶段不道德的信念就获得了一种形式异常强劲的证成性。

当然,作为直觉主义者,当前我们所关涉的这些理论家认为,道德知识在这些阶段的起始就已经存在了:(a)主张对不道德的直接理解。它无须期待更强的证成性,这种证成性从一般原则这样那样地演绎出来。①

就刚刚审视过的直觉主义理论而言,道德知识始于即时地或直接地把握一个具体行为的不道德。然而,倘若某人能以一种直接的或非推论性的方式知道眼前发生的这事是错的,我们还会允许它发生吗?我们应该允许吗?尽管近来对理论家的批评将罗斯加入到支持这一提案的行列之中,但即便在那些避免道德怀疑主义的人中

---

① 注意,许多一般被贴上"经验主义"和"理性主义"标签的观点认可关于具体之物的先验知识或者关于一般之物的后验知识。比如,罗素(1912/1997, 46 – 59)也认为,我们知道一个人的事情是通过一种"概念"行为,即我们对那些"共性"的熟识,这些共性被谓词所表达,而这些谓词则明确描述了唯一符合的对象。就这一描述的自然说明而言,它对普遍性有一种以经验为基础的知识(对共性的熟识),所有对具体之物的知识都建基于此。更多的例外情况包括康德(1781/1787/1999, 68 – 69 [A24 – 25/B39])著名的论证:我们的几何学知识建基在一种空间的先天直观之上(作为具体事物),以及笛卡尔(1641/1993)自己对自己的(具体)存在授予一种先天综合的知识。考虑到这些例子,密尔过分武断地拒绝理会那些假定了具体道德事实之非推论性知识的人,因为他们不是"名副其实的思想者"(1861/1998, 50 – 51)。

间,这种解释依然充满了争议。①

说实话,我应该承认自己对于这种看法持怀疑态度。或许,反思能够使我们获得关于道德普遍性的知识,这些知识堪比代数和几何那样确定的真理。又或许,我们的同感充满创造力的参与能够给我们以同样的知识。在这些事情上,我并未确定。而且我不明白:某人如何能正好"理解"一个具体行为是不道德的。

说来说去,既然感官知觉把关于当下境遇中种种对象的形状、颜色和位置的具体事实的非推论性知识提供给了我们,我们就可以称所思考的这一看法为道德知识的"知觉模型"(perceptual model)。而且,我们可以从考量哈尔曼(Harman)所给出的一个相当基础的例子开始评价这个模型,它经常在论辩中被用来为知觉模型辩护。

> 假设你转过一个角落,看到一群小赤佬正向一只猫泼汽油并点燃了它,你无须**推断出**他们在做的事是错误的,你无须把任何事情查明,你就能**看出来**(see)②这是错误的。(1977,4)

我们承认,对猫咪做这样的事是不道德的,除了极端怀疑论的观察者之外,这一不道德对所有人都是明显的。但是,**假如不从某**

---

① 关于非推论性,知觉主义关于道德知识的看法请参见德保罗(DePaul, 1988);麦诺顿(McNaughton, 1988);德雷福斯和德雷福斯(Dreyfus and Dreyfus, 1990);托赫斯特(Tolhurst, 1990);巴雷拉(Varela, 1992);格雷科(Greco, 2000, ch. 9);约翰斯顿(Johnston, 2001);沃特金斯和乔利(Watkins and Jolley, 2002);以及麦克格拉斯(McGrath, 2004)。乔纳森·丹西(Jonathan Dancy, 2004)认为,稍微对比一下,我们对具体行为的道德品质有先验的知识,它并不是从任何种类的一般规则中推断出来的。关于知觉被认为如何影响着道德判断这一问题的相反解释,请参见布卢姆(Blum, 1994);雅各布森(Jacobson, 2005);高蒂(Goldie, 2007);关于批判性的讨论,请参见麦基弗和里奇(McKeever and Ridge, 2006)以及卫瑞恩(Väyrynen, 2007)。

② 原文用了"see",这个词既有"看到"的意思,也有"明白,知晓"的意思,因为这里谈到了知觉词的使用,如果翻译成"明白"就失去了字面上与知觉的关联,因此我在这里保持了它的本义,译为"看出来"。好在,汉语里的"看出来"在上下文语境的配合下,也有明白的意思。(译者注)

个前提或某套前提推出结论，我们还能看出来此情此景中有人在行不道德之事吗？虽然我们常**说**，你就是看出来小赤佬们的所做所为是错的，但在这里，日常语言并非一个特别有帮助的向导，因为我们经常使用知觉词来描述这种知道——无论在起源上还是知识论上，它都明显是推论性的。我们说，老师能看出一个苹果放在她面前，相似地，你能看出此刻有一本书（或一台电脑）在你面前。而我们也说约翰能看出他邻居下班后一直待在家里，尽管我们知道他是有意无意从他的观察（邻居的车停在车道上）以及相关的背景假设（邻居没有其他的交通工具）来推断出这一点的（西格尔 Siegel, 2005；瓦伊里 Vayrynen, 2007）。甚至，当理查德能清楚地从莎拉的行为中推断出她的情绪，从莎拉的工作质量（和他对这项工作之难度的了解）上推断出其投入的工作量，我们就以一种日常且恰切的方式说，理查德能看出来萨拉很沮丧，他能看出来她在工作中投入了许多精力。

哈尔曼的例子与上述两个类似。尽管我们把一种官能称为"看见"——看见小赤佬们在做错事，但相当清楚的是，通过一连串并非无关紧要的推论，我们就能看见它确实如此。我们从当前案例所涉及的虐待折磨中，推断出这种行为是不道德的；我们从对猫咪极度痛苦至死的觉察中，以及对儿童引发这一行为以带来刺激的知识中，推断出这一行为是虐待的或残忍的；我们从评估他们极端的表达和狂欢的行为中，推断出这些孩子被他们的行为刺激得兴奋了起来。因此，似乎我们确实是得出结论说这个行为是错误的——在认知上，我们明确评估了所审视之行为的动机及其直接影响，就此才得出了这一结论。

诚然，可以这样说，在一个道德紧张的场景中，我们对身在其中之行为者的动机有所知道，这种知道在我们的道德判断中发挥着奠基性的作用——一个很重要的相似点在于，知觉经验在为我们的知觉判断奠基时所发挥的作用。我们关于行为的后果的知道也可能发挥着同样的作用。以这种方式思考,你关于这只猫在受苦的知识和关于孩子们乐于让这事发生的知识,**直接**证成了你认为这种行为是不道德的。那么,这种主张就会变成:在对牵涉其中的残忍和虐待的知识中,你不需要某个**额外的**支持性论证来由此恰当地推断出这种行为之为不道德。

4 男孩们以折磨这只猫为乐。
所以,
5 男孩们的行为是不道德的。

我们可以用相似的处理方式考量一下罗斯的案例。从大卫所持借口的不可能性以及你对他可能动机(如为了逃避没有完成作业的惩罚)的知道中,你推断出他撒了谎。从对牵涉其中之不诚实的知识,你直接推断出其所行之事至此阶段的不道德性。

但是,我们暂且假设,在没有额外前提或进一步推理协助的情况下,你关于(5)的知识直接来源于你关于(4)的知识。(就这种假设之真理性而言,在下文中我们会考量对其的挑战。)即使如此,不经推理,你仍然没有从字面上的"看"就看出了参与这个场景中的人的想法和感觉。而且,你对他们想法和感觉的知道也还不是真正的道德知识;比方说,你必须从虐待推出不道德。因此,你以你的方式推理出了关于价值中立的前提(4)的知识。当你从(4)推向(5),从"是"向"应当"推理时,在其中,你实施了进一步的推理。①

这些心理事实并非与我们对你信念的评估——你相信这些小赤佬的罪行是不道德的——无关。如果日常理解可信,如果你不知道(4),你也就不会知道(5)。而且,作为一般问题,如果关于(4)的

---

① 关于对这两种主张中第二种的辩护请参看 8.1:对他人心智的非评价性知识还不是道德知识。

知识并不足以证成对(5)的信念,我们已然清晰言明的推断就不能提供给你道德知识。因此,通过举出证据来反对男孩们的行为被定为虐待,或通过辩称对蓄意施加苦难的知识还不足以认定其为不道德的信念,怀疑主义就会挑战你认为对猫咪的所做所为是不道德的信念。①

既然我们完全没有关于**具体**道德事实的非推论性知识,直觉主义者仅有的希望就是论证关于**普遍一般性**的非推论知识了。正如我们所见,罗斯认为,不太成熟的思考者通过归纳推理开始知道那些相当抽象的道德准则。但他也认为,通过一个非推论性的过程(他称之为"反思"),关于这些同样的准则,我们可以达到一种更为复杂精致的知道。在没有归纳法帮助的情况下,通过反思,如果我们能获得普遍一般的道德知识,那么,我们不能得到关于具体道德事实的非推论性知识这一事实就无须排除关于一般道德准则的非推论性知识的可能性了。

接着,我们必须把注意力转到反思这件事上来——正是这种反思会把撒谎之为不道德这样的非推论性知识给亚伯这样的人:这知识并不依赖于过去对那些具体谎言的评价有多准确上。但这里必须先处理一件事。因为不言而喻的是,如果我们根本不可能知道道德的普遍一般性,那我们就更不可能用非推论性的方式知道它们。同样正确的是(只是没那么明显),如果道德的普遍一般性不是真的,那我们就不可能知道它。的确,这就迫使我们同意洛克关于黄金法则的意见。我们不能直接理解黄金法则的真理性,因为它明晰可辨的不真实性根本不让我们知道它。

因此,在我们能评估我们以非推论性的方式知道普遍道德原则的可能性之前,首先我们就必定要询问是否有任何真实的道德普遍

---

① 关于检验"应当"是否能用(4)—(5)的方式从"是"中推出来,我们将在紧接着的一章中回到这件事上来。

性是可知的。有道德法则吗？或者,道德知识在其自然本性上就完全是"具体"的吗？

那些对存在任何真实的道德原则持反对看法的理论家就是**激进的特殊主义者**(radical particularists)。比如,特殊主义者承认,在第一章所描述的例子中,科波菲尔知道克里克尔的行为不道德。但特殊主义者坚称,科波菲尔对克里克尔行为的评价必须从不道德概念推出,这一概念拒绝收编为规则(对比 McDowell, 1979, 1994, 1998; McNaughton, 1988; Nussbaum, 1990; Dancy, 1993)。科波菲尔**知道如何**觉察出那些具体处罚学生的不道德行为的不道德性。但是,他如此觉察时,并不把他眼前的事归入到一个普遍规则之下——这个普遍规则描述了哪些处罚行为是不道德的,哪些不是。换言之,科波菲尔知道如何觉察出所见之处罚行为的不道德性,而**无须知道**真正不道德的惩罚是具有如此这般深层特征的行为。道德知识很大程度上是一种技巧或能力。

当然,说特殊主义者关于道德判断的概念是准确的,这一点还晦暗难明呢。面对特殊主义者的批评,有些哲学家为道德原则辩护,他们是**普遍主义者**(Generalists)。

就定义而言,普遍主义者热衷于为道德的普遍一般性持守一种实质性。然而,尽管如此,许多人也承认,如果要从反例中把道德原则保下来,这些道德原则就必定以这样或那样的方式受到限定(Anscombe, 1958; Holton, 2002; McKeever and Ridge, 2006; Vayrynen, 2009)。沿着这个思考路线,虽然我们不太能知道怎么对撒谎无条件地非难,但我们能知道撒谎**倾向于**是错的,知道不诚实是至此阶段不道德的,或知道**在同等条件下**虚伪是不可以的。这个立场最为妥协的视角就结合着罗斯立场中的重要元素:我们以一种完全非推论的方式(通过反思)来知道某些道德原则是受到限定的,然后一旦调动这种知识来对具体例子做出裁决时,我们就对种种例外情况施展出了一种非推论的敏感性来。至少在这一点上,难道罗斯不是已经挺正确的了吗?①

　　这个问题被关于受限原则是否实质性这样的论争给遮蔽了。为了把这个问题带回到亮光里,让我们假设——你坦诚地说:"我知道撒谎是错的。"怀疑论者反驳说:"你对这个原则的信念和对黄金法则的信念差不多,正如它可以论证为虚假的。毕竟,为救命而撒谎就不是错误的。"你的信念必须有所限定。有两条你可能采取的应对路径:(i)你可以把你的原则复杂化,通过宣称"我知道,**除非救命所需**,否则撒谎就是错误的";(ii)你可以使用"包罗万象的"(catch-all)限定,并宣称"我知道,**除了在特殊境况下**,否则撒谎就是不道德的"。

　　如果你沿着第一条路径,针对你已阐明的更为复杂的原则,怀疑论者会试着追问出反例。如果有人喜欢惊喜派对,而你也知道如此,那么怂恿个小诡计、撒个小谎丝毫不是不道德的。因此,怀疑论者指出"除非救命所需,否则撒谎就是错误的"这一点不真。你必须进一步复杂化你的原则。当然,对撒谎来说,如果你能明述出所有正当的例外,那么你就达及了一个复杂但真实的道德原则,一个你可能会宣称你有所知道的原则。(事实上,如果这个原则不太长或不太复杂,它蛮可以是一项知识——当要弄清楚某次具体的撒谎是否不道德时,你就可以实际**使用**这项知识。)但如果你不考虑某些正当例外的话,你甚至都不会有一个知识候选项。万一你失败了,怀疑论者就能正当地驳斥你所宣称的"我知道,撒谎是不道德的"这一点。而且,在没有调用无穷回溯论证的情况下,或在对你判断之根据没有提出任何其他怀疑的情况下,怀疑论者就可以这么驳斥你。因为你不能知道什么不是真实的,这一点双方都承认了。

---

① 也许,一旦谢弗-兰多(Shafer-Landau, 2003, ch. 11)、麦基弗和里奇(McKeever and Ridge, 2006)认为对道德原则受到限定这件事是先验可知的,他们的心中就树了这样的范例,尽管在囊括了对不道德的所有裁定这件事上,缺乏例外情况是如何被证明可达及于此的——他们也想对这个问题说点什么。

退一步设想,你转而求助于一种"包罗万象的"限定,宣称"我知道,除了在特殊境况下,否则撒谎就是不道德的"。对于这个备选策略,怀疑论者可能会做出两种回应。第一,他可能会争论道:"你为自己所宣称的那种知道真是空洞无物啊。"他质问道:"究竟'我知道,除了在特殊境况下,撒谎是不道德的'这种知道是如何区别于'我知道,除非它不是不道德的,否则撒谎就是不道德的'这种知道的呢?"怀疑论者会承认"我知道,除非它不是不道德的,否则撒谎是不道德的"这一点,因为这个命题的真理性与虚无主义者的主张是兼容的——他们主张,撒谎或任何别的事从来都不道德。

要回应这个反驳,我们必须区分两种知道:某事倾向于不道德(或:在同等条件下,某事是不道德的;或:除了在特殊境况中,某事是不道德的)的这种知道,以及与道德无关的、完全逻辑的那种知道(即知道"每件事要么是不道德的要么不是不道德的")。与自然科学中那些看起来不那么空洞无物的限定做个比较,这可能在这项任务中对我们有所助益。一物掉落时不必下降,因为从下面持续吹来的微风使它悬浮在那里。那么,基于什么样的一般观察,牛顿才假设了他对万有引力的信念呢?他知道事物掉落时倾向于下降,或者在同等条件下,事物掉落时就是下降的——这种实质性的观察并不等同于全然逻辑上的知识,即事物掉落时就下降,除非不掉落。

当然,除非我们准备就着因果概念来考量撒谎和不道德之间的关系,否则这样的类比就并不精确。毕竟,我们认为,万有引力吸引物体落到地球的表面,正是它导致了(causes)掉落,因为缺乏一个相反的力。我们能不能说,撒谎"导致"了(causes)不道德,因为缺乏相反的"道德力"?当我们言及道德现象时,因果关系那套语言能不能通用,而不是在比喻的意思上使用呢?

我们回头来看看这样一个关乎着频率的勉勉强强的看法:撒谎多半是不道德的。我们会承认,你从关于撒谎者的经验中学到了这一事实。但我们已经看到,你知道某个具体的撒谎行为是不道德的这种知道在形式上必须是推论性的。所以,你归纳式证成了的信念(即撒谎多半是不道德的),这一信念无疑也是推论性的。从可知事实中推论出归纳性的普遍一般性。因此,这不是道德直觉。

尽管如此,姑且让我们这样假设:你可以提出这些反对意见来反对有关于道德原则的非推论性知识,而这一道德原则则被包罗万象的限定条件改良过(在第五章,我们会回到相关问题。)如果"撒谎是至此阶段不道德的"这个命题并非同语反复,那么一个下决心反对所有道德知识的怀疑论者就会争论道:"你并不知道这个命题是真的!"但是,一个没那么野心勃勃的怀疑论者就可能会集中火力在你这样尝试之上:你试图应用这种知道来达及知道具体撒谎行为是不道德的那种知道。

比如,细想一下,伯尼·麦道夫(Bernie Madoff)这位曾被尊称为华尔街的"巨人",近来卷入了金融史上最大的庞氏骗局。你知道伯尼在投资给他的资金使用上撒了谎。现在我们假设,你知道在同等条件下撒谎是不道德的。但是,你怎么知道当下事例中的所有条件**都是**等同的呢?

6　伯尼·麦道夫撒了谎。
7　撒谎是不道德的,除了在某些特殊的案例中。
8　伯尼的撒谎不是这些特殊案例中的一个。
　所以,
9　伯尼的行为是不道德的。

如果他承认(7)是实质性的,怀疑论者就会争辩道:"倘若不从你所知道的不同事实中推断出这个前提,你就不可能知道它。"(而且他敢打赌,这样的推断根本不足以令人信服地将知识提供给你。)但我们现在假设怀疑论者可能承认,你确实知道所谓的实质性事实,但是通过否认你知道(8),他就否认了你对你结论的知识。而且,对于说清特殊案例(在这些特殊案例中,你认为撒谎也是可以的)的变动范围,如果你**什么也不做**,那么我们就会被迫应对这样的问题:为什么你就有理由认为伯尼不是一个特例呢?就直觉论者所提出的而言,对于撒谎的一般禁令,你可不可能一眼就**看出来**没什么例外能证明麦道夫是无辜的?比起我们之前所反对的那种道德知识的知觉模型,这个看法怎么就更好了呢?——如果不借助任何推理,你一眼就能**看出来**伯尼的行为是不道德的,那么关于你知道(6)—(8)的这个模型就无关紧要了。

或许,在撒谎是不道德的这一点上,在其种种例外的压力下,当我们仰赖着撒谎是至此阶段不道德的这一非推论性知识时,我们就已经向怀疑论者让步得太多了。毕竟,读点书报的我们对麦道夫的骗局知晓甚多。而且,我们将其行为视为不道德,理由众多,他撒谎这个事实仅仅是其中之一而已。比如,他的动机。麦道夫被虚荣和贪婪驱使着。他不诚实的预期受益人乃是他自己和同样清楚这个骗局的他自家人。如果麦道夫是现代罗宾汉,劫富济贫,虽然我们仍会谴责他的行为误入歧途,但我们对这件事的评判就会大相径庭了。

后果接踵而至。麦道夫的骗局引起了极大的伤痛和不幸:它暗中破坏了弱势群体所依赖的慈善事业;除了这个罪犯及其密友外,没有在幸福或福利的方面使任何人得到什么补偿。即便麦道夫挽回了投资给他的资金,他的财务报表依然是不诚实的。但如果在此事中,政府强迫他偿还资金和支付数目巨大的罚金,我们对整件事的态度就会是困惑,而不是对卑鄙行为的愤慨。

我们对麦道夫的不利判断来自于谎言的严重程度及其所揭露出来的品行缺陷。这场骗局是对法律和规则的肆意践踏,而这些正是他承诺过要遵守的。他背叛了朋友、同事和导师,他如此行为表现出了对我们认之为神圣关系的全然无视。他是一头披着羊皮的狼。对我们来说,所害怕的最坏情况就是它涉及我们所信任的东西。

而我想说的是:如果要公正地对待一个普通人推理的复杂性,那么这个推理即便只是涉及如此简单的不道德的事例(比如麦道夫的这个事例),都会迫使我们将其推论的前提严重复杂化。而且这也是我的感想:如果推理推出的是道德知识,那么这样的复杂化就是必须的。既然我没有对"我们"在这件事情上的看法做郑重的(一阶的)调查,我就只能报告自己的看法:除非我一开始就证实某人对麦道夫的动机、撒谎的严重性及其所造成的后果都知之甚多,否则当我断言这个人真的"知道"麦道夫行为错误时,我就会觉得不舒服。有人也许仅仅因为听闻麦道夫撒了谎就推断出他行为不道德。但是,我忍不住要指责这些人下判断下得太鲁莽草率了。

所以,即便我们并不普遍共享这个模型所基于的"直觉",但我认为,对于普通书报读者的推理过程,直觉论者可能描述得最好,如下:

10 当伯尼在投资资金的使用上撒谎时,他被他的贪婪和虚荣所驱使,明知故犯,欺骗了数家慈善机构和大量辛勤工作的百姓。而且对于那些根本不知道他犯罪计划的人,他既没有提升也没实际改善他们的生活。
11 在这个犯罪骗局过程中,如果某人撒谎是出于虚荣和贪婪,这欺骗也没有实质性地提升任何与此计划无关之人的境况,那么,他其间的行为就是不道德的。

所以,

12 伯尼的行为是不道德的。

注意,尽管前提(11)相当复杂,它仍然是一个相当普遍的道德准则或原则。并且,这恰好就是直觉论者所需拉拢合作的类型。

这个原则的**复杂性**使其免受明显谬误的非难——这样的非难会威胁到那个至纯的黄金法则。同样的复杂性也使这个前提免受浅薄的指责——这指责瞄准了我们至此阶段上对撒谎更为单纯地

（不可化约地）禁止。

但是，作为非推论性知识的候选者，这一原则的**普遍一般性**被保留了下来。如上所见，知道一个**具体**的道德结论——比如（12）——一定要从对此行为之动机和后果的知道中推断出来，而后一种知道本身又是从对行为者行为的观察中推断出来的。然而，就像我们所有的论证业已表明的那样，对于使得我们知道像（11）这样复杂且一般的真理这件事，这种类型的推论无须起什么作用了。所以，我们可以用直觉论者的观点来问：我们知道（11）是不是直接地、即刻地就知道了的呢？——基础论者正是利用这种非推论性的知识来阻止怀疑论者的企图，即他们试图使得支持性的推理或论证产生无穷回溯。

我们必须首先断定这个前提是否为真。就这点而言，我们会注意到，这个前提涵盖了许多基础。我们的原则描画了一个妄自尊大的人，被贪心和虚荣所激励着，以一种不可思议的不忠方式，破坏了许多普通人的生活，而且，对这起罪行中的无辜者而言，他们在幸福上没有得到任何补偿。因此，它描述了这种被康德主义者、功效主义者、美德理论家和全世界的普通人都认定为不道德的行为。所以，如果不求助于虚无主义，就很难看出来怎么就能去否定这样的真理。也就是说，如果有人做过不道德的事，那么看上去，伯尼就确实做了不道德的事——只要伯尼事件是以报纸所描述的方式发生的。

那么，我们有了这样一阶的观察：如果真有某种方法使伯尼的诈骗变得并非不道德，而且与（10）所声称的新闻报道细节相符，我们这些相信前提（11）的人就会去坚信它所做出的描述。的确，这恰恰就是我们在上文所卸下的论证责任——在我们要解释"信守承诺怎么就不是值得称赞的"以及"故意撒谎怎么就不是不道德的"的时候。而一旦要论证"道德事实必须得到神之制裁的支持而实际上这种制裁并未降临"或者"如果我们的道德判断是内在动机性的或合理化的,那么我们就只能在一套预设好的道德责任下撒谎,而事实证明,没一个判断有这样的特征"时,虚无主义者就(毫不犹豫地)赶紧卸下了论证的负担。总而言之,怀疑论者不能只是靠说(11)是谬误就动摇了我们关于麦道夫是不道德的这一信念,他必须**解释**它**如何**就不是真的了。

我们已经处理了对虚无主义者来说更为一般的论证,怀疑论者很可能就此展开这个论证。而且就反对自私诈骗的不道德性而言,我所能想到的与此相似的一般论证可能都是基于怀疑论支持的。因此,在没有论证能支持虚无论者的情况下,我们也帮不了否定道德原则真理性的怀疑论者。倘若道德怀疑论者要追随我们业已描述了的策略,这策略整体上是知识论的策略,那么为了论证,他必须承认(11)是真的;并且论证——即便给了这个假设,我们也不能**知道**它的真理性。

无穷回溯论证被认为恰恰招致了这个结果,因为正是它把解释的责任加到了我们头上,即解释我们是**怎么**知道那些我们所宣称知道的道德原则的。既然我们面临这一论证,我们就确实感到这种论证的负担。(至少我感觉到了。)但一旦假设我们没有——或至少不需要——一套明显的理由或证据来支持我们的主张时,我们还怎么能支持我们的主张(知道自利的诈骗行为不道德的)呢?

直觉论者试图改善这种境况。他们用一个非推论的反思过程来使我们再度确信,我们能证实我们的前提:"只要反思一下(11),你就会明白它的真理!"但是,在场的怀疑论者——我已经听到他们的声音了——他们往往会用异口同声的轻蔑嘲笑来予以回应("反思?呵!")接着,两派之间的争论就戛然而止。

倘若我们用辩证法来为眼下这一对对头劝架,我们就能正当地保留我们对普遍道德意见的信心了吗?我们已经假设(11)是真的:出于自私自利的欺骗是害人的行为,是不道德的。所以,现在让我们也假设直觉论者实际上是正确的,而且可靠的反思过程确实产生并维持了一个普通的(非哲学的)老百姓对道德原则的信念(这个原则正是争论之所在)。这些假设可能会确保我们所说的,即**普通老百姓**知道有害的欺骗中的自私行为是不道德的。因为我们想要承认,普通老百姓仅仅基于反思就能知道这类道德原则,即便他们不能明述出来,甚至他们都不知道他们的信念是由这个可靠的过程产生的(奥迪 Audi,1998,ch. 1)。或许,**可靠性**对知识而言是必须的,但几乎可以确定地说,**关于可靠性的知识**并不是必须的。

然而,**我们**不是普通老百姓。实际上,我们已经考量过怀疑论的论证了。并且,我们已然苦苦思索了我们是怎么知道适度复杂的、适度一般的原则的,比如(11)。如果**我们**不知道——或不能明述——我们是以一种可靠的方式获取了对这些原则的信念,我们还能不能合理地坚信它们的正确性?我们还能不能继续宣称知道?或者,我们当中那些已经提升到对话阶段的人需不需要理由才能说直觉论者对此事的看法比怀疑论的更优越呢?

事实上,大多数直觉论者并不满意我们已经认定的那个僵局。相反,他们试图对这种反思说点儿什么,这反思会提供给我们诈骗之为不道德的知识。比如,假设直觉论者能够成功地把这个过程和这类反思相比较——通过这一过程,我们被预设获得了关于某种道德原则的非推论性知识;而这类反思则带给了我们逻辑上的和数学上的非推论性知识。换言之,假设可以与洛克所乐意支持的那种非推论性知识做一个比较。如果这比较是充分正确的,就会进一步增加我们对反思力量和道德信念的自信,它们也被预设着要产生这种自信。而且,甚至可能会使洛克式的怀疑论者确信,我们终究会有非推论性的道德知识。

接着,我们必须转向我们的数学知识。一方面,我们有对集合论的简单公理;简单的算术事实,如"2 + 2 = 4";以及洛克在逻辑上的极简例子:不论它是什么,它就必须是(necessarily, whatever is, is)。另一方面,我们有复杂的数学定理——若不经证明,它们就无法为普通人所知。但折衷而言，我们有一系列复杂性适度的例子，比如奥迪所举的例子：要有四代人才能产生一个曾孙。(2004，49)

很明显，有些人不是一眼就能看出来要有四代人才能产生曾孙的，而必定做如下思考：孩子对父母的关系、父母对祖父母的关系、祖父母对曾祖父母的关系，总共四代人。这一原则的适度复杂性确保了我们许多人不会不预先考量就判定它为真。然而，奥迪争论道，这案例中先于信念的思考过程并不会使这作为结果的知识成为非推论性的，因为它并不使我们**超出**我们眼下所考量的命题。这里，我们所拥有的是一种理解的方式，来理解这样的主张，即"四代人"对"产生一个曾孙"来说是必须的，而这主张**自身**证成了对它真理性的信念。正是此例中所涉及的理解过程证成了这一信念，而不是任何**外在**于这个过程的推论。

反思的基础：你关于 p 的知识是非推论性地建基在反思之上的（或根据反思才知道的），仅当：(i) 你以一种完全知性的方式推理出关于 p 的已证成信念，而 (ii) 这思考过程是内在于你对 p 的理解的（或是其一部分）。

让我们一步步地仔细检查这套解说。

奥迪的零阶(zero-level)主张是：作为构成性部分，我们对某些命题的理解或把握包含着推理的某些方式，而正是这些推理导致我们相信了这些命题。

他一阶(first-level)的主张有两条。第一，我们把这些内在的来来回回的推理看作是关于命题种种之信念的担保，帮助我们有所理解。（如果你思及孩子对父母的关系、父母对祖父母的关系、祖父母对曾祖父母的关系，随之而来的信念是"要四代人才产生一个曾孙"，我们就不会让你的这一信念遭受知识论上的实质性批判。）第二，我们把以这种方式产生的信念看做知识，只要我们未发觉任何与我们所相信的真理相反的证据,这反证是某种相信者不能(挨个)合理反驳或摒弃的东西。换言之,在这种情况下,我们承认某人对他所相信的东西有知识,除非有"袭击者"要袭击他对此信念的证成,而他又不能用进一步的证据或推理来予以"反击"。

最终,我们有了奥迪的二阶(second-level)主张:我们在一阶主张中已经揭露的知识论实践是非常好的。即便我们知道你不能从任何你所知的明确命题中推论出这命题的真理性,但说你知道需要四代人才能产生一个曾孙——这话是对的。

当然,我们的前提(11)实质上比我们一直在讨论的例子要更为复杂。但直觉论者可能会争辩道:这只是程度上的不同,不是种类上的不同。① 正如有一个推理的过程一样,据此你沉思并逐渐完全理解了这个命题——需要四代人才能产生一个曾孙;这里也有一个反思的过程,据此你逐渐完全理解了这个主张——自利的害人的欺骗行为是不道德的。在这两个例子中,这过程都是内在于你的理解的,并且证成了你的相信,你相信你对这过程有所理解了。既然无须执行外在于你对这命题之理解的推理,你可以说以一种真正地非推论性的方式理解了这个复杂性适度的道德原则。直觉论者声称,你关于伯尼行为之为不道德(如果他做了报纸说的那些事)的知识正是建基于实质性反思之上的。比起你知道必须从公理才能推出数学定理的那种知道来,这种知识更类似于你知道需要四代人才能

---

① 理性主义者总是把他们自己描述成持这样一种观点的人:某些道德命题是**自明的**。(Audi, 1996, 2004, 9 – 10, 48 – 49, 81 – 82, 150 – 151; Crisp, 2002, 57 – 59; Stratton-Lake, 2002a, 18 – 23, 2002b, 113 – 119; Shafer-Landau, 2003)但就现下在分析哲学家中所流行的对"自明"的日常理解而言,这就是说,如果有人对这样一个命题有充分的理解,这样的理解就为他提供了缺省态的证成性,使其相信这一命题。道德原则在这个意义上是自明的,人们对这些道德原则虽然有一个基本理解,但这些道德原则对人们却并非显明,我们对这些原则的知识就不能同化于我们对简单的数学公理和算术真理的知识。不过,正如我们在文中所讨论的,追寻着道德知识和中等复杂的数学原理之间的比较,或许是中肯的。比如,可以参看斯坎伦(Scanlon, 1998, 62 – 64),他对[道德——译者加]规范和集合论知识之间的比较有一个简单的调查。

产生一个曾孙的那种知道。

尽管我们对这推理有着相当细节相当直观的描述,通过这个过程你"逐步推进",并在此间理解到需要四代人才能产生一个曾孙。但与此同时,我们却还没有解释这个推理,通过它,你才逐渐相信了自私欺骗是不道德的。但两个例子间的类比倾向,以及对两者都采取单一的知识论模式来论证——这貌似正是依赖于这些细节。回到上文我们所描述的罗斯的直觉论,当提及关于撒谎之不道德性的非归纳的、反思的知识时,关于亚伯对断言本质的思考及其与其他实践活动的关系,我写得相当抽象。但是,这种模糊的描述的确不能让一个洛克式的怀疑论者确信,我们关于一般道德原则的非推论性知识——像(11)那样。诚然,对于使我们加深对这些原则的确信(我们希望能够保护这些原则免受怀疑论的攻击)而言,它们杯水车薪。那么,我们想知道,道德反思应当如何起作用呢?

这个挑战将被证明是相当棘手的。首先,直觉论者的解释一定是在心理上貌似可信。直觉论者并不解释一个理论家(像康德)是如何能够逐渐达及一个用反思方式证成了的信念的(比如撒谎是不道德的信念),而是在他思考的某个给定的阶段,解释像亚伯这样的主体是如何能够达及这个信念的。一个超常强烈的怀疑论形式可能会被这反思知识的可能性所驳倒,但如果我们大多数人缺乏道德知识,那么它自身便是个彻底的怀疑论结果。

第二,任何被这种解释所用的推论一定"内在于"这个推理,借助这种推理,普通主体就能"逐步推出"这个命题。换言之,它所提供出来的证成性必须是真正非推论性的。

第三(也是最后一点),所描述的反思过程也必定是有充分实质性内容的,可以把那些关于道德原则的知识提供给我们。而在过程的援助下,我们就被预设了能理解这些知识。因此,反思的方法一定是可靠的。它有可能满足所有这三个条件吗?

据我所知,直觉论者还没能应对眼下的这一挑战。虽然道德理论家已经增加了种种富有洞察力的解释,来解释为什么欺骗、背叛以及类似的言行失检是不道德的。相当明显地,就相信不诚实是不道德的这件事而言,这些解释所给出的证成性在本质上是推理性的。而且,所给出的解释通常并不打算说明这个推理,而这个推理只是引导着非哲学思考的大众去相信这些行为是不道德的。大多数道德理论都通过更高的复杂性来确保某种程度的准确性。它们太过于精致而不能将其归于日常思考。

那么,是什么样的思考过程导致普通人相信贪婪的欺骗是不道德的呢?我会用我自己的内省的能力来告诉你,我能对自己的事例说些什么。现在,如果我要使我的推理符合直觉论者的游戏规则,我就不能从我所相信的明确命题出发来支持(11)。并且,如果我遵循这个结构,那么我最多不过是增加了一种不成功的尝试——对这个原则的真理性,尝试着设想出反例。我相信(11)是真的,因为,除了虚无主义,我看不出它怎么会是虚假的。

这个思考过程怎么就与那样的推理方式(即,我们推理出结论,要四代人才能产生一个曾孙)相类似了呢?说实话,也没那么类似。关于奥迪所讨论的非道德命题,有一条**推定式的**(constructive)路线。当我们仔细考量所涉及的亲代关系,并把全部四代都计算在内时,我们所考虑的是那些"显示"或"揭露"这命题之真理性的事实。相比之下,我无法设想(11)怎么会是虚假的——在本质上,这一点就是完全**消极否定的**。而且貌似"展示"或"揭露"的真理性就要求使用我所知道的明确命题。它就要求着从知识的其他事项中产生出事实。换句话说,它需要推理。

尽管本质上是消极否定的,但难道这个设想出来的方法就不能恰当地被描述为"反思"了吗?当我试图证成"出于自利的欺骗是不道德的"的时候,我用的正是这个方法。或许吧。但我们眼下的这个推理非常不同于我们所达及数学知识时使用的方法——到目前为止,对它的可靠性我们还没啥保证呢。那么,我构想的能力又有多高超呢?关于我所支持的适度复杂的道德原则,它们能使得我对此有所知道吗?难道它们不会导致我忽视一系列与这些原则相关的正当反例吗?

貌似我们又绕回到一开始的那个僵局了。因为我们无法把我们关于(11)的知识比作关于数学真理的知识,所以,虽然我们努力来加深我们对道德原则之知识的确信,但这不太可能做到。我们也没能在增加我们关于反思过程的自信上做很多,虽然我们期望通过反思来知道它。由于缺少更好的、更详细的关于反思的理论,洛克式的怀疑论者还是岿然不动。他会继续争辩说,我们不能知道害人的欺骗行为是不道德的,除非我们能从我们对明确事情的知道中论证这个主张。

迄今为止,那些我们已经考量过的直觉论的解释都是各种形式的**道德理性主义**(moral rationalism)。他们把我们获得关于道德原则的非推论性知识的过程,比作我们获得数学或完全"概念性"知识的过程。(比较 Bealer,1998;Greco,2000;Heumer,2005;Peacocke,2000,2004)。

> **道德理性主义**:以一种独立于经验的、与数学方法相类似的方式,我们能够知道诸种实质性的(并非无关紧要的)道德真理。

用更哲学化的语言重构这个论点的话:道德理性主义者假定了大量实质性的**先验的**道德知识。

但如果关于道德原则的知识在关键地方都依赖于经验或观察,那么它就非常不同于数学知识了。**道德经验论者**(moral empiricists)认为,事实上经验对道德知识而言是必须的。并且,因此他们拒斥理性主义者对道德和数学之间的比照。

> **道德经验主义**:所有关于实质性道德真理的知识,对其存在而

言,都依赖于经验。

当然,许多经验论者同意洛克而一起反对道德直觉论。但是,关于直觉论的观点,也有一条重要的经验论链条:关于道德的普遍性,这种直觉论提出了非推论性的后验知识。依据这种理论,对道德知识而言,激情和感情是必须的——这种倾向的重要例证已被休谟的理论加以证明了。

正如我们会看到的,休谟认为,我们从对美德和邪恶的判断中推出了对道德和不道德的判断。但是,关于我们对复杂性适度的道德原则的赞同,如果将休谟对基本道德判断的解释运用于其上,我们就可以获得对"休谟式"一般路径的理解:关于直觉论的讨论使得我们把这些原则看作在非推论意义上可信的或基础的。

让我们再一次返回到对这个原则的信念上:如果某人明知故犯,为自己的利益而施行非常有害的欺骗行为,那么他的行为就是不道德的。我们可以说,你关于这个原则的知识是后验的道德直觉,如果我们:(i)坚称你并不是从你所知明确的事情上推出其真理性的,但(ii)承认你的经验在其起源中担任了必要角色。

经验会担当什么样的角色呢?假设,你想象这样一种人会是什么样的:他忘恩负义、欺骗欺诈、满腹怀疑,这样的人作奸犯科,伤害其他生命。你再想象这样一位因他受害的人会是什么样的:一位老妇人,许多年辛苦工作积累的退休金被抢去了;或者一个孤儿,慈善机构因着所依赖的诈骗企业而破产之后,他再也负担不起上学的费用了。你想象这样一个人的亲属或朋友会是什么样的:设身处地的悲痛、不幸、恐惧并且愤怒。这些想象一定会影响你的情绪状态,使它导向消极否定的一端。

现在假设,正是心智的这种框架导致你相信经济诈骗的自私行为是不道德的。那么,休谟主义者就会主张:一个人如果完全冷漠或缺乏情感,那么我们就不能相信他**知道**你在这里所相信的东西。

例如，我们会假设，作为一个经验上的猜测，某个精神错乱的儿童——也许是动物虐待狂——当他想象所有这些惨状时，一点都感觉不到痛苦。由于缺乏正常的父母和老师的道德范例，这些儿童就会缺乏对不道德性的确信（甚至对最残忍的谋杀都是如此）（休谟，1739-40/2000，3.1.1.26[SBN 468-69]）①。重复一次，我们知道自私的欺骗是不道德的这种知道，因为其存在依赖于经验，所以它被证明是一种后验的知识。尽管本质上，这经验是情感的而非知觉的。我们可以说，这种知识有一种完全"移感的（empathetic）"的基本原则为基础。

移感的基础：你关于 p 的知识是非推论性地建基于移感之上的（或以移感为基础），如果：(i) 你用移感思考 p，而且 (ii) 你随后的情感反应导致你相信 p，而不是任何从你所知或所信明确的命题出发推论出 p。

但注意，如果我们以休谟的观点来谈论这件事，会发生什么呢？——这个孩子甚至不能**理解**这个命题，即害人的欺骗是不道德的，除非他对苦难和背叛有恰当的情感反应。（真正的"在认知上的"精神病患者只是假装理解了这些道德术语而使用它们而已。）正常人对欺骗之为不道德的信念仅仅基于理解和情感经验，因为情感经验——或对如此行为的性向（disposition）——被证明是他对道德主张有所理解的一部分。在该事件中，奥迪的所有直觉论命题都会有效，除了一个：他主张直觉的道德知识在起源上一般是先验的或全然是理性的。相反，如果经验论的直觉主义提供的任一视角被证

---

① 我在本书中所引用的休谟的书、部分、章节和段落，其页码得益于评述版，该版已列于参考文献。我也使用了由塞尔比-比格和尼迪兹（L. A. Selby-Bigge and revised by P. h. Nidditch）所编辑的《人性论》（Trestise）和《人类理解研究》（Enquiries）这一传统版本。这些都由"SBN"来标明了，后面跟着相关页码。

明是正确的,那么移感式的想象就会提供给我们一条推定性的路线,来通往关于不诚实是不道德的这一知识——这是一条情感的路线,它内在于我们对禁止欺骗的理解。

尽管我没有对这最后一项进行严格的研究,但我猜测,对这件事的日常想法实际上是相互矛盾的。几年来,我询问学生,他们能否想象这样一个人:他把我们所称之为"道德的"行为,称之为"道德的";把那些我们所称之为"不道德的"行为,称之为"不道德的";而且,他能毫无错误地将这些术语和相关的术语运用于小说情节——但是,他完全感受不到其他人的痛苦和快乐。大致有一半学生认为,这样的人没有真正地理解道德观念,也不能明辨对错;大致有一半人承认,这人对道德术语有一种理解;极少数的人说这个事例是不合逻辑的,因为正确地对行为运用道德术语本身就依赖于与他人的情感联系。我的看法是:不管怎样,这个问题并不取决于我们所共享的观念,而正是这些共享观念使我们得以把握道德观念的。我们必须比民间心理学(folk psychology)看得更高更远些,力求成功发展出最佳解释,来解释道德理解及其与我们情感之间的关联。当我们回到这些实验(它们被设定来检测精神病患者对道德术语的理解)时,我们确实找到了某些反常行为的证据(如参见 Blair, Mitchell 和 Peschardt,1995;Blair et al.,1997,2001)。

当代休谟主义者主张,关于我们对道德普遍性的知识,无论移感经验对于道德理解和道德信念是否必要,移感经验都是这知识的基本部分。当你知道故意伤害他们是错误的,你一定真的为他们感到难过;当你知道仁慈是美德,你一定会对他们的成就报以微笑。要么如此,要么你就必定依赖于你知道有此等经验之人的证言。

道德理性主义者拒绝这种观点,对此,他们的理由多种多样。一种核心的关切涉及我们在第三章中所讨论的那个精神错乱的行动者。假设这个职业杀手对其他人毫无感情。那么,难道经验论者就会说杀手并不真正地知道他在做的事是错误的吗?并且,如果杀手并没有意识到他在做错事,那我们怎能认为他对自己的行为负有责任呢?

1843年,爱德华·德拉蒙德(Edward Drummond)被丹尼尔·麦克诺顿(Daniel M'Naghten)杀害,杀人的这个人是一个遭受妄想症折磨的人。尽管争议极大,但随后所形成的**麦克诺顿原则**(M'Naghten Rules)则承认了对被告"因精神错乱而无罪"的辩护,被告确实"不知道他所做所为的本质和性质;或,如果他知道……但却不知道他所做的是错的"。经验论者认为,这种情感上的敏感对于道德知识是必须的,而有多少人缺乏这种敏感性呢?他们都能通过援引类似麦克诺顿原则在道德上的情况来逃避谴责吗?关于人的情感,我们到底需要知道些什么,才能知道对他肆无忌惮地伤害他人的这种行为要有所惩罚呢?

对于这些异议,经验论者可以通过诸多方式来回应,但没有一个是完全不受争议的。首先,经验论者可能援引通过证言获得的道德知识。我们会假设杀手的父母有正常的情感,他们已经向他传达过杀人是错误的。在这种情况下,经验论会说,杀手会因他的行为被其父母责备,他会完全意识到他的行为是不道德的。或许,在缺乏关心他人的情感状况下,要对道德有完全的或完善的把握是不可能的。但是,一种派生的或最低限度的关于道德的知识,会被认为足以有力地预防基于麦克诺顿原则的辩护。这取决于我们是否能够合理地期待某人的所做所为遵从了最低限度地知道对错,而这最低限度的知道正是我们所设想的证词能够提供出来的。

但如果这杀手生来就是歹徒恶棍,那又怎么办呢?或者,如果像伊斯梅尔·比亚(Ishmael Beah,2007)那样,幼年被绑架离开他在塞拉利昂的家,被迫参加游击队民兵组织,习惯性地陶醉于各种恶习、盗窃、强奸和谋杀,那又怎么办?根据康德典型的理性主义观点,对这年轻的士兵而言,一定存在着某种能够推出他道德知识的方法。因为这种知识对他仍是有效的,比亚仍然可以对他的罪行负责。虽然他那时不知道什么"更好",但他本来是应该知道的。

很明显,对此事,经验论者不会采纳这种观点——尽管,只有就我们在其他领域里的说法才能决定这种看法是不是与他自己的解释有出入。我们应不应该谴责这些人(他们的情感完全被他们所交往的人切断了)的罪行?如果经验论者是对的,那么这等于就是在责备那些人,他们并没有真正意识到其所做所为是错误的。这种做法就合理了吗?

我们可以暂且将理性论者的关切放在一边,考虑一下怀疑论者对直觉主义的经验论思路的不满。怀疑论者的抱怨非常不同于理性论者,因为事实上,怀疑论者往往会超出经验论,并且以同样的方式否认精神病患者和正常人具有道德知识。相反,为了反驳经验论者,怀疑论者只是复述他对直觉主义的理性论思路的批评,就是我们已经遇到的那些批评。

首先,为什么我们要认为:当逐渐接受道德原则时,我们实际上在使用移感的认同作用呢?有没有一条从移感走到接受复杂性适度的道德原则的路线呢(至少是我们中某些人走过的路线)?尽管有争议,但像丹尼尔·巴特森(Daniel Batson,1991)、乔纳森·海德特和克雷格·约瑟夫(Jonathan Haidt and Craig Joseph,2007)、腓特烈·比约克伦(Fredrik Bjorklund,2008)那样的心理学家的著作,可能会被动员起来对这一主张提出积极的回应。简言之,我们会在第七章讨论正常儿童的基本道德的发展时,回到这些事件上来。

但即使我们暂且假设,经验论者的方法在心理学上是真实的,那为什么我应当认为它可靠呢?为什么我们应当认为:非推论的移感式认同过程提供给了我们道德知识呢?

既然经验论者拒绝道德和数学之间的比照,他也不会赞成把他的方法之可靠性建立在与全然概念式反思的比照上,而这反思正是洛克式的怀疑论者所接受的。毕竟,我们的数学知识并不基于我们的感受。而且,因为经验论者的方法被设想为非推论性的,所以,作为结果的判断就不能被比作科学知识。科学知识依赖于理论建构和观察检测。因此，经验论者需要对其方法的可靠性进行完全独立的评估。他需要走下他的讲坛才能实地判断它的性能表现。

　　当我们这么做并且检验历史记录时，我们立马会被无数案例震惊——在这些案例中，移感失效了。厌倦、幸灾乐祸以及物化他人等歪曲所产生的影响太普遍了，不可忽视。对那些外貌举止都不同于我们的人，我们不能完全理解；对我们所理解的人，我们又缺乏对其所持有的目标和利益的关心，这些往往导致我们接受种族歧视、性别歧视、家长作风以及极度恶劣的意识形态，而这些意识形态仍旧被全世界的宗教极端分子和极端利己的独裁者所赞成。

　　然而，移感的失效也显现出了应用休谟式方法的缺点。它们无法明示出为什么当这个方法运用得当时，它还是会导致虚假判断。应当承认的是，为了证明具体的某个人知道某个给定的道德原则，这个道德原则是基于移感的，那么我们就必须表明：他善于理解和联系他人，并且能够应用这些能力来逐渐接受这个正在探讨的原则。（他关于道德判断的真理性必定不是偶然的。）但是为了表明移感上的知识是存在的，我们仅仅需要证明的是这能够且确实发生。

　　因此，一旦移感的方法被恰当或熟练地应用，它的可靠性就与经验论者和道德怀疑论者之间的辩论更加直接地关联着了。所以，让我们这样假设：哪些行为是（哪些行为不是）道德上令人反感的，一个善于同感的人要对此做出判断，他既可以通过接受某人做出该行为时的视角，也可以自己设身处地、感同身受，投入到通常会被这行为影响到的那些人的境遇之中。（这是他"检验"原则的方法，以此来看它们是否是道德上可接受的。）当某种行为在事实上完全可允许时，他又怎么可能会判断出这行为是不道德的呢？并且，又有多少可能性使得他会用同样的方法来错误地把一个明明不道德的行为判断成道德上可允许的呢？比起努力但失败地为某个原则的真理性设想出反例，移感的方法就来得更可靠吗？对于产生道德知识来说,移感的方法足够可靠吗? 或者,我们一定要用附加的论证或推理来巩固我们对移感的信念吗?

至此为止,这些事情还远未达成一致。在第七章中,当我们将注意力集中在道德信念的可靠性上时,我们将进一步来讨论它们。

4.3 本章总结

知识论上的道德怀疑主义者并不直接反对道德真理。反之,他否认我们知道——或有充分理由相信——任何道德真理是存在的。

皮浪主义者认为,只有当我们的种种信念为我们所知道的或合理相信着的不同命题所支持时,我们才能证成我们的种种信念,这一要求彻底排除了信念证成的可能性。但是,关于基本反思和数学知识的日常观念,皮浪式的怀疑论者极为嚣张地扇了我们一记巴掌。

野心小点的怀疑论者只应用了皮浪主义者对道德的推理。也许,我们能在没有论证的情况下知道数学的基本事实,但却只能用我们所知道的不同命题来证成我们所持有的种种道德信念。怀疑论者用反对无穷回溯和无限循环论证来总结他们的论证,并且宣称我们根本不可能合理地从完全无关道德的前提中推导出与道德相关的结论。

直觉主义者反对这种形式的怀疑主义,反对洛克,他们认为我们有着非推论性的道德知识。

直觉主义者已然假定有许多不同类型的非推论性道德知识。就罗斯(Ross)而言,我们能非推论性地知道具体的撒谎行为是至此阶段不道德的,我们也能归纳性地知道一般的撒谎行为是至此阶段不道德的。撒谎是至此阶段不道德的这一事实可以用不同的方式加以验证,比如用某种抽象的方式来反思撒谎的本质。奥迪(Audi)及其他人会把知识的其他来源加入到这个图景之中;把康德的绝对命令看成正确有效的那些人能就此演绎出完全相同的禁令来反对撒谎。

知觉论形式的直觉主义者承认我们能非推论性地知道具体行为之为不道德。这些解释面临着严肃的反对。在缺乏证据的情况下——若尚未查明一个具体行为的动机,未测算它对其他周遭人事的影响——那么我们就不可能知道一个具体的行为是否不道德。也就是说,我们是从动机和效果这样的非道德知识来推断出一个行为是否不道德的。因此,对具体的轻率之举是否是不道德的这件事,我们不可能有全然非推论性的知识。

如果没有一个道德原则是真的,那么我们也就不可能知道它们。但是,唯一可能被认为是真实的一般道德原则是这样一些原则:它们要么受到某项"在同等条件下的"条款的限制,要么就包含着复杂的种种动机和结果的讯息。直觉主义者最敢打包票的就是证明这样一个原则(或者所有原则)即便没有推论也都可以被知道。

一个野心勃勃的怀疑论者则会论证说,被某个"在同等条件下的"限制所修正过的道德原则是空洞无物的;一个相对温和的怀疑论者则会论证说,对某人某行为之为不道德这一点而言,我们需要应用这些原则才能达及对这一点的绝对知识,但我们缺乏知识来加以应用。为了避免这些复杂的局面,我们可以把我们的关注点转向那些复杂性适度的道德原则。由于这些原则只有着适度的复杂性,所以不难想象,当要判断具体行为是否不道德时,我们就可以使用它。

理性主义者将我们对道德原则的知识与我们对数学真理的知识加以对比。由于我们所知道的这种道德真理多少有点复杂,所以在某种程度上,我们对它们的知道并不同于我们对某种异常简单的算术真理(比如"2 + 2 = 4")的知道。但是,在没有论证的情况下,我们还是可以知道那些在概念上适度复杂的真理的。我们对"要有四代人才能产生一个曾孙"的知道是一个貌似有道理的例子。就奥迪的解释来说,实际上,某些人用来查证这个原则的推理内在于他们理解这话的过程中。因此,它所产生的知识是非推论性的,只建基在反思的基础上。

让人信心倍增的是,一个相似的反思过程使我们知道了道德原则,因此,对于这个能使我们接受这些道德原则的反思性推理,我们就需要一个稍微精致些的描述。那些直觉论的理性主义形式的卫道士们至今尚未解决这一挑战。内省揭示出了这样一点:我们对某些道德原则无法设想出反例。然而,努力但失败地设想一个复杂性适度的主张多有可能是虚假的,并以此来达到对其真理性的知道——这条路线并非显然可靠。这也大大不同于推理的推定形式,正是这一形式使得我们确信对于"一个曾孙"来说,"四代人"是必须的。

对经验主义者而言,所有的道德知识都依赖于经验。休谟的理论将这样的经验论嫁接到直觉论上来。根据休谟主义者所言,通过设想一个做出了自私的欺骗行为的人是什么样的,并且被如此人如此行为影响的人通常是什么样的,我们就知道了自私的欺骗是不道德的。其所制造的负面影响在证成这一信念结果的过程中担任了举足轻重的角色。如果缺乏反感这样的情感回应,我们就需要证据才能知道一个预想的行为怎么就不道德了。

对于直觉主义在经验论上的分支,理性主义者并不满意,因为它暗示着许多情感贫乏的人就不能知善辨恶了。如果他们不能知善辨恶,我们就没法弄清楚,我们怎么还能有理由为了他们所犯下的不道德行为来责罚他们?我们在道德实践中那些角色需要被责罚这一点决定了这个反驳的份量。

即便把我们在数学上和科学上的基本信念对比于由经验主义方法所产生的信念,经验论者也无法为其方法的可靠性辩护。我们基本的数学信念并不是建立在情感基础上的。而且我们基本的科学信念是从基于观察而来的推论中得到的。因此,对于移感的可靠性,经验论者需要一个完全独立的评估。这是一项正在进行的事业,成功与否尚不可定。

4.4 扩展阅读

皮浪主义的质疑与阿格里帕的五种方法,以及塞克斯都·恩培里克的怀疑主义著作《篇章》(Sextus Empiricus, Writings, 1562/1949)最为相关,尽管论证的这一形式已经能够在亚里士多德的《后分析篇》(Posterior Analytic)中找到了。欧内斯特·索萨在《木筏与金字塔》(Ernest Sosa, "The Raft and the Pyramid", 1980)、《哲学的怀疑主义和知识循环》("Philosophical Skepticism and Epistemic Circularity", 1994),以及《如何解决皮浪主义的质疑》("How to Resolve the Pyrrhonian Problematic", 1997)等文中相当精彩地讨论过推理的这一形式的历史和说服力。关于近期著作,辛诺特-阿姆斯特朗所编辑的《皮浪式的怀疑主义》(Sinnott-Armstrong ed. Pyrrhonian Skepticism, 2004)是一部相当优秀的选集。

劳伦斯·邦朱在《经验知识的结构》(Laurence BonJour, The Structure of Empirical Knowledge)一书的第二章中影响深远地展示了无穷回溯论证以及对基础主义回应的挑战。威尔弗雷德·塞拉斯的《科学、知觉与实在》(Wilfred Sellars, Science, Perception and Reality, 1963)和罗德里克·齐硕姆的《哲学》(Roderick Chisholm, Philosophy, 1964)一书,都包含着对基础主义更早期的批判。安德鲁·柯灵近来的论文《知识回溯问题》(Andrew Cling, "The Epistemic Regress Problem", 2008)则反对了所有现有的回应。

大量的理论家捍卫非推论性知识,最著名的莫过于笛卡尔,他的《第一哲学沉思集》和其他重要著作都可以在他的《哲学文集》(Philosophical Writings, 1641/1993)中找到。当代,基础主义某些形式的倡导者有:约翰·波洛克的《知识和证成性》一书(John Pollock，*Knowledge and Justification*，1974）、齐硕姆的《知识理论》一书（Chisholm，*Theory of Knowledge*，1966）、威廉·奥斯顿的《基础主义的两种类型》一文（William Alston，"Two Types of Foundationalism"，1976）、詹姆斯·范·克利夫的《基础主义、知识原则和笛卡尔循环》一文（James Van Cleve，"Foundationalism，Epistemic Principles and the Cartesian Circle"，1979），以及吉姆·普赖尔《怀疑论者和教条论者》一文（Jim Pryor，"The Sceptic and the Dogmatist"，2000）。

洛克将他对非推论性的道德知识的异议限制在《人类理解论》（*Essay Concerning Human Understanding*，1690/1991）之内，这是哲学史上最重要的著作之一。尼古拉斯·斯特金《伦理直觉主义和伦理自然主义》一文（Nicholas Sturgeon，"Ethical Intuitionism and Ethical Naturalism"，2002）指出了一个理论家是如何被驱往道德直觉主义的——因着一种推导的无能为力，即从作为完全价值中立前提的"知道"中怎么就能推出那种作为道德结论的"知道"。

W. D. 罗斯，《正当与善》一书（W. D. Ross，*The Right and the Good*，1930）保持了道德直觉论最有影响的理性主义形式。西季威克在《伦理学的方法》（Sidgwick，*Methods of Ethics*，1874/1981）一书中对直觉主义论点的讨论有着同样的参考意义，正如罗尔斯在《正义论》（1971）中所处理的一样。在《正当中的善好》（*The Good in the Right*，2004）一书中，罗伯特·奥迪（Robert Audi）或许提供了当代对这种观点最好的发展。近来其他重要的尝试，包括拉斯·谢弗－兰多《道德实在论：一种辩护》一书（Russ Shafer-Landau，*Moral Realism：A Defense*，2003，以及迈克尔·霍尔默的《伦理直觉主义》一书（Michael Heumer，*Ethical Intuitionism*，2005）。菲利普·斯特拉顿·雷克编纂的《伦理直觉主义：再评价》（Phillip Stratton-Lake，*Ethical Intuitionism：Re-evaluations*，2002c）的所选的篇目讨论了知识论的直觉主义及与其紧密相关的大量形而上学论点。

乔纳森·丹西在《道德的理由》一书（Jonathan Dancy，*Moral*

Reasons,1993)中捍卫了特殊主义。相对地,肖恩·麦基弗和麦克·里奇则在《有原则的伦理学》(Sean McKeever and Michael Ridg, *Principled Ethics*, 2006)一书中提倡普遍主义。布拉德·胡克和小玛格丽特编辑的《道德特殊主义》一书(Brad Hooke and Margaret Little, *Moral Particularism*, 2000)收集了这场辩论中的重要作品。

在大卫·麦克诺顿《道德的视角》(David McNaughton, *Moral Vision*, 1988)一书中,休伯特·德雷福斯和斯图尔特·德雷福斯的《什么是道德》(Hubert Dreyfus and StuartDreyfus, "What is Morality", 1990)一文以及迈克尔·沃特金斯和凯利·迪安·乔利的《盲目乐观的实在论》(Michael Watkins and Kelly DeanJolley, "Pollyanna Realism", 2002)一文中,道德知识被比作知觉知识的复杂形式。同时,休谟在他的著作《人性论》(1739 – 40/2000)中描述,道德感是怎么产生出关于美德和邪恶的判断的。被休谟的解释所激发的当代理论,包括肖恩·尼克斯《情感的准则》(Shaun Nichols, *Sentimental Rules*, 2004)一书,以及乔纳森·海德特与克雷格·约瑟夫共著的《道德的心灵》(Jonathan Haidt and Craig Joseph, "The Moral Mind", 2007)一文。

5

演绎的道德知识

5.1 由"是"推出"应当"

我们已经尽力评价直觉主义者对推论性的道德知识所持的主张。正如我们已经看到的,直觉主义的某些形式依然鲜活地留有理论余地。但是我们会假设直觉主义者是错的,非推论性的道德知识并不存在。把直觉主义假设为虚假的,这样做会帮助我们将注意力集中在其他的一些说法上。

如果洛克是对的,那么就并没有什么可被非推论式证成的道德信念,但依旧有四种可能性存在。如果(i)融贯主义(coherentism),(ii)无限主义,以及(iii)怀疑主义是不可接受的,那么(iv)我们必须能够从一堆非道德的论据中推导出道德命题,这堆论据包括着通过知觉和反思以非推论的方式为我们所知的那些事实。一旦结合基础主义者对皮浪问题的回应,那么,洛克对直觉主义的反对就会允许我们从"是"中推出"应当"。

那么,我们眼下的问题在于:在价值完全中立的前提下,是否能够通过论证或者推理获得道德知识(或,根据充分的道德信念)

呢？——就这一点而言，我们对这个问题的回答必须与我们对更基础性问题的看法相互协调，不论是以精深入理的方式还是以粗鄙无理的方式。在什么样的条件下可以得到一个好的论证或做出一个好的推理，使得一个人知道该论证或推理的结论，或可证成地相信它的结论？——即便解决这个问题将使我们远离道德知识的问题而去探寻更为一般的知识论上的问题，这是无可避免的。在我看来，对于推理本质无根据的假设会使一些人武断地假设"应当"不能从"是"中推出来。在这一节中，我希望可以对这个武断的假设抛出一些有意义的怀疑。

我们可以从列出那些绝大多数人都会赞同的推论来开始我们的研究，并以此作为知识的来源。如果我们采用这种方法，并且发现我们自己就包括在我们所列举的某个从"是"到"应当"的论证中，那么我们就不得不回答我们所考量的论证中那些更为一般的问题。与我们已有的普遍信仰不同，如果怀疑论者提出一个准则，而这个准则意味着所有从"是"到"应当"的推论都无法产生知识，那么只有在这样一些根据[①]之上，他的这个准则才能有所建立。因此，如果一开始怀疑论者并没有彻底否定这种方法论，那么他们就会把赌注押在我们的失败之上——我们不能找到一个直接而有力的证明来论证从"是"可以推出"应当"。然而，这个赌却难以决胜。

于是，怀疑论者选择了另一种方法，一种在不同层阶中推进的标准方法。我们倾向于一开始先描述推论的种种不同形式；然后，我们去非难或支持这些论证，时而与其一致，时而与其分歧，我们再去考察这些一致和分歧。再然后，我们尝试着评估这些更具普遍形式的批评，在我们认为有必要或有正当理由的情况下修正它们。如果怀疑论者同意这个方法，他能够允许零阶的考察，即我们通常怎么从"是"推出"应当"的；并且，他也能够允许一阶的考察，即这些

[①] 这些根据就是指论证中更为一般的方面。（译者注）

推论中的某些推论是日常思考,正是它们将道德知识提供给了我们。但是,怀疑论者必须指出这些认知行为中某种不融贯或有缺陷的地方——一个错误——严重到足以使他们修正观点或放弃立场。因此,这种在不同层阶中推进的方法就好像在犁田的时候给了怀疑论者一把沉重不堪的锄头,但这并不意味着不可能成功完成任务。

这里还有第三种选择。如果我们一开始就将我们的观点限定在与道德无关的哪些推理上面,会怎么样呢?一项针对数学及科学论证的调查这样显示:我们认为,数学及科学的论证足以提供给我们所需的资源,来建立一个充分普遍的知识论上的准则——在我们看来,任何论证只要试图以建立知识为其结论,那么就必须满足一系列条件。如果我们遵循这个方法,那么事实是:从"是"到"应当"的某个推论就会被普遍接受,甚至以建立道德知识为其结论这一点也会被普遍认可——关于它们的价值,这一事实根本不需要为我们提供出任何论据。因为,如果我们的准则没有被普遍接受,那么在采用这个准则之前,我们就已经对道德论证在知识论上的优势有所认可——这一事实将变得无关紧要了。

于是,为论证的价值寻求一个"独立"的解释,这一点貌似会给道德怀疑论者带来最佳的成功契机。即便这一路径没让他成功,他也很可能会从其他路径来达及成功。

我们可以从一些常见的分类策略来着手。众所周知,好的论证既有**演绎的**也有**非演绎的**(归纳的、推论的、概率论的)。一个好的演绎论证的前提可以**蕴含出**它的结论;只要该论证的前提是真的,那么其结论也**必然**是真的;好的演绎论证是**合法有效的**。相对而言,一个好的非演绎论证的前提并不能够蕴含出它的结论,但在适当的情况下,关于该论证之前提的知识(或,对该论证之前提的可证成信念)仍然能够提供给我们关于其结论的知识(或,对其结论的可证成信念)。

正当有效的论证可以进一步区分为哪些是**形式上有效的**,哪些

是非形式上有效的。形式上的有效性是由什么组成的呢？那些已经学了形式逻辑课程的读者就会对阿尔弗雷德·塔斯基（Alfred Tarski, 1901 – 1983）所做出的这个定义很熟悉，这个相关的定义是模型论的变体，它同样具有影响力。① 关于形式上的有效性，如果给出了一种或更多种不同的解释，那么从"是"到"应当"的推论还是形式上有效的吗？

尽管大量关于从"是"中推出"应当"的文献都集中在这个问题上，但它在知识论上的意义却是最小的。如果根本没有这样的可能世界（在其中，道德论证的前提价值中立且为真，而它在道德上所得出的结论却为假），那么，这样的论证至少在知识论上有一种令人满意的性能：我们知道它价值中立的前提这一点就会使我们再也不会持有一个虚假的或错误的信念，来相信它在道德上所得出的结论。而且这个令人满意的特性既可以通过形式上有效的论证，也可以通过非形式上有效的论证来获得。正如我们即将看到的，对一个非形式上有效的论证而言，我们对其前提的知识通常并不足以得出关于其结论是真实的**知识**。所以，掌握从"是"到"应当"在非形式上有效的论证，还不一定能让我们有足够的资本来回应道德怀疑论。然而，坚持形式上有效的论证也不会有什么真正的帮助。因为，对一个形式上有效的论证而言，我们能从对其前提的知识中直接推导出它的结论。但是，只要论证的前提与其结论之间的联系还不够清晰，我们就无法得知其结论了。就这点而言，非形式上的有效性和形式上的有效性是等价的。在一定条件下（并非所有条件下），这两种论证形式都可以扩充我们的知识范围。

正是出于这种种原因，在这里，我们将要尝试这样一种可能性：

---

① 关于这些方面可参见艾克曼迪（Etchemendy, 1990/1999），其中塔斯基（Tarski, 1936/1956）关于逻辑后果概念的分析，与其前辈和继承者都有所不同。注意，艾克曼迪对下面要讨论的经典稳靠性证明是持怀疑态度的，参见达米特（Dummett, 1978b）对此的重要讨论。

构建一个非形式上有效的好的论证,这个论证有着价值中立的前提以及道德意义重大的结论。在之后的章节中,我们再来处理非演绎的道德推理。在最后一章中,我们将进一步处理形式上的有效性以及模型论上的有效性证明。

正如我们已经指出的,从一个推论在**知识论上的价值**(epistemic value)中区分出它的有效性(形式上的或者非形式上的)是相当重要的。但鉴于我们当前所关注的,最重要的是,我们能构建出有效的道德论证,它有着价值完全中立的前提——这很容易做到,只要还不涉及用这些论证来获得道德知识或证成了的道德信念(Prior, 1960a; Jackson, 1974; Nelson, 1995; Sinnott-Armstrong, 2006)。下面有一个例子:

1 教皇说的所有事情都是真的。
2 教皇说同性恋是不道德的。
   因此,
3 同性恋是不道德的。

对"说"和"真的"而言,任何看似合理的句法和语义学都会要求我们:从这个论证所遵循的推理规则的稳靠性(soundness)中去证明其有效性。所以,这个论证可能不仅仅是有效的,而且(在某种意义上)也是形式上有效的。① 此外,如果把论证的前提一个一个孤立开来,那么它们一个一个在逻辑上就都与虚无主义一致了。教皇所说的都与道德无关,这一点与前提(1)一致;教皇的主张不过是假话,这一点与前提(2)一致。因此,所有的前提都没有提出一个真正的道德要求。那么这里,我们就是从"是"推断出了一个"应当"(或

---

① 这并不是要减少围绕着间接会话之语义学的论战,也不是要减少在定量的语境下无限制地使用"真"而产生的悖论——像(1)那样。

"不应当")吗?

显然,我们所揭示出来的例子不过是很多例子中的一个,它们的有效性(甚至是形式上的有效性)在知识论上的意义都还有限。教皇的例子有个明显出错的地方,即不可能就着前提(1)来知道结论(3)。通过揭露这样一个论证,有人就能把同性恋是不道德的这个信念证成出来——这种情况还没有呢。毕竟,关于教皇所说的一切都是真的这一信念,某人读了这个论证就能对此信念有所证成了?——这一点还很难说,因为在这个时代,相信教宗绝无错误,要么是愚钝不堪,要么是诗意蹁跹。总之,作为知识论者以及认真严肃的思考者,我们所关心的并不是一个单纯有效的论证(由"是"到"应当")是否存在,而是一个有效的论证能否帮助我们知道其结论,或合理地持有对其结论的信念。我们可以把满足这一更深层条件的论证称为**在知识论上有价值的**(epistemologically valuable)有效论证。

诚然,从"我的父母说,拽姐姐的头发是不对的"推到"拽姐姐的头发是不对的",这个论证看起来像是我们正在找的。它显然在知识论上有优势,但它并不是有效的演绎。并且,有充分的理由认为,它所提供出的道德知识并不能结束我们的讨论。就某些意义而言,证明的知识必须让步于其他种类的知识。爱丽丝从玛吉那里知道,玛吉从南茜那里知道,南茜从海伦那里知道,海伦从金姆那里知道:金姆和雨果在谈恋爱。但这可能只是因为金姆接受了雨果约会的邀请,并且接受了他满怀爱意的"饰针"。同样地,我们从我们的父母那里知道"拽姐姐的头发是不对的"——关于这一点,或许我们的父母也是从他们自己父母那里知道的。然而有时,从其他的途径,某人早就获得了这一知识。

有关从"是"到"应当"的推论,大卫·休谟提出了他著名的质疑。几乎可以肯定的是,他头脑中一定有一个关乎知识论的理论。他讨论这个问题的段落是哲学史上最为著名的段落之一。

在我所遇到的每一个道德体系中,我一向注意到,作者在一个时期中是照平常的推理方式进行的,确定了上帝的存在,或是对人事做了一番考察;可是突然之间,我却大吃一惊地发现,我所遇到的不再是命题中通常的"是"与"不是"等系动词,而是没有一个命题不是由一个"**应当**"或一个"**不应当**"联系起来的。这种变化虽是不知不觉的,却是关系重大的。因为这个"应当"或"不应当"既然表示一种新的关系或肯定,所以就必需加以论述和说明;同时,对于这种似乎完全不可思议的事情,即这个新关系如何能从完全不同的另外一些关系中演绎出来,也应该举出理由加以说明。(Hume,1739－40/2000,3.1.2.27 [SBN 470])①

休谟从语言学的角度表达了他的问题。他对比了"系动词"命题和涉及"应当"的那些命题,并且说,对某些关系的"演绎"源自其他关系。然而,如果休谟真的要求解释论证的有效性,这个论证有着前提"是"以及结论"应当",那么,他就不得不考虑某种**内在道德**(intramoral)推论来满足补充或说明的需要了。考虑下例:

4 偷窃是邪恶的。
    因此,
5 人不应当偷窃。

但是,休谟没有找到这个推论的问题,他也不认为这个例子需要任何支持。相反,他认为一个完美的规则(或,推理的惯则)就可以充分说明了,这规则(或惯则)将我们对"邪恶"的使用与我们对"强制

---

① 该段的翻译参照了关文运与郑之骧的休谟《人性论》中文版的译文,略有改动。《人性论·第三卷道德学·第一章德与恶总论·第一节道德的区别不是从理性得来的》,第 510 页,商务印书馆,1996 年。

责任性(obligatory)"的使用联系了起来。

> 当任何行为或心智的特性**在某种方式下**使我们高兴时,我们就说它是美善的;当忽略或未有所行,而这**在同样方式下**使我们不高兴时,我们就说我们有完成该行为的责任。(Hume,1739-40/2000,3.2.5.4 [SBN 517])①

从语法上来讲,前提(4)无疑是一个"是"命题:偷窃是邪恶的。然而,对于休谟来说,它可以被当作一个关于"应当"的主张来处理。②

事实上,休谟认为我们有能力从最基本的"应当"来判断善与恶。在我们上面所摘录的那个著名段落中,休谟所要求的解释是某种清晰合理的解释,以此来说明:完全价值中立地对一个行为之动机和后果进行评价,从这样的评价中我们怎么就会相信这个行为是邪恶的了? 众所周知,休谟自己对这个问题的回答完全拒绝了一种先验反思,来反思前提和结果的关系(于是,在休谟的启发下,因果间的转换并不能"证明"其结果。)相反,他援引了反思的特殊印象:他认为,如果没有赞许与责难的感受,区分善与恶的道德判断根本不能执行。(1739-40/2000,3.1.1.26 [SBN 468-69])

就休谟的解释而言,重要的是:一旦从语法上区分善恶的判断是得当的,那么很容易就能理解这样一个推论,即从这些判断中推出在语法上的规范命题,这些命题断言了我们的道德责任。休谟宣称,很容易就能看到,我们判定自己有责任不去偷窃仅仅是因为我

---

① 中文版,第557页,译文略有改动。

② 就回避语法角度而言,追随休谟的是康德——在心智上,他清晰地持有一个超语言的范畴,当他说"仁慈是善好的"和"一个人的行为应当仁慈"时,就伴随着**祈使句**:"是要为善的!(Be good!)"(参见福特 Foot,1972)[译者按:"Be good!"这句话直译成中文时难以传达出这里的"be"既有"是"又有"应当"的双重意味,然而,保留这两层意思对于理解康德尤为重要,对于此处的注释也尤为重要,故而译为"是要为善的!",虽然这样就失去了这句话作为日常用语的口语性质,但只能姑且如此了。]

们判定偷窃是一种恶行。难以弄清的是,到底哪个推论更为基础——是它引领着我们得出判断:偷窃是邪恶的。它是否包括着对偷窃受害人以及那些发现自己同小偷为伍之人的同感呢?同感是如何影响到因果转换的呢?当然必须承认,当代哲学家并没有沿着休谟的这条道路走下去,并且就对恶行的判断和对责任的判断这两种判断而言,当代哲学家确实对它们的关系困惑不已。但是我们都同意,休谟在试图寻找那种从"是"到"应当"的更加基本的转换方式。

然后,我们所关注的东西不仅仅是语义学上的,也不完全是知识论上的,就其本质而言,是部分语义学部分知识论的。当我们坚持寻找这样一个推论:它有中立价值的前提并能就此前提推出有关价值的结论,我们就在描摹一种逻辑的、语义的或形而上学的区别;当我们追问:我们所描述的这个推论是否产生出道德**知识**或**合理化**我们的道德信念,我们就给这推论强加了一个知识论上的条件。

5.2 追求一种知识论上有价值的道德演绎

关于已经从一系列价值中立的前提下推导出来的某些结论,倘若你想用演绎的方式获得关于它的道德知识,那么你的前提就必须蕴含你的结论。但是,在这之前必须要预备些什么才妥当呢?

首先,让我们先假设:你确实知道那些前提,你的推理正是由此而来的。(这立马就排除了从所谓绝无错误之处,比如从《摩西五经》、《圣经》或者《古兰经》开始推导出任何道德知识。大师和假先知的见证名言也同样可以被排除了。)而且,你可能会在**道义逻辑**(deontic logic)的帮助下,试图从一个真的"是"中推出一个"应当"的知识——这一道义逻辑详述了哪些价值中立的陈述蕴含着哪些有关道德的陈述。①

例如,考虑一下**责任**(obligation)和**权限**(permission)这两个道义概念。在某些重要方面,它们类似于**必要性**(necessity)和**可能性**(possibility)这样的模态概念。我们总是能够准确无误地从一个行为的责任强制性中推出回避这个行为是不可允许的,就好像我们总是能够从一个事件的必然性中推出它不可能不发生。我们能不能从一个"是"到"应当"的有效推论中找出这四个概念呢?关于推论之价值中立前提的知识能不能提供给我们关于其道德结论的知识呢?

我们可以从康德主义者的提案开始:简单地增加一个外挂公理的标准道义逻辑,用以说明我们共同履行所有责任的可能性。(该公理排除了"道德悲剧",在这一悲剧中,行动者不得不去做一些他的道德责任不让他去做的行为。)康德主义者的这一策略会得出两个有效的推论:

6 x 不可能是出于义务而有所行为的。

因此,

7 x 不出于义务而有所行为是可允许的。

8 x 出于义务而有所行为是责任强制性的。

因此,

9 x 出于义务而有所行为是可能的。

但在这里,我们可不可以从"是"推出"应当"呢?前提(8)本身就是

---

① 参见赖特(Wright, 1951)、希尔皮宁(Hilpinen, 1957/1971)、康尔(Kanger, 1957/1971)、安德森(Anderson, 1958, 1967)、齐硕姆(Chisholm, 1963)、卡斯塔涅达(Castañeda, 1981)、(Åqvist, 1984)、汉臣(Hansson, 1997)、费尔德曼(Feldman, 2001)、麦克纳马拉(McNamara, 2006)以及威基伍德(Wedgwood, 2007)。

个"应当",所以第二个推论并没有干成啥。而第一个推论看起来太弱,以至于不能得到我们想要的效果。也就是说,"一切都是可允许的"——这听起来很像伊凡·卡拉马佐夫对建立实质性道德知识的那些怀疑;而且,前提(7)的真实性兼容于陀思妥耶夫斯基对存在所发悲叹的真实性。(因为它的真实性兼容于虚无主义,而(7)也没有提出一个真正的道德诉求。)当然,从非道德的前提开始推到"一些事是道德上有责任强制性的",这样一个推论许是能干成,但弄不明白的是,就像变魔术一样,它怎么就从我们共同的帽子里拿出了这个兔子?我们还商定不出一种简单的推理办法,能从可能性或者对事物的中立描述中推出某种关于道德责任的重要结论。①

事实上,康德超越了"责任强制性的"和"可能的"之间的关联,而寄望于我们对"**应得**"(desert)和"**尊敬**"(esteem)这两个概念,就此来为其道德律的起源寻找一个更为实质的根基(1785/2002,13–15 [Ak 4:397–399])。尤其是他主张,出于对义务的理解②而有所行为这一点在道德上是出色的,在分析上和概念上是有保证的,因为我们只需考量那些源自责任的行为中所涉及的种种,并且知道动机是一种"无条件的"价值。比如,康德对该问题的著名讨论涉及了这样一位诚实的店主:他向顾客们要价公允,但他知道他明明可以欺骗这些顾客,而且,店主的行为公允并非因为自利、审慎、良善或同伴间的感受,而是因为他知道这样做是他的道德义务。

10 X 出于对义务的理解而如此行为。
因此,

---

① 根据标准的道义逻辑,所有的逻辑真理都是强制责任性的。但如果这些责任真存在,它们也就无关道德了。

② "a sense of duty",可以翻译为"义务感",这是惯常翻译,但这里所讨论的我们能不能将如此行为的理由建基在对"义务"的知道(知识)上这一问题,"sense"在这里当更强调"理解"这个层面的意思,因此,将其译为"对义务的理解"。(译者注)

11　X应得道德上的赞美和尊重。

但是,只要我们试图说明"出于对义务的理解而如此行为"这个事,因"是"而"应当"的种种问题就会冒出来。就康德的例子而言,倘若如此,那就意味着行动源自对某人之义务的**知识**。那么,我们唯一可以知道的是,前提(10)蕴含着:X有一项道德上的责任来使他如其所知地行动;而这就蕴含出:确实有很多道德事实。但除非我们**已经**(或至少**当前**)知道**存在着**这样一项义务,否则我们就根本无法知道"**X知道**他有一项道德上的义务"。因此,从"行动源自对义务的知识"到"X应得尊重"——尽管这种内在道德的转换对于道德理论来说,意义重大,但我们对第一个命题的知识本身就是道德知识。如果我们认为对义务的理解绝不会出错,那么此时此刻我们就应该从一个关于"应当"的知识中得到关于"应当"的知识。但是,我们根本无法从关于"是"的知识中得到关于"应当"的知识。

假设我们解释了"出于对义务的理解而如此行为",那么我们的行为源自我们对责任的**虚假信念**这种情况也就囊括其中了。而且,即便我们知道我们的前提确实是价值中立的,但推论也可能无效。面对被推进毒气室的那些人,一个纳粹士兵对他们的哭喊惨叫熟视无睹,这可能是因为他对责任的错误理解,但把此人及其行为描述为道德上出类拔萃的,或者值得称赞的,这也是错误的。

然而,纵然纳粹的行为并不值得尊重,但他的动机就得不到尊重了吗?也许是得不到尊重,但道德怀疑论者可能就不这么想了。我们只需要保证:出于对义务的理解,你向那些容易上当受骗的顾客按惯例开价——从道德上来说,这就是做了件好事;而把犹太人赶向死亡就会被看成是彻头彻尾可怕的事,无论动机如何。

也许对康德主义者来说,可以追求这样一个更有前途的策略:将康德对道德律的正面描述和"出于对义务的理解而如此行为"这一点结合起来论证。例如,在第四章中,我们就考量了"人性公式",

这个绝对命令的体现。

10' X 行其所行是因为他认为只有如此行为才不会把某人（或某人的"人性"）仅仅当做实现其自身目的的工具。

因此，

11 X 应得道德上的赞美和尊重。

可以肯定，前提(10')是一个"是"命题，因为作为一个要求（即，某人的行为是出于某个特定的信念）并不需要道德的内容，即使这个信念本身是道德的主题。（某人知道某事这一点蕴含其真理性，而某人相信某事这一点与其虚假性并行不悖。）不管怎样，X 所怀有的那些将绝对命令公式化的概念，它们本身就是价值中立的。① 这里的问题是：虽然某人出于康德式的命令而有所行为，但几乎可以肯定地说，这不是道德卓越的保证；并且作为结论，(10')是否蕴含着(11)这一点也有待商榷。

至此我们可以说，康德自己就牢牢攥着绝对命令的各种变形，并且对它们的原初情况给予了充分表述。因此，说康德从未真正把握过绝对命令，这种说法是叫人不太相信的。② 康德对**手段、目的、人性**等等概念都有着充分把握，但这一点却无法阻止他做出虚假的推论：对诸如手淫或撒谎以阻止谋杀这样的事情，绝对命令也会加以禁止(1797/1996)。所以，记住这一点，我们再来看看：

---

① 比如，在内容上，把某人（或他的人性）用作一种工具的观念并不必然是道德的；关于此讨论请参见奥迪(Audi, 2004)。

② 这里并不是否认康德在一些更为微妙的方面犯了的错误——日常思考所涉及概念相互作用于这些方方面面。而是说，在对康德体系的基本教条或教条们的应用和说明上，显然，他不能就这样被指控为不合理或不恰当的，就好像指控纳粹的追随亲信阿道夫·艾希曼那样。艾希曼的主张与康德伦理体系有其一致性，关于此点可参看阿伦特(Arendt, 1963/1994, 135–137)。

10″ 作为一个成年人,伊曼努尔拒绝手淫(尽管他在性行为上经历过极度的挫折),因为他认为,如果这样做的话就等于把他自己的人性仅仅作为了实现其目的的一个手段。

因此,

11 伊曼努尔应得道德上的赞美和尊重。

即使在前提(10″)的假设基础上,结论(11)也可能是假的;所以从(10')到(11)的论证是无效的。最起码,我们要容许道德怀疑主义来质疑它的有效性。我们只是需要主张全面禁止自慰是愚蠢的,无论那些假正经如何利用传统的宗教来禁止这些行为。扼要而言,康德主义者所提出的论点具有争议,因为许多人认为,只有当动机旨在于回避**真的**(genuinely)不道德这样的结果,或者旨在于得出道德上**确实**(in fact)好的(或在择事处事上有价值的)后果,它们才应得道德上的赞美或尊重。

我们就着康德路线揭示出来的问题绝非偶然。除非一般原则所由来的推论是真的(这个推论没有例外且必然为真),否则这个推论就不可能有效。例如,**假言推理**(modus ponens)就是这样一个论证:从前提 P 推导出结论 Q——如果 P 那么 Q。对于所有允许有真有假的"P"和"Q"来说,假言推理的有效性只在于:"如果 P 那么 Q,P 成立那么 Q 成立。这是必然的。"——这个推论总是成立的。而**选言推理**(Disjunctive syllogism)则是这样一个论证:从前提 P 或 Q、非 P 中推导出 Q。与假言推理类似,对于所有允许有真有假的"P"和"Q"来说,选言推理的有效性只在于:"如果 P 或 Q 成立且 P 不成立,那么 Q 成立。这是必然的。"——这个推论总是成立的。(见第 8 章 3—4 节对这些问题的进一步讨论。)因此,只有当一个道德原则("如果 P,那么 Q")毫无例外地必然成真,我们才可以从一个价值中立的前提 P 中找到一个关于道德结论 Q 的有效推论。但是,这两个康德主义者的提案都要落空了,因为"如果 X 的行为是出于对义务的理解(错误的),那么 X 应得尊重"以及"如果 X 的行为出于对绝对命令的信念,那么 X 应得尊重"就确乎允许有例外了。

换句话说,我们对知识论上的价值加以探索,就演绎法而言,要成功地做出从"是"到"应当"的有效推论取决于存在着一个必然为真的道德原则。而且,正如我们在第 4 章中评价直觉主义时所说的那样,是否存在简单明了的、非选言式的、没有例外的道德原则呢? 如果一个道德原则是为了真理才与简单性结合在一起的,那么它就必须要有一条"囊括一切"的边界来限定它。

显然,将有所限定的道德原则作为前提的论证就不能做出其所需做出的推理,即从中立的观察推出道德上的裁决。再则,让我们来想一想那些以有所限定的道德结论作为结果的论证。朱蒂丝·贾维斯·汤姆森(Judith Jarvis Thomson,1990)提供了一些例子,包括:

12　如果 C 按了 D 的门铃,从而导致了 D 的痛苦。
因此,
13　在其他情况都相等的条件下,C 不应当按 D 的门铃。

14　B 承诺支付史密斯五美元。
因此,
15　在其他情况都相等的条件下,B 应当支付史密斯五美元。

这些从价值中立的前提推出道德结论的论证是不是有效呢? 我们对中立前提的知识是否能提供给我们道德上的知识呢?

好吧,就像罗斯的术语"缺省态的(prima facie)"一样,汤姆森的术语"在其他情况都相等的条件下"也允许有不同的解释。的确,汤姆森自己就区分了其在**知识论上的**和**形而上学上的**两种理解方法(1990,14 – 15)。就认知论上的理解方法而言,(13)所说的是:

有**证据**表明，C 不应当去按 D 的门铃；而（15）所说的是：**有理由相信** B 应当给史密斯五美元。在没有相反证据的情况下（或没有实质性的理由来让我们另作他想时），如果你接受了推论的前提，那么你就应当相信 C 不应该按门铃而 B 应该付钱。

然后，假设我们采用知识论上的理解方法，用知识论上明述出来的术语描绘汤姆森的这个论证。我们可以将精力集中于第一个论证在知识论上的解释：

12' 你知道如果 C 按了 D 的门铃将会导致 D 的痛苦。
因此，
13' 在没有相反证据的情况下，你可证成地相信 C 不应当去按 D 的门铃。

一个怀疑论者会抗议说：（13'）不是一个道德命题，因为你有理由相信 C 不应当去按 D 的门铃，即便你的信念是假的，而且也不知道什么道德真理。但这种回应不能全面挽救道德怀疑论，因为（12'）—（13'）的有效性本身就足以驳倒最强的怀疑论观点了。也就是说，如果我们所审查的这个论证是合理的，而这个论证提供给你了对痛苦的价值中立的知识，那么通过这种知识，你就能获得一个证成了的信念来相信 C 去按 D 的门铃是不道德的，而且你还能完全不依赖"附加"的道德前提就实现这一壮举。（这里，"附加的前提"是指所有那些你要么不能知道要么不可证成地相信着的东西，它们和你在（12'）中所得到的知识相互兼容）。即便你关于 C 的行为不道德这一信念可以证成，但你依然无法知道他要不要去按门铃这个命题，何况比起许多怀疑论者意欲认可的道德信念来说，实际上证成了的（或合理持有着的）道德信念多得多了。

然而，这个论证有效吗？即便汤姆森告诉我们，D 是用"电线"接通他家门铃的，她并没有提供进一步的细节（1990，13）。那么，假设这是我们知道的所有情况。我们就真地可证成地相信着 C 不应当去按门铃了吗？也许是 D 让 C 按门铃的,怎么看都好像是 D 要做一些不道德或不明智的事情。也许,D 患了抑郁症,而 C 是 D 的朋友,是个医科学生,门铃响起是电击疗法的一种低成本替代。也许,C 和 D 从事一些**前卫的**行为艺术。谁知道呢？

当然,汤姆森可能会认为,关于反过来说 D 的行为是不道德的,这种种可能的说法太泛泛了,不可能破坏推论(即,从你们按响门铃导致了 D 痛苦这一事实中推出按响门铃是不道德的)的证成性。毕竟,我们一旦在讨论中排除了狂热的怀疑论者,那么你在做梦或者处于幻觉中就仅仅是可能性而已,而这种可能性并不足以破坏你所信之事的证成性。相反,你知道当下你正在读这本书,因为它看上去就是这么回事。你会需要一些积极明确的理由才能说你实际上在做梦或者处于幻觉中,这样才会真正破坏合理性,正是这种合理性使得你所信之事正如其所见。①

但是,你光知道门铃声引起了痛苦,从这种知道里推论出了 C 不应当按门铃,这样推理的合理性和你相信你正在读这本书(如其所见那样)的合理性是相互兼容的吗？汤姆森所描述的例子本身就很诡异,所以很难知道该对此说什么。在缺乏一阶上细细检查的情况下,我能报告地只有我自己的"直觉"。我认为,知道 C 如其所见地导致了 D 的痛苦,这种知道会使你有根据去**怀疑 C** 做错了些事,但怀疑之外要有什么确信的断言则对 C 来说是不公允的。

例子越诡异,直觉越不可靠。也许,我们最好还是考虑一下更为素朴的论证：

12" 你知道 C 导致了 D 痛苦。

---

① 即便这一点自有其诋毁者,但在我看来,这是目前绝大多数知识论家们所持的观点。比如可参见齐硕姆(Chisholm, 1966)、邦朱(BonJour, 1980, 1985)、高曼(Goldman, 1986)、波洛克(Pollock, 1986)和奥迪(Audi, 1993, 1998)。

因此,

13" 在没有相反证据的情况下,你可证成地相信 C 不应当行其所行之事。

然而,这个推论几乎可以确定是无效的。(12")告诉了你什么? C 可能是给了 D 所急需的(即便会很痛苦的)药物。或者 C 是 D 的教练,他让运动员进行"痛苦"的训练从而达到真正非凡的成就。或者有没有可能是 D 要求进行某种粗野的做爱方式以迎合 C? 导致了痛苦却又绝非不道德的事例,比比皆是。有多少导致痛苦的事例是真正不道德的呢? 是不是多得足以让我们从引起痛苦的原因中可靠地推导出不道德来? 如果这种推导的关系是可靠的,那么这种可靠性足够牢靠么? 或者,在缺乏关于其可靠性的知识的前提下,还能足够明显地提供给我们种种能证成的信念吗? 再则,它并没有让怀疑论者否认汤姆森推论的有效性。许多人认为有道德事实,并且认为我们可证成地相信着许多这样的事实,这些人也会否认我们信念的证成性是源自于汤姆森所描述的那些异常薄弱的论据。

那么,从形而上学上,怎么理解这件事呢? 这方面,汤姆森青睐于这样一个"更强而有力的"解释:"在所有情况都相等的条件下,C 不应当去按 D 的门铃",应该把这一判断看成是在说 C 按了 D 的门铃这一点是 C 行为的一个特征,这个特征"造成了错误"(1990,14–15)。类似地,"在所有情况都相等的条件下,C 不应当使 D 痛苦",这一判断意味着施加痛苦"造成了"C 行为错误,除非能阻止这一行为。

现在,尽管汤姆森在形而上学上的提案只是清晰地依赖于一幅形而上学图景(即一个模型,在这个模型中有某些中性的特征,除非将其封锁、淹没、破坏或蹂躏,否则它们就会"创造"或"生成"不道德),但我们能尝试着避免相关的因果意象。一个不那么形而上学的主张是很有必要的,催生痛苦**多多少少**是错的。不管一个引发痛苦的行为是对是错,或者是其他这一行为可能有的道德特征,这一行为也必须至少有一个坏的、错误的或不道德的面向。

12　如果 C 按了 D 的门铃,将会因此导致 D 痛苦。
因此,
13'''　C 按了 D 的门铃这一行为在某些方面是错误的。

当我们照这样"限定了"我们的道德结论时,我们就此保证了它的有效性了么?

这个问题在我们对论证所做出的知识论解释上还存有些争议。首先,假设 C 对他的行为导致了 D 痛苦一无所知,所以他不该受罚。那么,尽管这件事导致了不良后果,并且我们建议 C 不要去按铃,但我们把他的行为称为"错误的"或"不道德的"还是可能会被认为过分了。为了回应这一观点,汤姆森说:对不道德来说,不道德的意图并非必要。但是,支持这个回答的"直觉"貌似有点狭隘了。

其次,门铃所引发的痛苦可能是实现某些事情的必要手段——为了减少大面积痛苦(就像实施医学治疗那样),或者为了某些极其宝贵的东西(如在追求运动或艺术的崇高)。有可能是 D 让 C 配合着来实现这样一个他心心念念的结果。在如此境况下,造成了痛苦就都不道德了?——这一点还远不明朗呢。为了回应这些反对的意见,汤姆森可能会回到她热爱的形而上学中去。即便双方都将按门铃引发痛苦看成是一种手段来减轻苦难伤害或达及卓越成就,所以没有"阻止"如此行为,但施加痛苦还是"造成了"行为不道德。当然,这一回答是否有价值,取决于汤姆森对道德领域的准因果性概念是否前后融贯。

最后,有些康德主义理论家们认为,有罪之人的苦难"对他们自身"来说其实是好的。(Kant, 1785/2002, 9 [Ak 4:393];Kant, 1797/1996;Dancy, 1993, 61)。例如,黑格尔的观点:

惩罚是犯罪之人的权利。这是他自我意志的表现。犯罪的人把侵犯权利宣告为他自己的权利。他的罪行就是对权利的否定。惩罚是对这一否定的否定,因此是对权利的肯定,犯罪之人自身就恳求着惩罚加诸其身。[黑格尔《法哲学原理》(1821),为墨菲(Murphy)所引用(1973)]

按照严格的黑格尔主义来说,使罪犯痛苦是责任强制性的而不是不可允许的,是好的而不是坏的,是对的而不是错的。倘若此言在理,那么 C 故意让 D 痛苦,C 的这一行为就压根儿没造成什么错误。诚然,黑格尔主义的观点略微刺耳(参见罗斯 Ross,1930,63)。但它却阻止了道德怀疑主义,而且它切实地阻碍了对前提(12)的任何变形,从而确保了汤姆森的论证具有毫无争议的有效性。①

总而言之,"限定"我们的道德结论貌似可以用两种方式,但汤姆森认为,这还不够。为了避免从"是"到"应当"的演绎出现争议,我们应该使论证的**前提**复杂化,而不是对论证的结论加以限制(附加条件)。②

我们没必要诉诸技术上的巧思[来复杂化前提——译者加]。

---

① 有人可能会用奥迪对内在价值的理解(1997b, ch. 11; 2004, 137 – 139; 2006, 86 – 90)来回应这个说法,奥迪的这种理解建立在摩尔(1903/1929, 263)的主张之上,该主张认为,一旦我们用惩罚的坏来应对罪犯所犯之罪的坏,更为普遍一般的善好就被产生出来了——正如我们会有点不厚道地说:"坏坏得好"(参见 Zimmerman, 1983)。对某种黑格尔式直觉的解释,一种更进一步的尝试是用了宽泛的后果主义的框架,就此可参看费尔德曼(Feldman, 1995)。

② 那么,汤姆森关于道义的这个例子到底说了什么呢? 即便 B 答应过要付史密斯五美元,但只要 B 知道史密斯会用这钱去买把枪或犯严重的罪,那么 B 拒绝支付的行为就并不是坏的、错的或不道德的(参见柏拉图《理想国》,331c – d;亚里士多德《尼各马可伦理学》,1164b25 – 1165a12)。至少这是对这事的传统看法,显然,它并不是错的。另一方面,关于汤姆森道义例子的知识论读法可能被看作为形成了一个有效的论证。也许,在缺乏相反证据的情况下,知道 B 破坏了承诺保证了"B 的行为是不道德"这一信念——也许,这一点必然为真。此外,这依赖于破坏承诺和不道德之间有着强烈而鲜明的关联这一点。

正如我们在讨论麦道夫的庞氏骗局时所看到的那样,当我们倾向于不加限定地把某人的行为称为"不道德的"时,我们中那些思虑比较深的人通常就会对此给出一些更加精于世道的理由。比如,当我们争辩萨达姆·侯赛因下台本身是件"好事"(不管所使用的暴力手段是多么可怕,受此影响,随之到来的结果是混乱的无政府状态)时,关于萨达姆恶行的证据是最常被引用的。

16　萨达姆部署了化学武器来袭击库尔德人,他为其偏执所驱使才故意屠杀并伤害了大量平民,且既没有拯救生命,也没有切实减轻任何人的苦难。

因此,

17　萨达姆的行为是不道德的。

当然,一个投身于阿拉伯复兴社会党的人可能认为前提(16)就是虚假的,因为萨达姆毒杀那些背信弃义的库尔德人,是为了阻止伊朗人先发制人,造成伊拉克士兵的苦难。但我们可以假设(而且一定是正确的),这个复兴党人就是弄错了这件事的事实。正如(16)是一个价值中立的前提,这一假设不仅是真实的,而且它的真相对你来说是已知的,这一假设就回避了所有我们试图回答的问题。

那么,我们就必须来探讨一下论证的有效性。有没有可能前提(16)是真的而结论(17)不是真的呢?① 我们的前提描绘了一个独裁者,他被他自己对叛乱的偏执恐惧所激发;他摧毁了许多平民百

---

① 汤姆森认为"为了取乐,E 打算要把一个小婴儿折磨致死"蕴含出"E 不应该做他所打算要做的事"(1990, 17-18)。她也许是对的,但是也许存在着某个可能世界,其中虐待狂式地折磨婴儿是拯救银河系所必需的,并且 E 必须到神经外科去注册成为折磨婴儿虐待狂(这可是银河系拯救者的一员)。陀思妥耶夫斯基(1880/1990)的"大法官"引发了一场讨论,就是讨论极端情况下折磨婴儿在道德上的可允许性。尽管汤姆森可以把允许这种情况发生的世界排除掉来作为其前提,但我们可以先不考虑这前提来作为对读者的一种训练。

姓的生命;对特定族群的成员持有偏见;切实地增加了人类对苦难的记忆;而并没有增加任何一点幸福或者对生命的保障。因此,康德主义者们、功效主义者们、美德理论家们以及全世界所有其他人都将其描述为一种不道德的行为。所以很难看出来,我们论证的有效性怎么就能不靠虚无主义而被否定。如果真有人行为不道德,那么萨达姆看上去就确确实实是行为不道德的,只要事情的发生正如我们所描述的那样。①

既然我们正在讨论的是知识论上的怀疑主义而不是虚无主义,那么我们就可以继续假设虚无主义是虚假的。请允许我们这样假设,讨论起来也更加方便——当它与我们刚才所描绘的结合时,(16)和(17)就都是真的。然而,这些假设都还不足以将我们的注意力集中在道德怀疑主义的全部知识论形式上,因为复杂的难题随着**必然性**(这种必然性标志着真正的蕴含关系)油然而生。

我们在第3章所遇到的虚无主义者会坚持我们的道德结论(17)**实际上**是错误的:萨达姆并没有行为不道德,因为**没人**行为是不道德的。但是,一个怀疑论者可能主张(16)是真的而(17)是假的,而通过限定关于这一主张的**可能性**,这个世故的怀疑论者就反对了我们论证的有效性。即便萨达姆行为不道德,但如果有这样一个可能世界,在其中,当萨达姆用我们所描述的方式毒杀库尔德人时,他并没有行为不道德,那么我们的前提就不能够真的蕴含出它的结论。如果我们的前提不能蕴含出我们的结论,我们就不能从我

---

① 萨达姆是为其偏执所迫才毒杀库尔德人的吗?如果是这样,萨达姆是否要对他的偏执负责?如果不是,萨达姆是否真的因为命令了这次袭击而受到谴责?吉迪恩·罗森(Gideon Rosen, 2004)认为,总的说来,不道德来源于非理性或无知,并且在很少的情况下,我们可以恰当地对此负责(相反观点请参看菲茨帕特里克 Fitzpatrick, 2008)。尽管如此,即便罗森是正确的(我不认为他是),即便萨达姆对我们所描述的暴行不承担道德责任,这种形式的怀疑显然也不会破坏我们认为这种行为是不道德的判断。会不会有不道德的行为,无人恰切地对此负责?那么,为什么不能判断说老虎攻击它的驯兽师是不道德的呢?

们对前者的知识中演绎出对后者的知识。

再者,即便怀疑论者说,有这样一个世界,在其中(16)是真的而(17)是假的,这也动摇不了我们在论证有效性上的信念。相反,怀疑论者必须描述足够多的细节来增加我们对其可能性的信心。我们已经处理了真实世界的虚无主义论证,对此,一个怀疑论者早就有所展开了。当这些论证的结论以我们所设想的方式被削弱的时候,这些论证是被加强了吗?

假设:怀疑论者承认,为了便于论证,我们的世界包含了一位神,祂制定律法、裁决道德;同时,怀疑论者坚持,至少有这样的可能世界,在其中,类似于此的事物要么不存在,要么无法发挥力量。或者假设:就动机的内在主义和理由的内在主义而言,怀疑论者追求的是一种类似的策略。如果萨达姆的不道德依赖于这些教条的真理性,而它们只是偶然为真的(即,萨达姆屠杀库尔德人只在某些地方而不是所有地方),那么我们论证的前提就不蕴含它的结论。

当怀疑论者这样"模态了"一把,对于这种更加狡诈的怀疑论论证,有三种方式可以来应对。首先我们会认为,对于道德事实的存在而言,神圣制裁以及动机和理由的内在主义之强形式的真理性并不是必要的。如果这是对的,那么就还没有这样的世界(这个世界没有神明的道德强制,不从内在动机或者理由提供上来做出道德判断),在这个世界里,萨达姆的行为并非不道德。对于那个(16)是真而(17)是假的世界,怀疑论者不得不做出更多的描述才行。

第二,我们可以认为,内在的动机和理由是必然真理,而神(作为道德执法者)也是必然存在的。如果所有的世界都有这些必要的特征,怀疑论者就还没有描述这样一个可能世界,在其中,我们的结论是假的而前提却是真的。

第三,我们可以承认我们的论证是无效的,但同时指明其前提是真的。若此为真,那么我们就可以说,只有当世界完全不是它实际所是的那样时,我们才可能无法获得我们的结论。如果有些世界是没有神明制裁的,而且在这些世界中,道德判断不谈理性不讲动机,而且这些世界根本不同于我们的世界,那么它们的纯粹存在就不需要破坏从(16)肯定能推到(17)的合理性。即使我们的前提没能蕴含出我们的结论,它仍然为我们提供了关于萨达姆不道德的确切证据。如果这是正确的,那么在此事例中,关于价值中立之事实的知识就可以保证我们有一定程度的信心,相信我们有足够的知识来认为萨达姆是不道德的,即便这种信心还缺乏确定性。我们可以知道,萨达姆对库尔德人使用毒气是一种做了错事,即便比起我们对"2+2=4"的知道来说,这要弱很多。

请注意,从本质上来说,我们已然描述的这个论争完全是形而上学的,因为上帝的存在和命题的模态将我们关于道德责任的知识与我们行为的动机和原因关联在了一起。因此,它关系着我们目前所关注的全部知识论论证。让我们假设,如果只是为了方便讨论,第3章已然使我们确信:从本质上来说,道德责任无须动机驱使、提供理由或神意支持。如果我们据此反对虚无主义,那么我们就可以假设(16)到(17)实际上是一个**有效的**推论。但这是否就意味着你已经从"是"演绎到"应当"了?关于萨达姆对付库尔德人的种种行为,我们从准确无误地新闻报道式的描述中推断出萨达姆是不道德的——就此,你就找到了通往道德知识的康庄大道了吗?

5.3 评估演绎的知识论价值

你知道萨达姆和库尔德人之间发生了什么。或至少,关于这件事,你知道种种事实,它们价值中立。我们假定你已从这些事实中得出结论:萨达姆行为不道德。那么,我们能不能就此推断你知道萨达姆行为不道德呢?采用保罗·博格西昂(Paul Boghossian, 2000, 2001, 2003)的说法,我们可以把这种允许得此结论的观点称为"简单推论的外在主义"(simple inferential externalism,简称"SIE")。

简单推论的外在主义（SIE）：如果 S 知道 P，且就此直接推论出了其所蕴含的结论 C，那么 S 就知道 C。

如果 SIE 是真的，刚才所做的假定可以让我们得出这样的结论：你可以从完全价值中立的前提演绎出道德知识。因此，你从"是"推出了"应当"。

但问题是，如果 SIE 不真呢，比如它就面临着一大堆触目惊心的反例。

为了证明为什么 SIE 不会是真的，让我们设想一所地处偏远山区的教室，这里的一般人都还不知道水就是 H_2O。学生们被告知他们面前的试管装了水，他们的工作是测量该液体的黏度以确定这水是 H_2O 还是和它表面相似但密度大得多的物质 D_2O（重水）。有一个学生，拉什，他并没有执行所要求的实验，但却直接从他所听到的这是水，就推断出他面前的这液体就是 H_2O。

关于水的逻辑跳跃（Water Leap）
18 试管里有水。
因此，
19 试管里有 H_2O。

现在，虽然拉什倾向于把他的信念描述为一种"直觉"，对其面前液体之本质的直觉，但实际上他并没有用什么奇异的方法（或超自然的能力）来使得他能够不进行必要的实验研究就可以确定水的化学实质。诚然，如果他继续按照这样的思路来回答老师的问题，那么他的课程成绩估计就得大打折扣了。因此，拉什真的知道他面前的液体是 H_2O 么？

一阶的主张是：即便我们知道拉什是从其推论的前提中蕴含出了其信念的真实性，但大多数人还是会说拉什既不知道试管中有 H_2O，对此也没有可证成的信念。接下来，二阶的主张是：我们对拉什跳跃性的判断提出适当的批评，这样做是对的。他的信念是真实的，他的推论也是有效的，但他在证据确凿之前就进行了判断，这样做就应受到责难。虽然拉什足够相信这一知识且这也是必要的，但他只是猜到了答案。知识从来不是靠猜的。

当然，我们知道水是 H_2O 这一知识是后验的而不是先验的，因为它基于化学家们的证明，他们的化学理论知识相应地建立在对自然世界的观察之上。作为结果，关于水的逻辑跳跃，其有效性不能够被先验地知道。（例如，没有人仅仅通过反思就可以知道，在(18)为真的条件下，(19)必然也为真。）这就能解释为什么拉什必须要实际上进行这个实验才能真正知道试管中的液体是 H_2O 了吗？(18)和(19)之间的关系特征是后验的，而拉什断言这样一个关于水的逻辑跳跃时包含着一种轻率，这关系特征就能向我们提供出一个足够普遍的解释来解释这种轻率了吗？

有了这种想法，我们就可以将简单推论的外在主义修改为：

如果 S 知道 P，且就此直接推论出了其所蕴含的结论 C，那么 S 就知道 C。

扩充推论的外在主义：如果 S 知道 P，且就此直接推论出其所蕴含的结论 C，且这个推论的有效性仅仅通过反思就可以被知道，那么 S 就知道 C。

如果这个改良版的原则是正确的，那么你价值中立地知道所泄露出来的事实，你就能知道萨达姆对待库尔德人的方式是不道德的——既然可以先验地知道(16)蕴含着(17)。

所以，我们必须要问：当我们知道萨达姆屠杀平民，既未拯救一个生命也没有实质性地减轻任何人的苦难时，我们能不能以一种完全先验的方式知道没有什么可能世界，在其中如此行为的萨达姆并没有不道德？再次提醒，这样一个世界是很难设想出来的。但是，关于相信这不可能的证成性，我们必须让经验参与其中吗？也许不需要；对于我们在第四章中所遭遇的那些理性主义者来说，他们可能会立马想到，我们费尽心机去构想的这样一个世界必定会落空，因为对于不道德和故意致人死亡或伤残之间联系，我们分享着共同的观念。而且，我们用同样的方式构想着苦难与不道德之间的联系，这一点可能会把关于论证之有效性的先验知识全部提供给我们。

另一方面，模态上的主张也有通过观察来知道的。你知道玻璃被碰倒时**必定**会往下掉，因为你早就亲自观察到过物体的重力作用。所以，只要观察符合了我们的前提所给出的描述，对于你知道萨达姆的行为**必定**是不道德的这一点，这些观察难道就没有起到些许作用吗（Williamson，2007）？在你关于故意施难的行为必为不道德的知识中，难道你对痛苦与苦难的经验，对耻辱、恐惧与失望的痛苦意识没有起到一种本质性的作用？退一步讲，至少可以说，对于你产生出萨达姆犯罪是不道德的信念这件事，区别开经验、情感与反思各自所起的作用是异常困难的。所以，道德理性主义者就认为，在（16）中，经验证成了信念，但在从（16）到（17）的推论中，经验却没起到什么作用，而且对于推论的有效性，经验也没起到什么作用，即便如此，道德理性主义的真理性仍然具有争议。①

如若任何论证的有效性证明都会落入怀疑主义，那么你就只能将这个论证重铸为假言推理来证明其有效性。

---

① 最近，对先验/后验之区别效用的怀疑使得这个问题变得更加紧迫；比如可参看霍索恩（Hawthorne，2007）和威廉姆森（Williamson，2007）。

16　萨达姆部署了化学武器来袭击库尔德人，他为其偏执所驱使才故意屠杀并伤害了大量平民，且既没有拯救生命，也没有切实减轻任何人的苦难。
*　如果萨达姆为其偏执所驱使才故意屠杀并伤害了平民，且既没有拯救生命，也没有切实减轻任何人的苦难，那么他的行为就是不道德的。

因此，

17　萨达姆的行为是不道德的。

但如果我们把(*)增加到前提当中去，而你对于萨达姆行为不道德的知识正是依赖于这个前提，我们就不再能说你从"是"演绎到了"应当"，因为(*)已经提出了一个实质性的道德要求。辩证法就此将以可预测的方式展开自身，而怀疑论者就会坚持认为你根本不能知道萨达姆的行为是不道德的，因为你不能够知道(*)，你所相信的道德原则不过是预设出来的而已。（回想一下，怀疑论者同意洛克的讨论并认为，你就不可能非推论性地知道(*)，因为根本就没有非推论性的道德知识；但是，怀疑论者又反对洛克并坚持认为，任何关于(*)的推论必定涉及一个道德前提，而你只能通过一个假设的推论才能对这个前提有所知道。接踵而至的回溯向怀疑论者给出了它在怀疑论上的根据。）所以，用这种方式重铸你的论证也许会使得对其有效性的证明变得容易，但这种胜利将会"得不偿失"。在反对怀疑论者这件事上，你虽然赢得了一场战役但却输掉了整场战争。我们将再次被迫在怀疑主义和直觉主义之间做出抉择。

不过，作为心理描述上的事实，如果每个确确实实从(16)推到(17)的人，他们在推理的过程中已经假设了(*)，那么为了达到更高的精确性，就应该把这个前提加到我们的范例中去。诚然，倘若在心理上我们就**无法**直接从"我们价值中立地知道萨达姆的所做所为"转向对其所行之为不道德的信念，那么我们就必须要以所建议的方式来改变我们的模型。如果这意味着对怀疑论者的默许，或假定了非推论性的道德知识，抑或投靠了一种融贯论上的证成性观念来证明我们信念的合理性，那么对其中任一目标，我们都必须给出我们的推理，哪怕乍看起来，这是根难啃的硬骨头。

然而，怎样才能把（＊）看成是心理上必然的呢？当然，我们的推论并不总是依照选言推理或假言推理，或其他基于一阶逻辑证明的自然演绎规则。我们也不总是符合这些规则，或者那些可以得出好的归纳推理、溯因推理或者或然性推理的规则。因为最起码，我们们思考有时候会产生**错误**。我们假设逻辑前件是从一个简单事例归纳而来的，假设它犯了赌徒谬误，或诸如此类。因此，当笛卡尔的信徒说（17）可以直接从（16）中推出来，他就犯下了**一些谬误**——他只能通过把（＊）加到前提中才能纠正这个错误——他不能在推理上坚持这些谬误是**不可能的**。诚然，当我们就着"从完全价值中立的前提开始是否可能达及道德知识"这一问题争论不休时，我们所思量的恰恰在于：能否直接从对所发生之事价值中立地描述中推出萨达姆是不道德的——而这种直接推论就是个谬误，且广受批评。不能假设的是：我们不应该用这种方式推理，而应该反之去限制自身来适应像假言推理那样的规则。

那么，对于你在（16）—（17）中所做的推理，我们有理由坚持我们最初的说明。读者们内省式地确认出他们就是用了（＊）才达及（17）的，那么他们就应该把这项讨论的其余部分当作其他人的思考（这位潜在思想者的推理正是按照我们所描述的方式，直接从"是"推出了"应当"）来调查研究。

然而，坚持我们原初的模型却不会使我们对（＊）之知识的忧虑完全释然。现在，我们所面临的问题与我们在最后一章的末尾所遗留下来的问题一样重要：关于萨达姆之为不道德，你是否知道你对此的简单推论是有效的？你是否知道这是先验的？当你从对所发生之事的价值中立的评价中直接推论出萨达姆的行为是不道德的——如果你确实以一种有效的方式做出了这一推论,那么关于你的推论是有效的这一事实本身就是一个道德命题。"如果萨达姆如此行为是真的,那么他是不道德的就也是真的。这是必然的。"——这就是提出了一个道德上的主张。所以,正如我们为了讨论方便所做的假设,如果洛克否认存在非推论性的道德知识——这是对的,那么你就不能先验地知道你的论证是有效的,除非关于它是否有效的推理是从其他一些命题中推出来的,而你知道这些命题是完全先验的。

你能实现这一壮举吗?如果你和我一样,你根本就不需要一个正式的证明。例如,你手头上没有一个证明可以和逻辑学家证明假言推理之有效性相媲美。(参见第八章,其中描述了这样的证明。)的确,当我们讨论直觉主义时,你手头上有的就是一两个例子,说的是我们在第四章中所描述的非推论式的"证成":(a)你无法描述或设想,有一个世界萨达姆做了我们所说的那些事情,但却不是不道德的(据你观察,你还不知道有谁清楚地表达出了这样一种可能性);(b)当你尽力从所涉及的视角去思量偏执地屠杀平民这件事时,你就会感到恼火、愤慨和悲哀。

正如我们在第四章中所见,争论困扰着如下的主张:有可靠的方法来形式化或更新我们在道德原则上的信念。类似的问题还会困扰着那些为我们提供了关于道德论证之有效性的非推论性知识。然而,我们先将这些担忧束之高阁。由于方便调查,我们已经假定了直觉主义是虚假的。而这意味着:就你的论证之有效性而言,你无法拥有非推论性的知识。移感或设想皆不行。

你能不能把直觉式的证成性转换到一个可查证的推论当中,从而使得论证有效呢?貌似前途渺茫。例如,我们从你所不能设想的地方开始构想了这样一个推论:

20 我不能设想萨达姆用我们所描述的方式屠杀了库尔德人

而没有行为不道德。

因此,

21　萨达姆不可能用我们所描述的方式屠杀库尔德人而没有行为不道德。

怀疑论者会承认,你有(20)所报告出来的那种内省知识。但他会坚持说这是一种后验的知识。此外,(20)—(21)的推理是无效的。即便(20)把关于(21)之真实性的良好证据提供给了你,但你因此得到的知识必定也是后验的。

因此,为了便于论证,我们这样假设:为了相信论证的有效性,不管你祭出什么样的非推论式的证成性,对于同一个论证来说,它都不能转换成一个先验的推论式的证成性。因此,你不能用完全先验的方法来证明你论证的有效性。尽管如此,难道就不存在某处的某人对你的论证思量得足够长久以至于将其有效性从他的前提(这个前提正是他以一种完全先验的方式而得知的)中演绎出来了?如果我们关于推论外在主义的论证是正确的,如果某些聪慧的道德理论家(无论现在的还是将来的)能证明该论证的有效性,而不求援于通过经验或观察而得知的事实,你就可以运用这个推论了——从价值中立地描述萨达姆毒杀库尔德人的知识中来获得关于萨达姆之为不道德的知识。事实是,就目前而言,你根本就没有掌握稳靠的相关证明,因此大可不必过于关注。

另一方面,如果证明根本无法达成;而关于论证有效性的先验知识又必须要这样的证明;而且,如果一个论证能向你提供出关于其结论的知识,关于该论证之有效性的先验知识就必定是可能的。倘若如此,那么怀疑论者获胜就指日可待了。诚然,这里有很多的"如果"来限制这个主张。但我们至少已经做出了种种假设,来让论争中的种种术语更加精确详细。

然而,注意把这个推论之稳靠性的证明弄得像假言推理一样,从历史上看，这还是相当新近的事。当我们实现这些论据时，我们所采用的推理常常牵涉对这样一些规则的使用——他们的稳靠性是被证明了的。（例如，参见第八章，当我们给出假言推理之稳靠性的证明时，我们的理由和这种推理是一致的。）因此，在提供给我们一种关于假言推理之有效性的先验知识方面，稳靠性的证明是否起到了重要作用这一点是有待讨论的（参见 Dummett, 1978b; Boghossian, 2000）。

的确，我们可以利用这一点。洛克的怀疑主义并不反对所有知识。例如，他允许我们有关于数学真理的非推论知识；他允许我们按照假言推理以及其他推论法则来推理这些事实从而拓展我们的知识。我们有关于逻辑真理的非推论知识——但现在，假设洛克的这一想法是错误的。也就是说，假设没有逻辑直觉这样的东西；并且还假设，如果洛克主义者不用假言推理就无法证明假言推埋是稳靠的。当然，一视同仁。所以，就证明你的论证是有效的而言，洛克的怀疑主义是不是就得允许你使用一个推论规则来认可从(16)能派生出(17)？这个问题的规则将会是相当笨拙不便的：

"非道德"的介绍#1
X 是为其偏执所驱使才故意屠杀并伤害了许多 Y，且既没有拯救生命，也没有切实减轻任何人的苦难。

X 的行为是不道德的。

当我们证明这个推理之稳靠性时，并不同于做出一个假言推理来证明假言推理的稳靠性，那么这推理怎么就符合了关于"非道德"的介绍#1 了呢？

总之，我们需要掌握什么样的论据才能完全先验地确立你论证的有效性，这一点还远不清楚。如果我们需要一个证明，它在某些方面类似于逻辑学家对假言推理之稳靠性的证明，那么，我们还是有可能找到这样一个证明的,这种可能性正在于你的论证所牵涉的道德理论家们在关键术语分析上的工作(比如,"杀害""伤害""偏执""不道德"等诸如此类)。在这方面,扩充推论的外在主义的正确性会证明道德怀疑论主义是错误的。我们是否能够驳倒这种怀疑论将取决于理论家们所必行之事(为了确立出你论证之有效性的先验知识),并且,如果需要通过证明来完成这项任务,那么就会发展出这样的证明。

但对我们来说不幸的是,虽然比起简单的外在主义来说,扩充的外在主义问题要少很多,但对于反例来说,它同样不堪一击。从这个角度来考虑的话,毕达哥拉斯定理告诉我们,直角三角形斜边长的平方等于两直角边的平方和。更简洁地表达为:$a^2 + b^2 = c^2$。现在,从直角三角形的边长中抽象出来,我们只考虑这个用来代表它们相互关系的等式。那么,当指数取大于 2 以上的值时,这个等式在整数范围内还成立吗?**费马大定理**猜测:该等式不成立。十七世纪,皮耶·德·费马(Pierre de Fermat, 1601 / 7 - 1665)证明了一个指数为 4 的特殊情况,但将此普遍化却只是一个猜想,直到安德鲁·怀尔斯(Andrew Wiles)在 1995 年提出了他著名的证明,这一证明利用了先进的数学技术,而这技术是费马不可能预先知道的。明白了这一切之后,现在来假设一位叫斯威夫特的数学系学生,他十分不谨慎,完全不知道怀尔斯的证明结果。他从费马所证明了的特例中推出了那个完全普遍的设想。

斯威夫特的逻辑跳跃

22　没有任何正整数 X、Y 和 Z,使得 $X^4 + Y^4 = Z^4$。

因此,

23　对于所有大于 2 的整数而言:没有任何正整数 X、Y 和 Z,使得 $X^n + Y^n = Z^n$。

就推测而言,由于斯威夫特的结论是一个必然真理,且由于它的必然性是先验可知的,因此:如果斯威夫特的前提是真的,那么他的结论也是真的,这一点是先验可知的,是必然成立的。因此,就斯威夫特的逻辑跳跃而言,其有效性能够用完全先验的方法建立起来。(虽然,不可否认的是,当用这种方法来建立论证的有效性时,一位具有哲学头脑的数学家就不会像斯威夫特那样,根据一个单一的实例来推论出费马大定理了。)然而,如果日常理解是值得信任的,那么斯威夫特的草率判断当然就有错。斯威夫特的跳跃不亚于拉什的跳跃,而且斯威夫特这种站不住脚的主张,尽管很有数学洞见,但和拉什一样,他并不那么知道他所推出的这个结论。在缺乏充分验证的情况下,对费马大定理来说,怀尔斯的证明是必不可少的,而且很少有人有足够的数学素养来掌握它的内容。因此,一个有效的论证看起来并不能提供给你关于其结论的知识,即便你知道其前提及其有效性本身是先验可知的。(参见 Boghossian,2001,2003)。所以,纵然萨达姆的行为不道德这一点是由这些行为本质上是毁坏性的这一点蕴含出来的——这是先验可知的,但如果你还不知道你的论证是有效的,你就无法从萨达姆对库尔德人所制造的苦难中直接推出他的行为是不道德的这一知识。

因此,一旦出现这样一个明显的困境:把先验**可知性**在模态上的讨论换成对先验**知识**的实际需求,那么我们就必须提高一个有效论证的知识论价值。如果你是从你对论证之前提的知识中得到了关于其结论的知识,那么可不可能你论证的有效性不仅仅是先验可知的,而且事实上,对你而言,就是先验知道的?再次采用博格西昂的术语,我们可以称最后的观点为"简单推论的内在主义"(simple inferential internalism)。

简单推论的内在主义:如果 S 知道 P,且就此直接推论出了其所蕴含的结论 C,那么 S 就知道 C,当且仅当 S 也知道这一推论是有效的。

　　这一加强版本想必是足以驳斥上文所描述的拉什和斯威夫特的推论了。甚至,它或许也足以破坏普通公民对萨达姆之为不道德的知识。(然而,它是否破坏了知识得以建立的基础或一部分基础——直觉主义呢,以及,我们是否无法描述或设想一个世界,其中(16)为真而(17)却不为真——这并不能把我们推论之有效性的知识提供给我们。)①但因为这一要求实在提得过于强了,我们还是暂且放下这个问题。你可以从你对一个有效论证之前提的知识中获得关于其结论的知识,即使你并非有意识地知道也并未明述地表征出它的有效性。

　　为了明白这一点,我们只需要这样假设:莉莉,一个五年级的学生,她在第一次做化学实验前,就得知了对假言推理之稳靠性的证明。她的老师告诉她,如果她眼前的溶液将蓝色的石蕊试纸变成了红色,那么这溶液就是酸性的。之后,她进行了必要的测试,用理性的方式得到了正确的答案。

　　24　如果溶液把我的蓝色石蕊试纸变红了,那么它就是酸性的。
　　25　这溶液把我的蓝色石蕊试纸变红了。
　　因此,
　　26　这溶液是酸性的。

当然,即便我们中最好怀疑的人都会同意莉莉能从对(24)和(25)的知识中推知(26)。从(24)和(25)到(26),虽然莉莉**已经执行了**

---

①　关于模态知识论的进一步讨论可以参看亨德勒和霍索恩所编辑的文章(Gendler and Hawthorne, 2002)。

这个推论,但她可能根本没有对这个推论**进行反思**。如果她没有对其进行反思,那么她就无法去考虑这个推论是有效的还是无效的,是好的还是坏的,或者是中立的。显然,她用我们所描述的方式来获得了初步的化学知识,这一点与她不知道她完成了一个假言推理这一点毫不冲突;就像这一点也并不冲突于她对文氏图这样的真值表一无所知,或者对其他那些理论家用来证明假言推理之稳靠性(她论证是有效性的)的东西,她都一无所知。诚然,如果她没有考量其论点是否有效,她就不能指明其论证的有效性,也就不能设想那种情况,在其中(24)—(25)为真而(26)为假。她也不能使用传说中的逻辑洞察力,以一种知性的方式来"看到"其论证的有效性,譬如以一种感觉的方式来看到我们周遭之对象的种种颜色和形状(Bealer, 1998; Heumer, 2005;参见 Wright, 2001)。

看来,如果莉莉确实知道她的论证是有效的,那么她对此事实的知识是深深默会的(Peacocke, 1998, 2000)。此外,即便说服了我们(用决定性的理论依据)来认可莉莉对其论证之有效性有一些默会的**表征**(representation),那么我们还是会疑惑:这种表征是否构成了对其所述事实的知识?莉莉对她论证有效性的所谓默会表征,以及拉什和斯威夫特对他们论证有效性的幸运猜测——我们用什么来区分它们呢?

虽然假设我们被说服了——莉莉必定或多或少默会地表征出了其论证的有效性,而且我们还进一步被说服了——这种表征组成了知识,但问题是:所涉及的知识是否被假定为建立在推论上呢?我们可能会这么假设:假设莉莉不但默默地知道她的论证是有效的,而且她已然默默地从她对语言及逻辑的默会知识中得到了该结论;我们还可以假设:她知道,所有前件为真而后件为假的指示条件句(indicative conditionals)都是假的。(在第八章中将对这种论证形式做详细论述。)如果这是正确的——当我们在第一堂逻辑课上用这样的方式来证明假言推理的稳靠性时,那么,我们只是用了我们素来所拥有的苏格拉底式的明述知识而已。

莉莉真的做了这样一种默会推理么？当然,要对这个问题有根有据地有所回答,心理语义学的实证研究所提供出来的回答就是其中最好的。这里更为关键的是,内在主义的标准主张就在于:如果莉莉真的**知道**她面前的溶液是酸性的(通过我们所描述的明述的推论),那么对其论证的有效性,她**必定**有默会的推理知识。如果心理学上的最佳解释揭示出:执行简单的假言推理先于对其有效性的默会证明,那么,我们就必定会得出这些最初推论所未能产生的知识了么？

小心知识论上的回溯！出于原则上的理由,如果内在主义主张:当莉莉查证其面前的溶液是否是酸性的时候,她必须默会她所执行的这个明述论证是有效的;那么,同一个理论家还会坚称:莉莉知道这个默会论证本身就是有效的。(她必定默会:对假言推理稳靠性之默会证明的前提可以蕴含出它的结论。)即便她关于该默会证明之有效性的默会知识既不建立在非推论性根据之上,也没有什么明述的论证来加以支持,但她也默会了其有效性。因此,就彻头彻尾的怀疑主义、融贯主义或者无穷回溯所造成的伤害而言,推论的内在主义必会认可人们对某些论证的有效性有着全然非推论性的知识,不管该些论证是默会的还是明述的(参见邦朱 BonJour, 1980, 1985)。那么,我们就能先天地表征出关于假言推理论证的有效性来了吗？为什么把这些表征看作为知识呢？有些理论家(包括博格西昂)找到这些难以置信的推测,并联合起来企图拯救简单推论的内部主义,这件事不仅是铤而走险,而且莫名其妙。

总而言之,我们的外在主义原则太弱;换句直截了当的话来说,我们的内在主义原则太强。当你知道一个论证的前提,并从中得出一些其所蕴含的结论,那么你对这个结论的信念就是真的。但是,对这个例子的反思揭示出这些条件还不足以使你获得关于这个结论的知识,也不足以将你的信念证成为真。如果你知道你的前提蕴含着你的结论,那么,在没什么特殊的情况下,你也就知道了你的结论。① 虽然为了一个有效论证在知识论上的价值,这提供给了我们所需材料来构建出一个充分条件,但无论就必要条件还是充分条件而言,这都还远远不够。

博格西昂自己对这个局面提出了相当具有争议性的回应,其回应包含了一种**带推论作用的**说明(an inferential role account),来说明我们对确定概念的持有(参见 Peacocke, 1992)。② 尽管莉莉并不知道她的假言推理是有效的,但她对这个推理的执行本身就把关于其结论的知识提供给了她。为什么呢?因为:博格西昂认为,如果确实掌握了与该指示条件句相关的概念,那么她就必定接受并完成了这一推理。既然我们必须根据假言推理来推论才能明白"如果"这个词,那么莉莉的推论就是"在知识论上无可指摘的"(用博格西昂自己的话来说)。如果她要被指摘,因为她就这样使用了指示条件句及其表面上所表达出来的逻辑概念,那么

---

① 考虑到过度决定的情况,我们包含了一个"其他条件不变"的从句。如果 S 知道 P,知道 P 蕴含 Q,并且相信 Q 不仅因为他知道 Q 是被他所知道的事蕴含出来的,而且因为那个 Q 是他令人难以置信地不靠谱的宗教上师告诉过他的,我们也许会说她根本不知道 Q。这里,我们不涉及这样的和其他的微妙情况。

② 有一系列不同的理论归入到"推论作用"(或"概念作用")的名下。有影响的几种包括了哈特里·菲尔德(Hartry Field, 1977)、吉尔伯特·哈尔曼(Gilbert Harman, 1986, 1999a)、罗伯特·布兰顿(Robert Brandom, 1994, 2000)和保罗·霍维奇(Paul Horwich, 1998)的工作。关于特定规范性的概念,最有影响力的说明可参看菲利帕·福特(Philippa Foot, 1958)和拉尔夫·威基(Ralph Wedgwood, 2001, 2007)。

也就只能对她批评批评而已。① 相比之下,如果我们要考量斯威夫特之逻辑跳跃的前提和结论,那么它并非是由我们所必备的数学概念(例如**整数、求和及指数**)来推进的;所以,如果斯威夫特要以一种可接收的方式来达及他的结论,那么他就需要额外的前提和进一步的推理。如果博格西昂是正确的,那么这些精巧步骤中的每一步就都有可能是无可指摘的——只要掌握了执行这些步骤所涉及的一个或多个概念。

带推论作用的说明: 如果 S 知道 P,并且由 P 可以直接蕴含出 C,那么 S 知道 C,当且仅当他要么(a)知道自己的推论是有效

---

① 要查看这一条的必然性,我们只需要考虑亚瑟·普莱尔(Arthur Prior)著名的例子"tonk",一个人工表达式,它的介入规则是原来指派给"或(or)"的而它的除去规则是原来指派给"和(and)"的。这里所疑惑的是:"tonk"是否真的表达了一个概念。但是,如果我们就根据普莱尔的规定来使用这一表达式,我们必须遵循这些规则,但遵循这些规则会立马导致不一致。如果一个说话者试图用这一表达式来思考(或言说),他就会被批评为疯子。考虑到这一点,一个极端怀疑主义理论家会提议道德术语就是"tonk"——换言之,就像"tonk"是有缺陷的一样,有些东西是有缺陷的。虽然不一致性或荒谬诱导的规则引导着"好"、"坏"、"道德"和"不道德"等自然语言的恰当使用,但这不一致或荒谬诱导的规则不能由逻辑学家来规定生效,即便一个理论家会试图识别这些规则并赋予它们更加有机的来源。如果有介入或除去规则来引导着我们对道德术语的恰切使用,并且相应地,这些规则真的是"tonky",那么我们就能对赞成或执行经过了许可的推论进行批判了。不过(假设),一旦我们被授予了所涉及的术语那样的能力,我们就必须如此行事了。正如一个稍微有点儿理性的人就不会在严肃的推理中使用"tonk",怀疑论者会建议我们避开所有对道德术语的严肃使用。这样的怀疑主义在某些方面会与麦凯的虚无主义类似,此外,关于那种强的非认知主义会在 8.2—8.4 节讨论。就这个观点而言,有帮助的讨论可参看赖尔(Ryle, 1949/2000, 121)、塞拉斯(Sellars, 1953)、福特(Foot, 1958)、贝尔纳普(Belnap, 1962)、达米特(Dummett, 1973)、布兰顿(Brandom, 1994, 2000)、博戈西昂(Boghossian, 2003)和威廉姆森(Williamson, 2003)。

的;要么(b)必须像他掌握了 P 或 C 那样地去推论。①

然而,博格西昂的提案是有争议的,即使把它限制在假言推理的范围内,但某种程度上来说,这正是争议的所在之处——有些哲学家们认为推论的规则并不稳靠。其中最著名的反对者是范恩·麦吉(Vann McGee,1985),他以罗纳德·里根(Ronald Reagan)赢得 1980 年美国总统选举为始,发起了攻击。一个民主党人,吉米·卡特(Jimmy Carter),获得了第二多的选票,而且在民意调查中,共和党参议员约翰·安德森(John Anderson)紧随其后。根据这些事实,在大选的前几天,麦吉描绘了一个焦虑选民作为假言推理的反例:

27 如果共和党赢得了选举,且如果赢的人不是里根,那么赢的人就是安德森。
28 共和党将赢得大选。
因此,
29 如果赢的人不是里根,那么赢的人就是安德森。

会不会例子中的(27)和(28)是真的而(29)是假的呢?这问题所涉微妙,因为这貌似取决于麦吉对指示条件句在某些经典语义学方面

---

① 有人可能会认为:显然,推论作用是有所限定的,就好像一位学数学的好学生能够恰切地获知某些结论,即便他在证明时跳了很多步骤。作为回应,推论主义者会认为,学生必定**默默地**完成了这些步骤,或者如果他的老师对此挑刺儿,他必定至少有**能力**这样做。如果学生不能重构他已经省略了的推理,他就确实在判断上做了跳跃,且对他的确信就会因为缺乏知识而到此为止。(为了得到正确的答案,他得到了部分的信任,但完全的信任不能就这样给出来。)为了不把带推论作用的说明过度复杂化,我们这里会把给出缺失步骤的能力看作为推论有效性的默会知识。这个聪明的学生就默默地知道了他的前提蕴含出了他的结论,并且一旦他应着要求填满了缺失的步骤,那么他就能显示出他的这种知道。

(诚然是有争议的)的反对。[根据经典的解释,(29)因为里根的胜利而成为了"空虚的(vacuously)"的真。]但这里,我们暂且先不涉及这些问题,因为相对来说没有争议的是:作为一个**心理学上的**问题,麦吉拒绝从他对(27)和(28)的知识中推出(29)。所以,麦吉作为一位名副其实的逻辑学家却无法理解"如果"了?

威廉姆森(Williamson, 2003)认为,带推论作用的说明是有意义的,且必须就此来加以反驳。概念的归因是一个**整体性的**问题。因此,如果有恰切的背景,我们就可以把一个逻辑上的概念适度地归因于一个人(比如麦吉),即便我们知道他拒绝做出一个或几个这样的推论,要不然,我们可能会认为这些推论对概念持有是必要的。其实,威廉姆森的例子反对的是:当我们从指示条件句和假言推理开始涉及推论的其他不那么核心的概念和形式时,带推论作用的说明只是被加强了。直觉主义者否认数学知识可以完全通对双重否定消除法来达到。(建立某些数学主张并不含有的否定式,这一方式并不能建立这个主张本身;对其真理性进行某种更具建设性的论证才是必要的。)正如蒯因曾建议过的那样(Quine, 1970/1983;参见达米特 Dummett, 1978a),这是否就意味着直觉主义者和经典逻辑学家把不同的概念和"非(not)"联系了起来?或者说,直觉主义斥责那些未加思考就使用双重否定消除法的数学家是如此草率,就像莉莉使用假言推理一样草率——关于这一点,我们必定要同意吗?内森·萨门(Nathan Salmon, 1989)为那些不可能的却是有可能可能的事物而辩护。[他所主张的"有可能可能的不可能性(the possibly possible impossibility)"指的是,木头造的桌子本质上区别于实际构成它的木头。]对萨门观点的信奉是为了反对 S4 模态逻辑系统的公理。萨门是不是没掌握 S4 逻辑学家关于可能的概念呢?或者说,当我们根据 S4 模态逻辑的相关规则来推断时,我们要不要直接跳到结论呢?

即便对这些推论的实际执行并非如此,但难道一种要执行的**倾**

向就能证明持有相关概念是必要的了?① 比如我们说,麦吉理解"如果"是因为他**倾向于**按照假言推理来进行推论,尽管在某些情况下他反对这种倾向——难道我们不能这样说?(或者,我们会说,麦吉理解"如果"是因为他**时而**会按照假言推理来进行推断,即使他不总是这样做。)然而,虽然这种策略可能会从反例中为某些东西提供救命稻草(比如带推论作用的说明),但这个主张提得实在太弱了,不能使相关的种种推论免疫于所有知识论形式上的批评。例如,假设只有麦吉是正确的,我们就应该抵制我们按照假言推理来推论的倾向,就像在(27)—(29)例子中那样(参见 Williamson,2003)。我们有没有什么根本性的理由去坚持认为莉莉也不应该甩掉推理的法则?如果有理由认为莉莉这一特定实例中假言推理是正当有效的——确实,必须要有这样的理由,倘若她要掌握"如果"这个概念及其所表达出的推理意味,那么,比起她必须做出(或倾向于做出)某些假言推理形式的推论来说,对这一理由的解释比这一单纯的事实重要得多。

然而,尽管有这样的批评,但这看起来却像是维护了带推论作用之说明的某些形式,却给了怀疑论者们最好的机会来赢得他们的胜利。想来,哲学反思已经在辩证法这一点上碰了壁。也就是说,通过对那些我们已然审查过的数学或科学推理加以评价,我们能获得彻底普遍的标准来评判一个有效的论证在知识论上的价值——但假设我们没有这样彻底普遍的标准,那么,我们(作为理论家的我们)将被在不同层阶中推进的标准方法及其所记录并评价的日常信念所抛弃。在零阶上,我们看到,从(16)推到(17)这种"是"到"应当"的推论是基本无例外的。在一阶上,我们看到,只有死不悔改的阿拉伯复兴社会党成员才会否认你知道你的前提,也只有虚无主义

---

① 这就是威基伍德(Wedgwood,2007)对某种规范性概念的解释。关于带倾向性地说明概念持有这件事,批判性的讨论请参看克里普克(Kripke,1982)。

者才习惯性地否认你论证的有效性。那么,还有没有人会既承认这个论证是有效的,却又认为还需要补充点什么?当我们发现你直接从(16)推出了(17),我们就要指责你有判断上的跳跃么?当然不会。那么,倘若我们采取在不同层阶中推进的方法,怀疑论者的唯一希望就是对我们已经确认了的批评实践给出一个二阶上的指控。但是,当我们承认你在眼下这个例子上恰当地给出了理由,难道我们就对推论所必须的谨慎有所疏忽了吗?当我们同意你确实就是知道萨达姆的行为不道德,而且这种知道就是你从最好的记者对这一事件的解释中直接演绎出来的,难道我们就招致了知识论上的不幸了吗?由于很难看出要对融贯性做什么样的考虑才能用来驳斥我们对你论证前理论式的支持,所以,怀疑论者就确实需要某种超出道德领域之外的标准才行。

让我们从怀疑论者的角度来假设:莉莉对"如果"的某种理解**迫使**她从其对前提的知识中推出了结论。让我们再从怀疑论者的角度询问:你对道德观念的持有是否就类似于这样一种允准,允准你从你关于所发生之事的价值中立的知识中推断出萨达姆的行为是不道德的这一结论。我们已经看到,虚无主义者就是设法要抵制那些你已经做出的推断。但这种压迫并非不能应付,推论的那种允准性可以包含例外。虚无主义者对你论证的反对,与麦吉对假言推理的那种反对,又有何不同呢?倘若麦吉反对所有或绝大多数的假言推理,再倘若他从来就没用假言推理推理过(即便在他毫不反思地使用"如果"这个词时),我们大概还是会得出这样的结论:他的"如果"和我们的"如果"意思不一样。以此类推,我们能不能认为,那些拒绝了所有或绝大多数道德推论的怀疑论者,那些从来没有做出过从中立前提到道德结论这样推理(即便在他们毫不反思地使用道德术语时)的人,他们就必定不会在惯常意义上使用道德术语了?当然了,比起反对假言推理来说,虚无主义在哲学家中要普遍得多,但据我所知,当麦吉不在做研究时,这位老兄还是能很好地做出道德判断的,他中规中矩地从"是"推到"应当"。如果他不这样,我们怎么能承认他对道德语言有所理解呢?这件事是再清楚不过的了。

5.4 本章总结

怀疑论者的无穷回溯论证迫使我们必须去解释如何知道某个具体行为是道德的还是不道德的。而且,如果作为怀疑论者来反对直觉主义者,我们就必然要描绘出某种推论来建立我们的道德知识。怀疑论者会承认:关于所观察的行动,我们知道各种各样中立的事实;但却会否认:我们可以从这些事实中推断出对某种道德结论的知识。一种反驳怀疑论的方法就是彰显出我们可以从"是"演绎出"应当"。

休谟称之为一种如何从"是"中演绎出"应当"的解释,这一任务既是形而上学的,也是知识论的。推论的前提必定蕴含出它的结论。但是我们也要知道从前提获得关于结论的知识是知识论的结果。这是形而上学的部分。但是我们也必须知道前提,并且用它来得出对结论的知识。这是知识论的工作。

康德认为,我们可以演绎出:出于义务的动机总是应得尊重的。但是,有些人会否认这种说法——他们认为种族灭绝行为是全然错误的,那些激发如此行为的动机配不上尊敬。根据汤姆森的说法,我们可以从我们对一个行为引发了痛苦的知道中,或者从它引发了承诺被打破了的事实中,演绎出这个行为在某种程度上是错误的。不过,汤姆森的主张看起来也会受到非怀疑论者的挑战。尽管如此,如果有足够的信息来支撑我们的前提,那么,关于从"是"到"应当",我们就可以得出一个毫无争议的、相当令人信服的推论——谁要否认这个推论的有效性,谁就只能去接受虚无主义那种实际的或可能的真理了。普通读者就会推断说,萨达姆·侯赛因毒杀伊拉克的库尔德人是一种不道德的行为——这就是个具有代表性的例子。

我们可以知道一个前提,并且从它直接推断出某个结论,这个结论是这个前提所蕴含的却还是未有所知的。确实,即便我们可以先验地知道你的前提蕴含着你的结论,但是关于前提的知识并不一定会得出关于结论的知识。我们所举出的拉什和斯威夫特的例子就表明了为什么这是真的。所以,怀疑论者会承认我们知道前提"是",也承认由这个前提可以蕴含出结论"应当"。甚至,怀疑论者还会承认,某人在某处可以用某种先验的方式来证明我们的论证具有有效性。然而,即便如此,怀疑论者还是拒绝承认我们可以知道有关道德的结论。

此外,如果我们目前知道我们关于萨达姆的行为是不道德的论证是有效的,那么我们关于论证前提的知识就的确给了我们关于其结论的知识。尽管如此,还是很难看出我们是怎么知道我们的论证是正确的,除非某种直觉主义是真的。去想象或描绘这样一个例子——其前提为真而结论为假,这貌似是我们所能做的最佳尝试,但却并不成功。如果这个论证的有效性需要一个更为严格的证明,我们中的大多数(即便不是全部)都必定缺乏相应的知识。

还有这样的情况:我们通过做出一个我们并不知道有效与否的推论来知道一个结论。莉莉那个简单的假言推理论证为说明此种情况提供了一个例子。所以,怀疑论者就不能坚持认为:只有在我们知道关于该结论的论证是有效的情况下,我们才能知道萨达姆的行为是不道德的。怀疑论者可能会接受那种带推论作用的说明,并且主张:论证不能把关于道德结论的知识提供给我们,除非我们要么知道这个论证是有效的,要么不得不依靠我们对相关概念的理解来做出推论。但就概念作用而言,最强有力的解释却是难以令人信服的。而且,倘若削弱这个主张来承认论证是令人信服的而不是强制接受的,那么它就有理由允许我们知道有关道德的结论。但倘若我们真的理解了种种道德概念,我们就必须为"是"可以推出"应当"提供理由(或至少是某种情况下的某种理由)——就此,还莫衷一是呢。

5.5　扩展阅读

对休谟论"是"和"应当"之解释比较有意思的著作,包括弗兰克纳的文章《自然主义的谬误》(W. K. Frankena, The Naturalistic Fallacy, 1939);阿拉斯戴尔·麦金太尔的《休谟论"是"和"应当"》(Alasdair MacIntyre, Hume on 'Is' and 'Ought', 1959);唐·盖瑞特的著作《休谟哲学中的认识和承诺》(Don Garrett, *Cognition and Commitment in Hume's Philosophy*, 1997)中的第九章;以及尼古拉斯·斯特金的论文《休谟思想中的道德怀疑主义和道德自然主义》(Nicholas Sturgeon, "Moral Skepticism and Moral Naturalism in Hume's Treatise", 2001)。

关于康德在义务动机方面的重要研究包括:奥诺拉·奥涅尔的著作《行为的原则》(Onora O'Neill, *Acting on Principle*, 1975);巴巴拉·赫尔曼的论文《出于义务而行动的价值》和《道德判断的实践》(Barbara Herman, "On the Value of Acting from the Motive of Duty", 1981; The Practice of Moral Judgment, 1985);亨利·艾利森的著作《康德的自由理论》和《理念论和自由》(Henry Allison, *Kant's Theory of Freedom*, 1990; *Idealism and Freedom*, 1996);大卫·维金斯的论文《绝对命令:康德和休谟关于义务的理念》(David Wiggins, "Categorical Requirements: Kant and Hume on the Idea of Duty", 1995);保罗·盖耶尔的著作《康德和自由经验》和《知识、理性和趣味》(Paul Guyer, *Kant and the Experience of Freedom*, 1993; *Knowledge, Reason and Taste*, 2008);劳拉·丹尼斯的论文《康德的美德概念》(Lara Denis, "Kant's Conception of Virtue", 2006);克里斯蒂娜·科斯嘉德的著作《创造目的之王国》(Christine Korsgaard,

Creating the Kingdom of Ends, 1996a);还有约翰·罗尔斯的《关于道德哲学历史的讲座》(John Rawls, *Lectures on the History of Moral Philosophy*, 2000);马克·蒂蒙斯编写的论文集《康德的道德形而上学》(Mark Timmons, *Kant's Metaphysics of Morals*, 2002)一书中包含了大量在这个话题上有价值的论文。

在优秀著作《权利的范围》(Judith Jarvis Thomson, *The Realm of Rights*, 1990)的第一章中,朱蒂丝·贾维斯·汤姆森为这样一种推论做了辩护:从一个关于"是"的主张中推出了另外一种相当于"应当"的东西。

在知识、证成性、证据和推论上,"内在主义的"解释和"外在主义的"解释之间的争论日益深入,积攒了大量的文献。一些近来高质量的文献收入在希拉里·科恩伯利斯编录的《知识论:内在主义与外在主义》一书中(Hilary Kornblith, *Epistemology: Internalism and Externalism*, 2001);以及劳伦斯·邦朱和厄内斯特·索萨编写的《知识论上的可证成性》(LaurenceBonJour, Ernest Sosa, *Epistemic Justification*, 2003)一书;关于推论知识的内在主义解释和外在主义解释的区分,本章所做出的刻画尤其受益于保罗·博格西昂的论文《客观知识上的理由是如何可能的?》(Paul Boghossian, "How Are Objective Epistemic Reasons Possible?", 2001)。

博格西昂在他的《盲目的推理》("Blind Reasoning", 2003)一文中认为,我们必须做出某种推论来把握某种概念,这些推论就是可证成的,因为这样做无可指摘。提摩西·威廉姆森在他的《理解与推理》(Timothy Williamson, "Understanding and Inference", 2003)一文中对此给出了正好相反的观点。

还有形形色色的推论主义观点,被解释过了,或者被辩护过了。其中包括威尔弗里德·塞拉斯的论文《推论和意义》(Wilfrid Sellars, "Inference and Meaning", 1953);哈特里·菲尔德的论文《逻辑,意义与概念的作用》(Hartry Field, Logic, "Meaning and Conceptual Role", 1977);吉尔伯特·哈尔曼的论文《逻辑常数的意义》(Gilbert Harman, "The Meaning of the Logical Constants", 1986)和著作《推理、意义和心智》(*Reasoning, Meaning and Mind*,1999a);克里斯托夫·皮科克的著作《概念的研究》(Christopher Peacocke, *A Study of Concepts*,1992);罗伯特·布兰顿的著作《明晰化》和《清楚的理由》(Robert Brandom, *Making It Explicit*, 1994, *Articulating Reasons*, 2000);还有保罗·霍维奇的《意义》(Paul Horwich, *Meaning*, 1998)一书。对一些具体的标准概念,菲利帕·福特在《道德论争》(Philippa Foot,"Moral Arguments", 1958)一文中给出了推论主义的解释;还有,拉尔夫·维基伍德的论文《道德术语的概念角色语义学》和著作《规范性的本质》(Ralph Wedgwood, "Conceptual Role Semantics for Moral Terms", 2001; *The Nature of Normativity*, 2007)。

6

溯因的道德知识

6.1 对最佳解释的道德推论

尽管这个立场并非无懈可击,但我们至少还有理由认为:从那些价值完全中立之为前提的演绎论证中,我们可以获得道德知识。但假设我们在以下这点上犯了错:你并不知道从"是"到"应当"的常规推论是有效的,甚至这类在概念上有强制性的推论并不存在。值得我们注意的是,即便像这样会引发争议的假设也还不足以迫使我们非要在直觉主义和彻底怀疑论之间选边站。因为,一根筋地坚持所有好的论证都必须有效,这就不对了。为了充分考察从"是"推出"应当"的可能性,我们需要开阔眼界。

吉尔伯特·哈尔曼(Gilbert Harman, 1977, 1984)和尼古拉斯·斯特金(Nicholas Sturgeon, 1984, 1986, 1995)就这个话题做过精深的讨论。哈尔曼虽然嘴上赞成非演绎论证的有效性及其知识论价值,但就其在证成道德信念方面的作用,他却表现出了怀疑主义。相反,斯特金声称非论证性推理(non-demonstrative reasoning)能够并且确实把道德知识提供给我们。为了评析这个问题,我们将从哈尔曼(1973)对推论之相关模式的描述开始,这个推论模式就是**对最佳解释的溯因或推论**(abduction or inference to the best expiaination)。

哈尔曼关于推论的理论旨在描述关于所有如此事实的知识,这些事实我们没法直接观察到、回忆起、反思及、直觉得或从以上种种中演绎出来。凡不能如此而知的事实,要确立之,就必须通过对以下这一点的裁定:要**最佳地解释**那些我们可以观察到、回忆起、反思及的事实,这些不能如此而知的事实就必须为真。

最佳解释推论的普遍性:对某人 S 来说,为了能够非演绎式推论地知道命题 q,则 S 必须在以下两种情况下才能为真:(a)他能够观察到、回忆起或反思及某些命题 $p_1 \cdots p_n$;以及(b)相对于其它任何竞争性提案,为了更好地解释 $p_1 \cdots p_n$,q 是必不可少的。[①]

比如,设想我看看地面就知道它是湿的。而且,设想我还知道"昨晚下过雨"是"地面湿"的最佳解释。这样,我就可以毫不迟疑地下结论说:昨晚下过雨。

1 地面是湿的。
2 "昨晚下过雨"是"地面湿"的最佳解释。
因此,
3 昨晚下雨了。

---

① 注意,哈尔曼认为,在起源和证成性上,很多被我们称之为知觉知识的东西就是推论性的(1973, ch. 11)。此外,哈尔曼坚持认为 S 推出 Q 与 S 对直接所知予以最佳解释是同时的,且 S 也必定推断出没有什么证据可以给他相信 Q 这件事所持的证成性"拆台",就此哈尔曼的"原则 Q"(1973, 151–154)让他在使思量这件事"拆台"上增加了敏感性。这里,我们不必纠结于这些复杂之处。

尽管我的论证前提并不蕴含我所由之得出的结论,但它们却无疑给了我足够充分的理由来相信这个结论。此外,按照哈尔曼(1973)的说法,只要结论及其依由的前提都成真——并且我真的相信没什么相矛盾或"拆台"("defeating")的证据——那么,我就已经获得了我的结论,作为推论性知识的结论。

现在,你也许想知道我是怎么知道前提(2)的。凭借着一个先验的直觉或理解,我就知道下过雨是我所看到的积水的最佳解释了?我能直接观察到、反思及或回忆起这种最佳解释的联系吗?如果不能,我就得诉诸某个论证来支持这个信念,而且,如果哈尔曼是正确的,那么对最佳解释同样也要采用某种论证形式。

所以(为了丰富我们的例子),如果与"地面湿是因为昨晚下过雨"这一解释唯一可媲美的是这样一个假设:邻近的一条小溪昨晚泛滥了。那么,哈尔曼(1999)就会说,我之所以知道(2)是因为我知道这两点:(a)比起它的竞争性说法,"昨晚下过雨"这一解释更简单、更明了、更稳妥地解释了地面积水;而且(b)比起那些没此等品性的理论所给出的解释来说,它提供了一个更简单、更明了、更稳妥的假定来更好地解释了我们的观察结果。

但是,是什么让我知道了(b)呢?如果我不能直接反思及、回忆起、观察到或直觉得它为真,我就得为(b)本身也提供一个好的溯因论证,以支持我对它的信念——而这个论证的前提也得是经证成才可信的。因此,如果我的立足点本身并非无懈可击,我关于(2)的知识就不得不在某一点再次进入到我的论理之中。我相信更简单、更稳妥的解释具有知识论上的优越性,大量相互关联着的论证和假设会支持这一信念——而这信念集(doxastic mass)的一小部分就包括了我的这样一个信念:"昨晚下过雨"的假设比"一条小溪泛滥过"的假设更好地解释了我所看到的积水,因为前者比后者更简单、更稳妥。

因此,我们可以看到,就哈尔曼对非演绎式推理知识及其证成的阐述而言,他接受了某种程度的"融贯论",并以此来反对怀疑论者在知识论上无穷回溯论证的径路。根据哈尔曼的阐述,就证成我对简明性等理论品性具有知识论上的价值这一信念来说,我对前提(2)的知识起到了重要作用;相应地,这些理论品性又有助于证成我对前提(2)的信念本身。对哈尔曼而言,这种相当迂回间接的循环是没啥问题的。

然而,对于我们业已讨论过的怀疑主义而言,哈尔曼虽然避开了那种更为普遍的皮浪式路线,但他却坚持认为,不能用溯因推理来获取具体的**道德**知识或业已证成了的信念。为什么呢?苛刻地讲,他似乎是从这样一个极弱的主张来得出该结论的:在不引证道德事实的情况下,总归**有可能**来解释我们那些非道德的观察结果的。我说了这是一种苛刻的讲法——哈尔曼不会真的这样想——因为欠定性(underdetermination)是每个溯因性推理都具有的特征。比如,对于解释我今天所观察到的路面积水来说,"昨晚下过雨"并不是逻辑上必须的、也不是概念上必须的,甚至不是物理上必须的;而在"可能性"的几乎全部意义上,我们业已讨论过的"溪水泛滥"这个替代性假设都是有可能的。按照哈尔曼自己的看法,我无须确定下过雨是对我现在所观所察的**惟一**解释,就可以合理地推断出昨晚下过雨——我只需确定它是个**最佳**解释。所以,到头来,哈尔曼必须摒弃由溯因推理来证成道德信念的可能性,因为他认为,对于那些我们通过观察而得知的非道德事实而言,道德假设从来都不必然地或不可或缺地构成对其的最佳解释(斯特金 Sturgeon,1984)。

瓦尔特·辛诺特-阿姆斯特朗(Walter Sinnott-Armstrong,2006)在最近对道德怀疑论的辩护中,支持了哈尔曼论证中对该问题的说明。按照辛诺特-阿姆斯特朗的说法,有些观察结果用某一种道德理论来解释比用另一种来得好,这样就让我们得以证成以下看法:比起第二种道德理论来,我们对第一种道德理论更确信。但是,对于所有可以用一个**积极正面的**道德假设来加以解释的观察结果——即,按照这个假设,某些人、行为或习俗是道德的而另一些是不道德的——就总会有一个替代性的、全然道德虚无主义的解释做得跟它一样好。因此,并不存在什么溯因性的根据来对道德信念提供出证成性,而它们正是构成"非对比性的"("non-contrastive")道德知识所需要的。①

对此论点,斯特金(1984)有个闻名的反例,这个例子来自伯纳德·德沃托(Bernard Devoto, 1942 / 2000)对"唐纳帮"(the Donner party)的叙述:前往加利福尼亚州的移民们在风雪交加中被困在锯齿山脉(Sierra Mountains)的高地。根据德沃托的叙述,准尉伍德沃斯(Midshipman Woodworth)通过游说而使自己负责该项救援行动,但他却**只是**白白浪费了本来足以挽救众多受困者的种种机会。那么,伍德沃斯为什么要花时间和精力来自行其事,而不是去组织一场有效的搜救呢?因为,德沃托写道,他"就不是什么好货"(442)。(照这样看来,)伍德沃斯应受道德谴责的行为源自于他的虚荣和怯懦——这些恶行构成了一种道德上可鄙的品性。

我们不难把德沃托的推理过程表达成一个对最佳解释的推理:

4 伍德沃斯没能迅速行动来营救唐纳帮。
5 相对于其他任何竞争性的假设,伍德沃斯是虚荣而怯懦的这一事实更好地解释了他的不作为。

因此,

6 伍德沃斯是虚荣而怯懦的。

---

① 哈尔曼的论证实际上比所描绘的要弱,因为他承认有些事实在解释我们的观察上并不发挥作用。他给出了这样的事实作为事例,这些事实涉及"一般美国人"所思所想。这些事实可以被认为是真正的事实,因为在某种意义上,它们"可还原为"其他事实,而正是那些事实解释了我们的观察。(就手边的例子而言,这些将是关于美国人个体之偏好的事实。)那么,正如哈尔曼所关注的,问题在于道德事实是否"可还原为"解释的事实,而且哈尔曼认为,对这个问题的回答目前尚不清楚(1977)。

但就此,德沃托是否就从"是"溯因性地推出了"应当"呢?这取决于(6)本身是不是一个道德事实。一旦德沃托从伍德沃斯弃救唐纳帮的行为中推论出他的虚荣和怯懦,那么他是否还需要更进一步的推理来得出"伍德沃斯不是什么好货"这一结论呢?他当然需要,因为设想"虚荣而怯懦的人从来不是什么好货"相当于不合情理地做了这样一个假设:两种恶劣的品性就把所有实质性的美德都排除在外了。

当然,可能"虚荣"和"怯懦"本身就是批评性用语;无疑,德沃托就意在如此使用它们。但难道就得把他的批评解析成品性上的**道德**了吗?设想一个虚荣而怯懦的人,正是因为他的这些缺点才避免了让他陷入真正不道德的境遇。那么,是不是可以说他虽虚荣而怯懦,但却依旧全然有德呢?

也许这是不可能的,因为虚荣与怯懦是(用汤姆森 Thomson 的话来说)人格中"造错(wrong-making)"的特性。并且,一个虚荣而怯懦的人或会力图无害于人,但这种可能性并不会妨碍虚荣和怯懦催化那些纵容此等恶行之人行为不德。至少可以这样认为:把握住**"虚荣"**和**"怯懦"**这两个概念,就把握住了德沃托知道前提(7)所需要的全部证成。

7　虚荣与怯懦是道德上可鄙的品性特征。

而这个附加前提会使得德沃托演绎出这样一个显而易见的道德命题:

8　伍德沃斯有一些道德上可鄙的品性特征。

当然,这还不至于达到德沃托的结论——伍德沃斯是个道德腐化的人;但无论如何,这确实是一个直接明了的道德结论。

既然伍德沃斯的不作为可为论证提供素材——而这场争辩的双方都接受最佳解释推论有知识论上的可信性——那么，我们接下来要做的就是把"伍德沃斯是虚荣而怯懦的"这个假设和"虚荣与怯懦是道德上的恶行"这个主张放在一道，加以考量。虚荣与怯懦是伍德沃斯不作为的**最佳**解释吗？面对斯特金的挑战，**霍布斯主义者的回应**(the Hobbesian response)是否定的，且否认前提(5)。依照霍布斯主义者的观点，完全可以用中性的批评术语来对伍德沃斯的不作为给出同样好的解释。

但就算我们假设霍布斯主义者的回应是不成功的——而且对于伍德沃斯的行为，我们无法构想出足够中性但价值相当的解释——我们还是得考虑虚荣与怯懦之为恶是否可由先验反思获知。**休谟主义者的策略**(the Humean strategy)对此给予了否定，认为：一个人需要相应的证成才能合理地得出结论：虚荣与怯懦是恶行，但掌握**虚荣**和**怯懦**这两个概念（起码在最初浅的意义上）却并不需要这样的证成性。因此，休谟主义者坚持认为，德沃托要想从"伍德沃斯是虚荣而怯懦的"这一知识中知道"伍德沃斯是不道德的"，他就必定对带道德意味的前提(7)有一个**后验的**证成信念。如果休谟他们没有错，那么(7)这一道德论断就不能从完全非道德的前提中推断出来。因此，德沃托下结论说伍德沃斯的品性不道德，这是从"应当"推出"应当"，而不是从"是"推出"应当"。

我们从霍布斯主义者的方案开始。正如斯特金所指出的，我们通常拿美德和恶行这对概念来描述和预测行为。"约翰是个懒人，所以他今晚出不了活儿。""比尔拒绝戴眼镜，因为他特虚荣。"[①]但

[①] 因此，我们可以将我们的美德和恶行的概念视为**常识心理学**(common-sense psychology)的一部分——这是这样一个框架，我们会试图努力地构建一个更为准确或严格的"科学的"心理学框架。这里，作为一种自然比较的是**民间物理学**(folk physics)——关于运动、物质和力的常识观点——正是它为亚里士多德和牛顿的科学的物理学先后提供了一个粗糙的基础——即便在许多情况下是系统错误的。关于此讨论可参看本书第三章，丘奇兰德(Churchland, 1981)和达米特(Dennett, 1987)。

是，美德和恶行同样也被用来区分出我们认为应该仿效的人（可亲正直之人）以及不该仿效的人（吝啬不义之人）。然而如前所述，霍布斯的策略是把这些功能撬分开来——通过对我们的品性特征做出严格中正的描述，而就像我们说到美德与恶行时的普通用语一样，这些描述具有同样的解释性能。① 那么举例来说，不引述伍德沃斯的用语——虚荣和怯懦，而代之以把伍德沃斯写成**通常倾向于先确保一己之舒泰、再顾及他人之痛痒**，以及他**性情所向于不惜一切代价、唯免危及自身**，德沃托就蛮可以预料到伍德沃斯不能成功救助唐纳帮一事。这样，如果一个霍布斯主义者总能提供出这样中性的刻画，他就可以驳倒前提（5）这一类的表述。比如，他可能这样主张：一旦伍德沃斯顺从了不惜一切代价、唯免危及自身的性情所向，他通常倾向于先确保一己之舒泰、再顾及他人之痛痒这一事实就解释了伍德沃斯为何没能迅速及时地解救唐纳帮，而且解释力跟"伍德沃斯是虚荣而怯懦的"这一假定不相上下。

但是，霍布斯主义者果真能成功地贯彻这一策略吗？好吧，以上我们代表霍布斯主义者们所提供出的对伍德沃斯行为的"中性"描述，可能并不能跟德沃托所提供的相媲美。一个人没有不惜代价唯险是避的性情所向，照样可以是怯懦的；同样，一个人习惯性地先人后己，照样可以是出于虚荣心而如此行为。（例如，哈丽特拒绝把一个逃亡的奴隶藏在自己的地下室，这可能归咎于她道德上的怯懦，纵然她经常杀死威胁到她孩子和家畜的蛇；列勃拉斯在化妆间不厌其烦地弄妆梳洗，这可能是出于虚荣，纵然他总是先照顾好往

---

① 的确，霍布斯认为，"懦弱"和"虚荣"之类的术语与其道德中立的对应者之间唯一真正的区别是心理上的或**表达性的**（1650，§6）。人物的一个性格特征——**荣耀**（gol-ry）——被那些不喜欢它的人称为"骄傲"而被那些喜欢它的人称为"纯粹的自我评价"（即适当的自尊）；同时，"与荣耀相反"的人物特征被不喜欢它的人称为"闷骚"而被那些喜欢它的人称为"谦卑"。关于此点同样可以参见史蒂文森（Stevenson, 1944, ch. 3）和黑尔（Hare, 1963, 21-29），而关于更加微妙的厚道德概念的"双因素（two-factor）"说明可参见布莱克本（Blackburn, 1984）。

来的宾客。)如果是这么回事,在对伍德沃斯未来行为的预测上,我们所给出的霍布斯主义者的道德中性假定就已经偏离德沃托充满道德意味的假定了——在此意义上,德沃托的解释就更合情合理(麦克道尔 McDowell,1979,1985)。当然,科学心理学可能会最终实现霍布斯的雄心壮志——对于人类行为,它能给出具有更高可预测性、更强解释力的表述,而在这些方面,日常思考用美德理论的术语所做出的阐释就会相形见绌。或者,对我们行为最具预测性和解释力的表述可能会完全避开品格特性(Doris,1998,2002;Harman,1996,2006)。但就研究的现状来看,目前还没有强有力的理由让我们相信什么是未来将要发生的(欲了解其它批判,请参阅 Flanagan,1993;Sreenivasan,2002;参见 Kamtekar,2004)。预言科学心理学所假定的未来图景是愚蠢的。①

不可否认,美德与恶行之类的事实**随附于**(supervene)严格中性的事实,这一点是相当清楚的(Kim,1984,1992),因为如果总体上,宇宙的基础物理状态没有什么变化;个别上,这个人的神经系统也没有什么变化,那么他的特性也不可能有什么变化。但是,话又说回来,经济学也在这个意义上随附于物理学,因为如果宇宙的基本粒子、场、力在位置和性质上没有什么变化,经济也就不可能有什

---

① 多瑞斯和哈曼坚持要从环境决定论来反对美德理论的心理学。一系列的实验似乎表明,我们的行为不是由我们的角色或个性的稳定特征所决定的,而是由心情、外部压力和"情境"(在其中我们得以发现自身)的其他特征所激发的。参见伊森与莱文(Isen and Levin,1972)、达利与巴特森(Darley and Batson,1973)、米尔格拉姆(Milgram,1974)以及罗斯与尼斯贝特(Ross and Nisbett,1991)。然而,这里有这样一个意味:对我们目前所关注的问题而言,情境主义对美德理论的批判是外围的。正如情境主义者所承认的,我们可以保留对特定行为的美德理论上的厚解释,即便我们放弃了这样的假设:我们所设定的动机将持续并决定着行动者在大范围后续情境下的行为。(关于该承认可参见例如多瑞斯 [Doris,1998,514] 和哈尔曼 [Harman,1999b,327 - 328]。)换句话说,斯特金可以退回到这样的主张:通过某种溯因,德沃托知道,伍德沃斯的不作为是由一时间的(也许是短暂的)虚荣和怯懦所激发的。(虽然这会暗暗破坏德沃托后来的结论,即伍德沃斯就不是什么好货。)

么变化。那这难道就意味着一种自由放任主义的错误的监管政策就不能是一场经济崩溃的最佳解释了吗？通过转向基础物理学的种种观念，难道我们就总能更好地解释经济萧条了吗？当然不是！前面那场斯特金与霍布斯主义者各执一词的争论关涉这样一个问题：对**心理学**解释最好且最具预测力的特有形式而言，我们关于美德与恶行的观念能发挥多大的作用。而且在这里，霍布斯们想要普遍地对人类行为加以充分解释而不借助倾向严重的概念，这一点是得不到任何先验保证的。①

那么，休谟主义者又会如何应对斯特金的论证呢？休谟反对霍布斯那种以一套中性术语来取代美德理论术语的野心雄图。但他也主张，我们不能用斯特金所建议的方式从"是"推出"应当"。为什么呢？让我们这样假设：我们真正好奇的是伍德沃斯为什么不去营救唐纳帮。倘若果真如此，那德沃托关于伍德沃斯就不是什么好货的假定就向我们提供了某种解释。（比方说，它可以让我们排除下面的假定：伍德沃斯为唐纳帮的事投入了真诚的努力，却由于天气原因或别的救援者胜任不了而功亏一篑。）而且，当德沃托更为详尽地断言"伍德沃斯是虚荣而怯懦的"，这一断言所增加的具体性和解释力就**更好**地解释了伍德沃斯的不作为。伍德沃斯的虚荣"倒推出(retrodicts)"(Dennit, 1987)他在满足自我上花费了过多的时间，而他的怯懦则解释了他为什么从没想到要亲自发起冲锋、进军危险的山隘。相反，如果伍德沃斯救援唐纳帮只是为了洗劫和折磨他们，那么他的行为虽然依旧可以（部分地）被解读为他不是什么好货，但构成最佳解释的核心部分就不是虚荣与怯懦，而是贪婪与残忍了。而这对于斯特金来说就意味着：在对最佳解释的推论中，我们不能将我们的信念直接建基于伍德沃斯的**不德**或**坏恶**(immorali-

---

① 关于怎样高水平的因果解释可以与随附性相一致的问题，一个有影响力的模型可参看亚布罗(Yablo, 1992 and 2003)；而关于规范性领域，新近的应用可参看威基伍德(Wedgwood, 2007, 192 – 199)。

ty or badness)之上。如果我们避开太抽象的、缺乏实际内容的或**薄**(thin)的假定(比如"伍德沃斯是个坏人"),而代之以更具体的、更有实际内容的、**更厚**(thicker)的假定(比如"伍德沃斯是个自私的人),我们就会得到一个更好的解释。在解释力上,道德薄概念不如厚概念。①

然而,情况总归如此吗?在援引一位历史学家的看法时,斯特金暗示他对此不以为然:那位历史学家声称,对奴隶制的强烈道德抗议兴起于十八、十九世纪的北美地区,只是因为奴隶制在当时比先前要恶劣得多、在当地比在南美要恶劣得多(参见米勒 Miller, 1985)。一旦我们描述奴隶制在当时当地怎样地更加暴虐难忍,**这种方式**更好地解释了废奴运动的兴起,但这样一来岂不就牺牲掉了某种一般性?

所以,让我们来这样假设:即便德沃托直接将这一点作为了伍德沃斯不作为的最佳解释,其实他也并不能知道"伍德沃斯是不道德的"。那么,德沃托是如何获知这个"薄的"道德事实的呢?根据典型的理性主义观点,自私、怯懦、虚荣之为不道德只能通过"冷静的"理解(understanding)来获知,因为我们对这些特征及表现出这些特征的行动之为不道德的知识,是一种非推论性的先验的道德知识。但以休谟的经验主义见解来看,这是错的。我们之所以可证成

---

① 关于"厚""薄"概念及其解释的讨论可参看威廉斯(Williams, 1985);舍夫勒(Scheffler, 1987);布莱克本(Blackburn, 1992);吉巴德(Gibbard, 1992a, b, 2003);麦克道尔(McDowell, 1998);穆里根(Mulligan, 1998);塔伯里特(Tappolet, 2004)和高蒂(Goldie, 2009)。虽然,我追随着威廉斯将厚度相当于信息性或特异性,但是布莱克本(至少)可能想要做出不同的区别,因为他经常使用"瘦"来指示纯粹描述性的谓词并用"厚"来指示谓词,正是这些谓词编码了说话者关于行动及其所应对之人的(积极的或消极的)感受。其他理论家貌似建立了他们对"厚"的定义,结合着评价性的和描述性的成分,或者甚至是理论上的主张,即厚概念的评价性和描述性的成分不能彼此"摆脱纠缠"。因为在很大程度上,"厚"是在技术意义上为威廉斯所用的,所以该事实对其解释具有相对较少的证据关系。然而,一些厚概念肯定会证明比其他更有用,并且通过增加意义,哲学共同体才会冒沟通不畅的风险去沟通。(这可是破天荒头一遭呀!)

地相信自私是一种恶行,是因为一旦我们考虑到自私的行为如何影响着自私者本人以及他周遭的朋友、同事和同胞时,我们就经验到一种强烈的不赞同。倘若我们没有这些经验,我们对于自私之为恶行的信念要么就全无根由,要么就是由他人的证词衍生出来的。

的确,我们对所谓的"僧侣"美德有一个精确的定位。有些休谟的同代人认为,克己之为美德与骄傲之为恶行是全然自明的。然而休谟论证说,把骄傲视作恶行的论点甚至都不真确,更遑论这种观点仅仅是通过理解而得知的了(1729 - 40/2000)。休谟声称,实际上,因为清教徒对克己之为美德的信念并无必要的经验根据,所以克己就缺乏我们在同等意义上谈及善良和勇气时所拥有的那种经验主义的基本证成性。我们在禁欲者身旁不会感到惬意,极端的克己也不会给践履苦行的人带来快乐。克己这一品性之所以被认为是一种美德,我们另需解释。而且休谟还乐意打赌,对此的确切解释将会揭穿它的真相。当一位清教徒明白了他为什么认为纵情歌舞、宴饮行乐是错的时,他就不再会有这种确定的信仰了。

总之,除非德沃托从"伍德沃斯是虚荣的"推出了"伍德沃斯在某种意义上是不道德的",否则他就不能从"是"中推出"应当"——而"虚荣是不道德的"这一点却既不能从定义上为真,也不能先验地为其所知。这样的话,除非德沃托对伍德沃斯的虚荣与怯懦之为道德恶行有一个明确的证成了的信念,否则他就不能通过对最佳解释的推论来得出"伍德沃斯在道德上有缺陷"这一特定的道德知识了。现下,斯特金也许会主张,德沃托对上述特质之为不道德的信念所做出的证成将会采取对最佳解释的另一种推论形式。① 但这在心理学上就行不通。当然,作为道德理论家,我们会去探究诸如虚荣、自私、残忍、违逆、好色等的自然本质。我们因着不义和残忍是恶的,所以判决虚荣也确实是一种恶行——比起违逆、好色这些似是而非

---

① 斯特金(2002)对融贯论的赞同就是暗示于此了。

的"恶行",在相关性上,虚荣更类似于不义和残忍这些核心的道德恶行。(我们暂时不考虑我们怎么知道残忍和不义本身是恶的这一点。)但这肯定不是德沃托为达到他的结论所采取的径路。倘若德沃托不会仅仅基于证词就简单地接受虚荣和怯懦是恶行,而休谟的观点(认为纯粹的先验反思并不能达及这个结论)是对的,那么在此,德沃托就必须依赖于他的经验,而这些经验就受到了持有或表现出这些品性特征之人的影响。一言以蔽之,对于说明哲学家和心理学家所掌握的反思性或理论性的道德知识,融贯论者对无穷回溯论证的回应可能会有所助益,但对于基础性的道德知识(比如德沃托在论及唐纳帮惨剧时所表达的那种),它却给不出什么合理的解释。

6.2 本章总结

依斯特金之见,通过把怯懦、虚荣及其它恶行看作是对恶劣行为的最佳解释,我们就能够推出这些恶行的存在。而作为回应,哈尔曼和霍布斯则论证,对人类行为的最佳解释应当完全回避品性特征,或用价值中立的概念取代我们平常有关美德与恶行的概念。这场争论大概在科学心理学的径路中才能得到平息了。

休谟主义者认为,在对行动的最佳解释中,我们平常使用的虚荣、怯懦、勇气、仁慈等诸概念将继续起作用。但他坚称,要从这些厚的评价性概念所构建起来的前提中推出一个相对薄的判定来关乎一个行动之为道德或不德,这在本质上必然总是后验的。如果对那些为虚荣和怯懦所害者的遭际没有恰当的情感反应,对虚荣与怯懦之为恶的信念就要么是无源之水,要么仅仅不过是建立在证词之上罢了。未经增强的溯因推理不能生产出真正的道德知识。

6.3 拓展阅读

哈尔曼在许多著作和论文中对最佳解释推理做出了描述与辩护,包括《思想》(Harman, *Thought*, 1973)和《推理、意义与心灵》(*Reasoning, Meaning, and Mind*, 1999a)。另外,他还在《道德的本质》(*The Nature of Morality*, 1977)一书中论证了用这种方式既无法得到道德知识,也无法得到经证成了的道德信念。在乔纳森·沃格尔《笛卡尔式的怀疑论与最佳解释推理》(Jonathan Vogel, "Cartesian Skepticism and Inference to the Best Explanation", 1990)一文中,把溯因推理放在对怀疑论的忧虑(怀疑论相关话题请参见本书第四章第一节)中加以研究。

斯特金在以下几篇文章中对溯因的道德知识进行了著名辩护:《道德解释》(Sturgeon, "Moral Explanations", 1984)、《哈尔曼论自然事实的道德解释》("Harman on Moral Explanations of Natural Facts", 1986)、《恶与解释》("Evil and Explanation", 1995)。哈尔曼则在《存在一种单一的真道德吗?》("Is There a Single True Morality?", 1984)一文中重申了他的怀疑。瓦尔特·赛诺特-阿姆斯特朗的《道德怀疑论》(Walter Sinott-Armstrong, *Moral Skepticisms*, 2006)支持了一种哈尔曼论证的改良版。

霍布斯在《人的本质或政体的基础要素》一书(Hobbes, *Human Nature or the Fundamental Elements of Polity*, 1650)中将关于美德与恶行的术语界定为既包含着一种中性内核又包含着使用者情感态度的语词。所谓的"表达论者"(expressivists)经常采取类似的策略。此类分析中,最具影响力的还有如下文献:查尔斯·史蒂文森《伦理学与语言》和《事实与价值》(Charles L. Stevenson, *Ethics and Language*, 1944; *Facts and Values*, 1963);黑尔《自由与理性》(R. M. Hare, *Freedom and Reason*, 1963);西蒙·布莱克本《传播语词》

(Simon Blackburn, *Spreading the Word*, 1984);阿兰·吉巴德《智慧之选,敏锐之感》(Allan Gibbard, *Wise Choices, Apt Feelings*, 1990)。约翰·麦克道尔则在《心灵、价值与实在》(John Mc Dowell, *Mind, Value, and Reality*, 1998)一书中作出了反对该策略的论证。

对于品性特征的存在,很多理论家都有过或支持或反对的论述。持攻击意见的,有如下文献:约翰·多瑞斯《个人、情境与美德伦理学》一文(John Doris, "Persons, Situations and Virtue Ethics", 1998)与《品格的缺失》一书(*Lack of Character*, 2002);哈尔曼《当道德哲学遇上社会心理学》("Moral Philosophy Meets Social Psychology", 1996b)一文。而为之辩护的文献则包括:纳斯卡·叶塞尼休伊斯的《回应哈尔曼:德性伦理学与品格特性》一文(Nafsika Athanassoulis, "A Response to Harman: Virtue Ethics and Character Traits", 2000);戈帕尔·斯瑞尼瓦桑的《错误之误》一文(Gopal Sreenivasan, "Errors about Errors", 2002);以及蕾哈娜·康迪卡的《有关品性的情境主义与美德伦理学》一文(Rachana Kamtekar, "Situationism and Virtue Ethics on the Content of Character", 2004)。激起这场争论的是的欧文·弗拉纳根的《道德人格的多样性》一书(Owen Flanagan, *Varieties of Moral Personality*, 1993)。

7

道德判断的可靠性

7.1 道德概念的获得及客观性的运用

当你的道德信念为推理所支持时,面对质疑,你往往就能用你的前提来为自己的结论辩护。如果有人声称克里克尔没做不道德的事,科波菲尔便会指出那些胖学生的遭际,并不奏效的鞭打及其带来的屈辱。如果有人在萨达姆行为不道德这件事上质疑你的信念,你同样能用事之事实来加以回应:库尔德人并不构成实际的威胁;化学武器为国际条约所禁止;死亡与毁灭应予以避免,诸如此类。

有时,真正非推论性的知识能用同样的方式来辩护。通过简单的内省,你知道你在疼。但如果有人质疑你的信念,你能指着一张核磁共振片(MRI)或 X 光片作为损伤的证明。(你说:"瞧!你可以看到脊椎上的裂纹,它压到了神经!我是真的疼!")然而,这种客观性证明并非现成可得时,我们又能做什么呢?有人指控你患有疑病症,而你能做的就是笨拙地宣称你真的疼。对话充满了不信任与武断。

怀疑论者辩称,你并不知道毒杀库尔德人时萨达姆行为不道德;鞭打学生时克里克尔行为不道德;欺骗投资者时麦道夫行为不道德;蒙骗妻子召妓时斯皮策行为不道德,诸如此类。作为回应,直觉主义者凭借着将其主张认定为非推论式证成的信念而认为:即便这里所描述的信念并不是关于具体行为之为不道德的信念,但这些行为的不道德性也能从对道德原则(它们复杂但相当普遍)的信念中演绎出来。

如果直觉主义者的道德信念是非推论式被证成的,但他还能运用论证来为它们辩护,能借助这些论证的前提来回应怀疑论者的质疑。(我们将之比较于:他提供 X 光片或磁共振片来证明某人并非无病呻吟或无端大发牢骚。)然而,一旦问题中的论证,或缺失,或说不清道不明时,我们又能说什么呢?仅仅坚称一个人思量之下确实知道道德主张(通过"反思"或"直觉"而得知),这显然并不能令人满意。

事实上,看起来至少有两种方式避免独断论的指责(产生这种指责的境况我们之前已经有所描述了)。这粗略地回应了吉姆·普赖尔(Jim Pryor)所谓的"温和的(modest)"和"激进的(ambitious)"反怀疑论方案。激进的方案终结于我们向怀疑论者成功地证明了存在道德知识或能充分证成的道德信念。如果怀疑论者不接受任何道德性内容作为前提,并拒绝所有从"是"到"应当"的推论(认为它们都是站不住脚的),那么激进的反怀疑论者再努力,画面看起来也都相当苍白无力。

不过,留给我们的还有普赖尔反怀疑论的温和方案:通过理性或合理的方式来捍卫我们的道德知识免于怀疑论者的质疑,以便可证成地保守我们的道德信念。当评估这种诉求更为温和的图景时,首先要提到的是:温和方案并不能以任何直接的方式简化为激进方案,尽管怀疑论者所期望的正好相反。不能说所有论证都有前提,而且也不能说所有论证都运用或符合这种或那种的推论规则。所以不足为奇的是,有些怀疑论者拒绝所有可规范或可评估的前提,或者拒绝所有从中立前提达及道德结论的推论,而试图与这样的怀疑论者善意论辩的结果必然以武断或沉默收场。但是,如果我们合理地保守着我们对道德知识的信念,而怀疑论者却质疑和否定它,哪里又规定了我们必须说服这样的怀疑论者呢?在缺少有效的论证来反对道德信念存在的情况下,为什么就不能合理地保守我们对它的确信呢?也就是说,为什么论证的责任是担在我们自己的肩上而不是担在怀疑论者的肩上呢?(Williams, 2001, 2004)

注意,在这件事上定位了论证的责任,我们并非想说,仅当怀疑论者能够说服我们没什么道德知识存在时,他才能证成他的质疑和否定。就存在道德知识这一信念而言,即便没有一种奇特的怀疑论论证来反对该信念的真实性或证成性,我们所要做的始终都是对保守它加以证成。也就是说,至少在最初的时候,就论争双方各自的信念和怀疑而言,我们对它们是否能各自证成都保持着开放。(尽管我们会质疑:一旦怀疑论者暴露于我们所做出的有效反驳下,他们能否理性地抵制住采纳道德信念。)确实,这正是我们在之前的章节中(讨论虚无主义和知识论上的怀疑主义时)所探求的策略,而我们所得到的看法尽管融贯却消极。关于道德判断的强内在主义并非日常思考所特有的,而弱内在主义又似乎兼容于事实。从"是"到"应当"有通常的推论,在知识论上,它就可以被认作为相当于推论的可靠形式。日常思考承认那类非推论性的证成信念,并且承认:并没有显而易见的理由来解释为什么要在道德通则中否认某个信念的成员资格。在此阶段的研究中,我们对道德知识的信念即便不可论证,但看起来还是可辩护的。

但我们能正当地以此方式将论证的责任转移到怀疑论者的肩上吗?我们能合理地施行反怀疑论者的温和方案而不带着它更激进的近亲吗?在这点上,我们可以设想一个浪漫派诗人,他自己相信不可见的小精灵,并看我们敢不敢去证明小精灵们不存在。甚至可以假设,他能有效地破坏我们证明的努力,那我们还能把他的信念作为荒谬的东西来理性地加以批判吗?如何从他孩子气的幻想中分辨出我们的道德信念呢?证成性等等在信念中被我们看重的许多东西就不需要**积极明确的**(positive)支持了吗?

恰恰在这一点上,一场关于道德概念和道德最基本信念之起源的讨论才开始找到了自己的方向(Goldman, 1988b),因为对不同命题的信念并不产生所需要的积极明确的支持,而是在我们所相信的原初命题上给出了一个非循环的论证。我们所设想的主体是如何获得并保守了他对小精灵之信念的呢?此信念的真实性与可靠性产生于关于小精灵存在的融贯概念,但有没有这样的融贯概念来支持理论家对此信念的确信呢?如果没有,那么尽管此信念可能源自对神话的爱好(这一点无可厚非),但我们(作为理论家们)还是会被证成出这样一个结论:一旦要评价某人的心智结构,就缺少很多我们想要的积极明确的东西。我们很容易看到,没人知道小精灵的存在。精灵的信念几乎总是既缺乏论证的支持,又没有可靠或可信的认知来源。

因此,为了维护我们最基本的道德信念免遭怀疑论者的攻击,我们貌似需要对我们的道德判断做出某种因果性或描述性的解释。怎样才能去持守那些我们极确信的道德信念呢?如果这样的过程并不总能提供给我们某些前提来维护我们的信念免遭指摘,那它是否仍然能为我们提供一种**可靠的**方式来判断这样做就对而那样做就错呢?关于道德发展的心理学尽管涉猎繁浩,但通过对其最粗略的勾画,我们多少试着解答这些问题。

正如我们一开始所提及的,我们试图检验一些不同种类的道德判断。它们包括关于人、习俗或行动——哪些是道德上好的哪些是坏的、哪些是高尚的哪些是邪恶的、哪些是道德上正确的哪些是错误的。我们将我们的解释集中在评价这样一些行动上,它们影响着他人的幸福或良好生活(well-being),这并非因为评价的概念比其他道德概念更重要,而是因为关注他人的苦难比关注诸如公正与平等的道义现象要早得多(Davidson、Turiel 和 Black,1983)。①

那就让我们以此开始:假设我们正在考察这样一个儿童,他已经学会了以一种有所偏颇且不太对的方式来区分(对他来说)什么是好的、什么是不好的。(审慎思考的原因学完全需要再写一本书。)倘若他要形成特定的**道德**信念,那他还需要什么呢?而且,被我判定为坏的东西根本不必在道德上判定为坏的或不道德的。首先,我所思考的是要使我的良好生活减损最少(以我所知道的道德上所允许的方式),因为如此行动对余下部分产生的影响远远好过于其他可能行动所产生的影响。如1.3节所述,这里要考虑的是一个自私的人,当他想要保护鞋子而忽略一个小孩正在浅水区溺水时,他没能按照他所知道的道德上的"应当"来行动。可能他的良好生活不会因救援而有所减损,但他明确地**认为**这会带来减损。就此缘由(还有其他),完全的利己主义的思考和判断还不是道德上的思考和判断。若以道德的方式思考,一个儿童必定有能力去考量什么对其他人是好的或什么能服务于他们的目的和计划,而这些目的和计划有时会与他自己的相冲突。②

---

① 还可参看海德特和别尔克伦德(2008)一书对海德特等人(2007)一书的引用和讨论。注意,评价性概念在发展上的优先性并不表明它们更重要,也不表明相反情况。即便劳伦斯·科尔伯格(Lawrence Kohlberg, 1971, 1976)借着发展演替的事实来主张,道义思考优于评价思考——并且,当两者发生冲突时,道义思考有着更大的权威性——但甚至最激进的科尔伯格主义者也会避免**直接**从演替去主张更大的权威性或重要性。相反,科尔伯格(1973)关于道义论的论证也援引了这样所谓的事实,即处于后期发展阶段的人,比起更加功效主义的思维方式,他们更喜欢他们的(所谓道义的)思维方式;以及,这样所谓的事实,即"哲学家们"发现,比起功效主义的道德理论,道义的道德理论更具辩护性。

② 这里可参看布莱恩·莱特(Brian Leiter, 2002),他就指责这种主张是在对尼采的道德理论找茬。虽然在很大程度上,关键在于术语,但是我认为,我们在这里就不去找茬,因为尼采认为自己放弃(或用他的话,"超越")了独特的道德评价术语而赞成一个替代性的评价框架,这一点是正确的。关于支持该立场的论证可参看弗兰克纳(Frankena, 1967)。

关涉他人的这种审慎认知能力的最基本形式通常出现在幼年时期，像正常两岁大的儿童就能以大略恰当的方式来对其他人和动物的痛苦做出反应（Simner，1971；Zahn-Waxler and Radke-Yarrow，1982）。确实，一直以来我们都知道，新生的婴儿听到其他婴儿哭时也会哭，他们会模仿所看到的悲伤或开心的面容，甚至早在两岁之前，他们就展现出了情绪敏感性的类似形式（Meltzoff and Gopnik，1993；Gordon，1995；Hauser，2006）。

事实上，情绪表达的一些形式貌似是非习得性的或本质规定的。如社会学家威尔逊（James Q. Wilson）所述：

> 尽管婴儿出生时眼睛闭着，从未见过微笑，但他们仍然会微笑；尽管婴儿出生时眼盲耳聋，从未听过谁开怀大笑，但他们仍然会在玩耍中开怀大笑；尽管从未见过谁生气时的皱眉，他们生气时也会皱眉。（1993，7；引用和讨论自弗洛诺维斯 Filonowicz，2008，207）

但是，肯定涉他情绪的自发性并不意味着否定其可塑性。当儿童看着照料人的笑脸或是怒脸来决定做什么不做什么时，"社会参照（social referencing）"就立刻出现了。（科林尼特等 linnert et al.，1987；沃克-安德鲁斯 Walker-Andrews，1998）儿童在感受到其他人难过时自己就变得难过起来——尽心尽责的父母在看到他们的孩子如此反应时，就会用自己的悲伤面容来强化它。而当儿童做出攻击性行为并厌恶地看待所有亲切的表现时，嗜杀成性的父母就会压制他孩子的同感心而代之以笑容。因此，从一开始就把儿童的情绪倾向一股脑地解构为先天内在的和后天习得的，这样做是极不得当的。

同样在这早期阶段，我们可以观察到儿童们会尝试着互相帮助和安慰。例如马丁·霍夫曼（Martin Hoffman）描述了一个十个月大的孩子看到另一个孩子处于痛苦中时,看起来也充满悲伤并把脸埋在母亲大腿上;一岁大的孩子会用手领着自己的母亲去安抚在房间中哭泣的婴儿。(霍夫曼感兴趣的是,一个儿童何时并如何开始领会到自己的母亲更能满足那个儿童所欲求的帮助的。)当然,儿童能以一种冷静或纯粹智性上的方式来设想他人的逆境和顺境,也能换位去想象其中的伤害与好处。例如,以一种不带情感的方式,他就能推断被他踩到了尾巴而发出尖叫的猫正经历着疼痛。或者他会继续设想事情对这只猫来说是什么样的,并且为他所引起的疼痛感到沮丧。再则,不考虑休谟主义者相反的论证,我们就能认可,仅仅知道猫的痛苦遭受就足以促使这个孩子有所行动;而且我们也能认可,即便这个孩子是间接经验到这只猫的不痛快的,但他规避引起此种痛苦的可能性还是大大增加了。

尽管如此,审慎思考弥补了道德关怀这件事还有第二种面向。龙卷风、瘟疫和气候造成的饥荒不仅仅对我很坏,而且几乎对所有人都不好。但正如哲学家一直以来所指出的,自然灾难并不是道德上坏的或错的。以休谟为证:

> 正是意愿或选择决定了一个人去杀他父母。正是物质与运动的定律决定了一株小橡树苗会摧毁那棵它由以生长的母橡树。因此在这里,同样的关系却有不同的原因,但这些关系仍然是相同的;但在这两种情形下,对这些关系的发现并不都伴有不道德的观念,既然如此,那么结果是,如此的发现并不产生如此的观念……很明显,当我们赞扬任何行动时,我们只考虑发生行为的那些动机,并把那些行为只认作为心智和情绪中特定原则的迹象或症候。(1739-40/2000, 3.1.1.24-3.2.1.1 [SBN 466-77])

如果儿童因为小橡树杀死了它的母橡树而说这棵小树是"忘恩负义

的"、"卑鄙的"或"不道德的",那他定是搞混了。而且,如果这孩子说使家摇晃起来的飓风是"道德败坏的"、"恶毒的"或"残忍的",那么我也会说他搞混了。但儿童混淆了什么呢?对他家的破坏肯定对其有害。的确,所有这样的影响都会是坏的。那么,为什么就不能把这样的坏看成不道德的呢?答案显而易见:如果这是**有意向的行动者**(intentional agent)所行的结果,那么这行动或事件才能是不道德的(Nichols, 2004; Hauser, 2006)。

然而,儿童是如何将无生命系统的无意向行为区别于人和动物的有意向行为的呢?证明的作用就举足轻重了。但是,关于这个问题的文献包含着两类附加的建议。第一,儿童会像一位年轻的科学家那样,以一种推理的方式来弄清心智活动是否把最佳解释提供给了他所观察到的行为事件或行为模式。就眼下这一事例而言,如果对这个现象揭示出一个更好更纯的机械论上的解释,他就会运用推论的方式来弄清房屋的摇晃并非出自心智主体的行为。第二,以一种合乎理性且富有成效的方式,儿童会运用他们的想象力来达及同样的结论。实际上,经过尝试却无法设想出他被这样撕成了碎片的家如何才能是由某个人破坏出来的,孩子就会弄清破坏他家的原因完全与意识无关,是天气把他的家撕成了碎片。尽管用这样一种过度理性的方式来描述这一过程会有些风险,但我们可以把这个孩子看成在这样自问:"飓风长什么样,谁让他这样做的?"并且当他发现没有确定回答时,他就会这样总结:这个风暴本身并不具有智能,也不是由智能所导致的。当然,从某些人类学家和思想史家的角度来看,如果我们断定"原始"①人对自然有着完全浪漫化人格化的视角,那么我们就得给成年人承袭了现代性这一点提出更多的支持和证据。如果你放任孩子自己的视角,可能大部分的儿童都会把风暴

---

① "原始":首先这里的原始人是去掉引号的原始人,也是加引号的原始人即儿童。所以后半句强调了承袭着现代性的成年人。以这一语双关的原始人,作者所补充的文献给出了两种附加建议,揭示出了该问题更为复杂而有意思的面向。(译者注)

看成是有意向的行动者。

现下有多种多样的解释来说明我们是怎么通过话语推理(discursive inference)和富有想象的模拟来知道他心的,并且比较起来,有些还有点像那么回事。但目前的情况是,对我们到底是怎么知道他心的这个问题仍然争论不休:**理论主义者们**(theory theorists)强调话语推理的地位,而**模拟理论者们**(simulation theorists)则关注想象力投射所起的作用(Davies and Stone, 1995; Carruthers and Smith, 1996; Malle, Moses, and Baldwin, 2001)。[①] 眼下,我们只能如此备注:就知道(或相信)他心存在及其有所特征这一点而言,模拟和纯粹话语推理**都是**相当常见的,而比起理论主义者们所描述的完全智性上的运作,那种被模拟理论家们所假定的想象过程也许更直接地关联于那些涉他行为。

现在,评估道德概念的极简主义观点会认为:对于道德思考而言,最为严格的东西莫过于作为利害来源的心智敏感性,这种敏感性以未经开化的粗砺形式显著地在很多婴儿身上呈现出来。例如,研究人员给蹒跚学步的儿童一台电脑,可以显示特定的几何形状来帮助完成一项任务(如帮助一个人爬斜坡),也可以显示其他几何形状来阻止任务的完成(如阻碍攀爬)。这些儿童情愿选择与帮助形状相类似的东西,而不愿选择与阻碍形状相类似的东西——他们展示出了帮助特性的显著偏好。(Hamlin, Wynn, and Bloom, 2007)。

然而,把道德思考全部归因于这样一些人,他们把不道德限定为有意向之行动者的种种行动,对这类极简主义的观点,可能存在着几种不满:首先,我们大部分人认为,即便当非人类动物(或者,非灵长类动物)有意伤害他人时,我们也不能从道德角度给予相应的

---

① 关于神经系统的实例或者对这些步骤的实现都还有大量实质性的工作(Frith and Frith, 1999),而模拟理论家专注于"镜像神经元"的作用这件事,亦是如此。关于提到它们与道德之间相关性的话题,新近的哲学讨论可参看高曼(Goldman, 2006)。

批判。① 倘若一个孩子目睹了老虎袭击驯兽员,如果他的反应是把这个老虎或其行为称为"卑鄙的"进而"不道德的",那这是他没有充分掌握道德评价方式的佐证吗? 他的思考就好像一列火车,从老虎的"恶意"站开到"恶毒"站、开到"残忍"站、开到"不道德"站,那我们应当敦促这孩子在哪一站下车呢?

我调查过的多数成年人一上来就都认为从道德角度评价非人类动物显然没什么意义,即便有人把这种论点限定在智力比海豚低的生物上,但还会有许多人用美德论理词来描述所谓的"更低等的"动物,这些词是我们用以区分道德和非道德之间模糊边界的。当然,普通人坚持认为有懒惰的狗和贪吃的猫。但是,一只被驯养了的猫真的会是残忍的吗? 倘若如此,如何把它玩弄猎物时所显示出的那种残忍区别于真正不道德意义上的残忍呢?

通过处理迈克尔·齐默曼(1988)所谓的满足**道德可评价性**(moral appraisability)的必需条件,那些试着解释为什么不能从道德角度评价非人类动物的哲学家通常会引用对差异的两种相关考虑,第一个假定为道德判断提供了**认知条件**(epistemic condition)(Feinberg, 1986, 269 – 315; Haji, 1998, 172 – 174),第二个则提供了**动机条件**(motivational condition)(Frankfurt, 1971; Watson, 1975; Wolf, 1990; Fischer and Ravizza, 1998;以及 Yaffe, 1999)。当我们认为非人类动物因为缺乏任何对错**意识**(awareness)所以不能被称为不道德时,我们就在道德评价上强加了一个认知条件;同样地,当我们因为它们缺乏某种**自控**(self-control)来协调其行为,使其保持与意识的一致,所以就把它们踢出了道德评价的范围时,我们就强加了一个动机条件。没有种种道德观念或(其所声称的)自控,一个行动者就不能被称为不道德的。

---

① 它们能被归因为美德或者被描述为正义吗? 关于非人的灵长类动物的自发帮助行为可参看沃纳肯和托马塞洛(Warneken and Tomasello, 2006)。

那么让我们假设,该儿童约束了自己对动物有意向的行为使用"道德的"和"不道德的",这里的动物有一定的对错意识以及所需要的自控力,它们知道按此所行。让我们再假设,该儿童的道德判断以一种实质性的方式关联着他对利害的信念,这些信念正是我们通过如此行动所培养的。① 然而,倘若他把所有阻挠其目的的行为都说成是"不道德的",并认为所有他想要的东西是道德上可接受的,那么他多多少少就会有很多错误的道德信念。而且,仅仅知道符合他自身利益的那些东西不必定是道德上好的,这种知道并不足以浇灌出所必要的可靠性,因为当道德与自身利益相冲突时,**偏好**会使这种知道无法引导他的信念。因此,我们道德判断的可靠性期待着一种**中立性**——至少在一定程度上,就核心的道德判断而言,绝大多数心智健全的成年人都可以达到这种中立性;尽管在确切的方法问题上(用此方法,我们最为一般地保证了**客观性**)仍留下一些争论。

狄更斯对克里克尔之为不道德的描述提供给我们一些有趣的暗示,因为它非常清晰地揭示出了科波菲尔的敏感,敏感于自身利益在该事件中所产生的扭曲性影响。就像很多孩子一样,科波菲尔试图对所有他觉得不快或讨厌的行为都使用道德性的语言。已有很多次,他错误地判断母亲强迫他吃药以及保姆粗暴地让他早睡的用意。而且有时候,他因为不能承受输了一场公平比赛而带来的挫败感就错误地指责玩伴耍赖。但如果科波菲尔"没有置于他的淫威之下而知道了所有他的事",那么他就会真正感到"公正的愤怒(disinterested indignation)"并且确信克里克尔是不道德的——当科波菲尔实事求是地如此推测时,他很满意自己没有让偏好扭曲了当

---

① 一些研究人员会希望这里包括元伦理信念,这些信念相关于所谓道德规则和原理的"独立权威"。两岁大的孩子似乎就会相信打架和偷窃是错误的,即便父母、老师和上帝都说这是可以的;但是如果这些人允许他们舔盘子或穿睡衣去上学,那就完全是好的。相信道德规范的独立权威真的是道德思考所必需的吗?参见(Turiel, 1979, 1983);(Turiel, Killen and Helwig 1987);斯梅塔那(Smetana, 1993);努奇(Nucci, 2001);关于怀疑主义可参看凯利(Kelly et al., 2007)。

下对克里克尔的判断。因此,科波菲尔并非仅仅因为对克里克尔虐待了他而愤怒才判断这个人不道德的。相反,他实事求是地得出判断,当他仅从远处观察克里克尔如此对待与他毫无关联的其他男孩时,他仍会感到如此愤怒。

实际上,这就是反事实推理,休谟正是用它来解释在跨越时空距离的道德判断中,我们是如何保持一致的。

> 我们读历史读到一种坏的行为,以及某天附近发生了坏的行为,我们对它们的斥责是一样的。这里的意思是说,我们凭着反思知道,倘若把前一行动与后一行为放在同一位置之下,前者所激起的谴责情绪会同后者所激起的一样。(1739 – 40/2000, 3.3.1.18 [SBN 584])

当然,对损毁我们私利的人,我们总是感觉愤怒或非难(诸如此类),即便我们意识到,如果我们作为一个无私的人来观看这件事,我们就不会感觉如此。就此类事例,休谟指出,我们种种的道德信念和断言恰恰结合着那些反事实判断,它们关乎着我们将会感受到什么而非我们实际感受到的负面态度。

> 激情往往并不遵从我们的纠偏,但这些纠偏却足以调整我们的抽象观念;而当我们就着恶行与美德的各种程度一般性地有所宣称时,我们就是要着眼于这些纠偏。(1739 – 40/2000, 3.3.1.21 [SBN 585])①

---

① 当休谟将一个"未受教育的野蛮人"("他主要出于私人利害的想法来校对他的爱恨情仇")与我们中那些"习惯了社会"的人和"更强大的反思者"(他们通过某些"假设和观点来纠偏——用某种方式——我们更加粗鲁而狭隘的激情")相比较时,休谟强调的是:纠偏情绪需要理性(1751/1998, 9.1.8 fn.1)。也可以参看 1751/1998, 5.2.22 – 27。

这里值得注意的是,当一个人自己当下的行动正处于审视之下时,如果他做出了一连串充分可靠的道德判断,那么这个人所需要的中立性将极难保证。由此,如果我们跟那些道德理论家一样,把所有注意力集中在主体之第一人称的、现在时的道德信念上,那么我们就入了道德怀疑主义的套。例如,从克里克尔角度想:男孩们在考试时结结巴巴支吾其词,他打他们就根本没有不道德。是什么使这位校长像一位公正无私的第三方一样来考量自己的行为的呢?是什么使得他承认他享受打人、承认对胖小子有偏见、承认他就没啥证据来表明正是他的鞭策使得学生们虽然必定痛苦不已但却在行为表现上显著提高了呢?没有第三方批评的干涉,很难看到这个人如何能在这个角度考量他自己的行为。

但是,当克里克尔回想他这一天的教学行为,他能不能有个"冷静时刻"(cool hour)来对此正确判断呢?我们对自己过去所做所为的评估算是个居中的事例,虽然难以达及中立无偏,但还不至于困难到像我们判断我们当下行为那样。例如,当克里克尔回想他作为教育者的职业生涯,他可能会悔恨自责;甚至,他可能会以一种相当平和中正的方式判断他的虐待偏好其实并不适合他所选择的职业。但这里,做出关键性的判断是常态,而并非是与另外一种情况比照出来的——在这种情况下,克里克尔他自己不是行凶的人而是遭受痛苦或观察到别人遭受残酷对待的人。

例如,假设克里克尔反思自己的童年,他回想起他父亲鞭打他时的愤怒。注意,在他被打和他虐待学生之间没什么本质不同,那么如果克里克尔要保持前后融贯,他就要么谅解父亲的行为,要么谴责他自己。也就是说,把他自己的行为比照了他父亲类似的行动之后,克里克尔可能会想,"我也曾是个那么小的家伙;感谢上帝以意志的力量帮我处理好了这样的事"。或者,他可能会保留对他父亲的愤怒,并直接把这些行为与他自己过去的行为联系起来。而且,如果他采用后一种处理方式,那么他就有了一个完美的立场来认可自己残忍而不道德的行为了——在此之前,他可能一直否认这些行为。

现在,我们已经说明过了,通过阻止克里克尔、绑上他的手并要求他好好想想如果那个挨打的胖男孩是他,他会作何感受,第三方会尝试着激发对"现场"(on the spot)的相关推理。这种方式带来的中立性与狄更斯所描述的有很大不同。也就是说,狄更斯让科波菲尔将自己对克里克尔的判断建基于他作为一名**中立的观察者**所感到的愤怒之上,这位中立的观察者从未经历过克里克尔的亲手虐待。但此时,我们要克里克尔用科波菲尔及其所影响的其他胖男孩的**第二人称视角**(参见 Darwall, 2006)来感受。托马斯·内格尔(Thomas Nagel)就描述过如何达及客观性——通过替换两种判断来达到这一点,一种判断是:如果作为中立观察者,你会作何**感受**;或如果作为受影响的某位成员,你会作何**体验**;内格尔将这种判断替换为关于**理由**的判断,正是这一理由使得如果你是受害人之一,你就不会做如此不道德的事。内格尔的这一描述的确向我们提供了第三种选择。

> "如果有人这样对你,你会喜欢吗?"这里有个观点,认为我们在某种程度上都是善感的……基本事实是:如果别人以那样的方式对你,你就不仅仅是不喜欢了,你会对此深感怨恨。也就是说,你会认为你的境况给了别人一个理由来终止或修改他目前的所做作为,并且你会认为,他非但没终止或修改反而违背了那些对他而言如此显而易见的理由。(1970, 82-83)

内格尔当然是对的。只有一个极端自我中心的行动者——我们称之为**实践上的唯我论者**(practical solipsist)——才会同时承认:如果他们打他,他就正当地该对此感到怨恨;并坚持,根本没有任何理由使他不去打别人。那些古代的国王们,他们认为自己君权神授,他们就有某种正当理由来认为,即便他们根本没有任何理由来尊敬他们的臣民,但其臣民必定会尊敬他们。那么,他们采取了第一人称的态度:就其他普遍有效的道德规范而言,我是个例外。他们采取这样一种态度当然就出了错,即便没什么虚假的形而上学背景——采取这种态度并不是虚假的,而是名副其实的妄想。"你不应该打我,但我能正当地打你。这仅仅因为我是**我**,而你是**你**。"一方面这在逻辑上没什么明显的不融贯,但该问题的推理却是明显**不融贯的**,这一点可参见前述 1.3 节。它描画了道德地位问题上对两种预期行动所进行的区分,但同时承认:在其所描画的区分之间却没有"相应的(relevant)"可设想的不同——这个不同本来可以证成这种区分的。①

不过,如上所指,对于克里克尔来说,有两种不同的方式来保持这种只有极端唯我论者才缺乏的融贯性:他能将其对待学生的行为指责为残酷的、值得怨恨的,或相应地,他也能坚持他如果被他们如此对待也不会怨恨他们。(这里,我们把解决这个张力的第三种非常普遍的方式放在一边,这种方式就是在他对待他学生和他父亲虐待他之间制造出一个不同,但这一不同明显是虚假的。)并且,这似乎更像是在某个激情瞬间,这位校长忽视或合理化了他从他自己父亲那里所遭受的虐待,而不是从行为的不道德性推导出了他当下行为的不道德性。克里克尔可能会问:"如果有人用同样的行为来打我,我会喜欢吗?""我应该对这个打我的人说,欢迎你以牙还牙来打

---

① 但为什么事实却在于你是你而我是我,我却不作为一个"在道德上相应的"东西来考量? 采纳了盖尔纳(E. Gellner, 1954 – 1955)的术语,黑尔(R. M. Hare, 1952,1954 – 1955,1963)将不包含"个人指称"的 U 型评估与包含了"个人指称"的 E 型评估进行了区分,并认为这是"道德"的意义或定义的结果,即 E 型评估不表达真正的道德考量。斯特劳森(Strawson)更谨慎地认为,"正义的抽象美德"是一个"道德在形式上的普遍特征",它要求"一个人不应该坚持一个特定的要求而拒绝承认任何互惠的要求"(1961, 13)。[至于批评可参看麦金太尔 MacIntyre (1967/1970) 和斯特金 Sturgeon (1974)。]尽管如此,一旦不融贯的相应类项引起了行动者的注意,那么这一持有非唯我论的行动者如何来解决这种不融贯呢? 进一步的问题将在下面的文本中处理。

我,你的尝试增进了我的行为;但如果我说不出来,那么我的失败就证明了我需要改正我的行为。"

总之,自我审查是令人非常难受的。当它伴生于不道德的行动时,它往往在很大程度上是以默示形式进行的,因为只有情绪返回到作为内疚或悔恨的意识之中时,自我审查这一行为才能完成。(这里,再度考量斯皮策的招妓行为是有所助益的。)时间的流逝也不是准确性的保证。我们有些人沉迷于过去所有鲁莽言行所产生的羞愧和难堪,以此来"鞭策自己"。有些人则合理化他们的罪行或不断缅怀往日的丰功伟绩,以此来获取内在的平和。以既非过于严厉又非过于仁慈的角度,每个人都很难评价自己的行为,无论现在的还是过去的。

诚然,在决定做什么的过程中,当我们评价那些对我们开放的各种替代性方案时,中立性亦难达到。比起道德上可允许性所实际保证的,我们更倾向于把它和自利(self-interest)结合起来。为了表明这一点,一个人并不需要赞成辛格(Singer)那种在道德上不可思议的构想。在更为反思的时候,我们很多人会承认,如果我们从采用如下的态度中获得了快乐或便利,我们才会认为使用塑料袋(或一直开着空调不关,或吃灌胃产生的鹅肝)是道德上可接受的行为。确实,如果吃强制喂食而膨胀的美味鹅肝是不道德的,那么吃那些囚禁在秽物满地狭窄不堪的地方长大的鸡,必然同样是不道德的(卡罗Caro,2009)。很多肉食者们担心一致性的力量会使得他们成为素食主义者,所以他们就采用了懦夫的方式来避开这个问题。正如一个最可靠的法官不会给他手头的案子带去什么既定利益,在道德上对某人实际的或预期的行动所做出的可靠评判就是来自另一个人——他隔着足够加以评论的距离,从当事人正受到或会受到影响的利益中区分出自己特定的癖好和利益。

应当承认,一个理性的行动者最首要或最根本的关切不是评判他人,亦非于回想中评价自己的所做所为,而是考虑此时此地要做什么。(许多学生转而求助于伦理学家的**指导**。)倘若我们一旦决定要做什么就根本不能批判性地反思,那么我们完全不必去精确区分在道德上可允许的行动过程(在任何时候都对我们允许)和不可允许的行动过程了。由于那些没有能力进行反事实推理的行动者很难像中立方判断可能的行动那样,对自身加以判断,所以他们就不可能极有规律地知道此时此地在道德上应当做什么和不应当做什么。例如,一个小孩充分发展到基于反思去承认,拉他妹妹的头发这个行为是要予以谴责的——像第三方所做出的判断那样去判断这个行为,除非如此,否则他就不可能得出结论说,此时此刻他拉他妹妹头发这一行为因为残忍所以是不道德的。并且,一个孩子能下这样的判断:如果他现在做此类行为的话,那么这个行为就是残忍的、是道德上禁止的。除非如此,否则他就会缺乏对美德的动机,而这些美德正是伴随着这些判断才出现的(即使不一定总是)。相比之下,一个孩子对其他人的道德评价(甚或知识的构成)也许发生在更早的阶段——这一点意味深长。当他知道他对他妹妹的行为是残忍的时,在这种知道之前,他就知道他妹妹对某位兄弟姐妹的行为是残忍的了。晨光是逐渐照亮整体的①。

无论如何,非怀疑论的道德知识论者审查科波菲尔对他人行为的回顾性判断,其实关注的是那些近似知识论上的最佳情况演示(best-case scenario),我们无须将此解释为一种理论上的走投无路。因为关于道德判断的最佳事例并不是我们要考察的唯一的好例子。当那些对反事实推理之种种形式有适度要求能力的青少年开始在

---

① 齐默曼这里用的句子是"Light dawns slowly over the whole",这句话的洞见可能与维特根斯坦在《论确定性》第141节相关。维特根斯坦的原文是"When we first begin to believe anything, what we believe is not a single proposition, it is a whole system of propositions. (Light dawns gradually over the whole.)"(*On Certaintiy*, Anscombe and Wright ed., Denis Paul and Anscombe trans., Basil Blackwell, Oxford, 1969.)此外,这句话也常常被其他作者使用而不加任何注解,可见并不一定源自于维特根斯坦的这段话,也许是一句俗语,维特根斯坦借用了这句俗语的意蕴。(译者注)

决定做什么的过程中实践道德判断的时候，我们完全有理由相信，即便在不太有利的一般情况下，他们也能获得道德知识。同时，如果他们要去做那些他们知道他们道德上应当做的事，那么所需的必要条件我们都已经详细地说过了。

我们还没考虑那些我们有能力做出的最"高端的(advanced)"道德判断。虽然我们允许我们的孩子去考量那些实际或潜在的行动，他从各种各样不同的视角加以判断，但我们并未跟着他到教室、教堂或大学去。所以，我们没有让他考虑那些老于世故的道德观点，而他必然会在这些地方遇到这样的观点。他的道德知识在面对家庭以外的教导中是成长了还是消沉了呢？（被消化吸收和有所应用的）那些道德理论和宗教观念可不可能给他的判断提供出或多或少的可靠性呢？

这里，我们无法以一种可靠的方式来回答这些问题，因为要解答它们就要依靠所教的理论或教条的内容、所涉及的学生的能力以及学生在学习理论和教条时具有的是非感。因此，我们所要描绘的案例浩如烟海以至于无法评估。例如，有些人通过接触到学术上的伦理学而有所进步，而有些人则不是。

由此，让我来关注年轻人那种毫无世故的道德判断（像科波菲尔那样的，而非康德那样的）：那些判断仍然包含着对动机和后果的评价；那些判断建基于对直接受其影响之事物的移感和同感式的理解；而且，这些判断达到了种种反事实推理，而要灌输某种程度的中立性与客观性就需要这些推理。那么，这些判断相当于对精灵的某种浪漫信念吗？或者，做出这些判断的过程可靠到足以支持道德知识了吗？

为回答这些问题，我要回到手头这个事例：科波菲尔对克里克尔的指责。我比较欣赏科波菲尔在推理上的重构，它将整合我们已经见过的一些知识论模型的特征。首先，科波菲尔观察克里克尔的行为举止以及鞭打的方式。然后，他就着这些观察推断克里克尔在鞭打时很享受,而且尤其针对胖男孩。(惩罚既非不偏不倚加以实施的,也并非恰切地关联于学院层面的过失。)就此评断而言,科波菲尔立马演绎出这些行为是卑鄙又不公正的,而他对这些事情的信念充斥着情绪。当他在全班面前被打时,他反思着他早已感觉到的羞耻,愤怒于他所识别出的不公正,并且怨恨于(惧怕于)导致了这一切的那个施虐狂。这就是科波菲尔在做出不道德行为判断时的心智框架,他从他的厚评价(thick evaluation)中得出了结论。

1. 克里克尔以虐待男孩为乐,尤其针对胖男孩。
因此,
2. 克里克尔行为卑鄙又不公正。
因此
3. 克里克尔的行为是不道德的。

而且,就事情在日常中的发生而言,学院之外就没人会以这种推理形式来提问。例如,为了反对科波菲尔的指控而为自身辩护,克里克尔会质疑那个先于推理的价值中立的前提——他会否认自己是个虐待狂、有打人的偏好,而不会去质疑残忍、不公正或者行为不道德。或多或少出于这个原因,科波菲尔还来不及有机会判断:如果(1)是真的,那么(2)必然为真;或者,如果(2)是真的,那么(3)必然也为真。所以,科波菲尔还未考虑他的论证是否有效。倘若科波菲尔还没考虑他的论证是否有效,那么他就不能说知道该论证的有效性。可是,倘若日常思考是可信任的,那么就不能阻止这个男孩根据(1)知道(2)并根据(2)知道(3)了。日常理解允许从"是"孤立地推出"应当"。

不过,让我们假设怀疑论者质疑科波菲尔的推论。那么,尽管他不太能把我们模式化其思维的论证清楚地表达出来,但对其内容和结构,科波菲尔有着足够充分的认识,由此才能制定出适度复杂的道德原则,而他正是需要这些道德原则才能将其推论与强有力的批评隔离开来——就这些原则而言,在先的就是他论证的前提,在后的就是他的结论。换言之,这个男孩将用这样的话(或与此相当的措辞)对自己说,"克里克尔以虐待男孩为乐,尤其针对胖男孩——在这件事上如果我是对的,那么**当然**,他的行为就是卑鄙又不公正的并因此是不道德的。这是如此显而易见。"由此,经由假言推理,这样的结构将构成一个简单的论证。

1　克里克尔以虐待男孩为乐,尤其针对胖男孩。
4　如果克里克尔以虐待男孩为乐,尤其针对胖男孩,那么他的行为就是卑鄙又不公正的。
因此,
2　克里克尔行为卑鄙又不公正。
5　如果克里克尔行为卑鄙又不公正,那么他就行为不道德。
因此
3　克里克尔的行为是不道德的。

由于科波菲尔还未涉及某种道德理论,他就不能用论证的方式来为他对(4)和(5)的信念加以辩护。相反,在情感和认知上,移感的客观性却支持了他对这些适度复杂之道德原则的信念:正是心智结构造就了他道德信念的核心。此外,尽管在形式上我没有用一阶的知识论考察来评估我们在这个问题上的看法,但我想这已足够让普通人站在这个男孩的一边来反对怀疑论者了。移感的中立性就是日常思考,对道德知识而言,已足矣。

然而,关于我们已表征过的原则,倘若要判定科波菲尔在道德上非推论性地对此有所知道,日常的思考就**对**吗?想必,我们对这种二阶知识论问题的回答会进一步提升我们对伦理行动与伦理判断的理解,而且我认为,我们对当前所知道事实的乐观评估会让我们得到宽恕。一方面，就厌恶的感觉、对宗教文本不假思索的信赖以及对习俗禁忌的盲目接受而言，移感式的中立判断与这些怀疑论者所关注的东西有着天壤之别。这三种信念构成的方式恰好透露出了它们的不可靠性。至少对我而言，移感的中立性就很好地把我引向了道德真理。

当然，当我做出这个决断时，我已经假设了一套相当确定的道德事实。因为，当我提出移感的方法是可靠的时候，其中我就是提出它会引发更多真信念而非假信念。而且，一旦提出方法引发真信念这一点，我就在假设有可信的道德真理。在考察阶段就提出这种假设，会有问题吗？

就这一点而言，有两件事要注意。首先，自我们第三章结束以来就不断在克制一点：我们现在不处理虚无主义。没有道德事实这一宣称完全是个形而上学问题——这一点，我们已经在第2—3章中详细处理过了。通过直接处理那些有利于自身发展的论证，虚无主义必定会根据自身的长处进行评估。

但当我们把注意力转到完全知识论上的怀疑主义时，如果只为了论证目的，那就可以合理地假设有道德事实。如果有道德事实可被知道的话（就像我已经单独论证过的那样），那么，我们这样做就是为了决断：我们是否能知道道德事实。所以我们会问：**如果**有道德事实——或，**假定**有道德事实的话，它们会是某种东西吗——或多或少可以用移感的中立性来确切发现的某种东西？否认科波菲尔的道德知识这一点会不会迫使我们落入我们自己业已反对的那种虚无主义中去呢？

其次，我们必须用道德思考来验证我们道德思考的可靠性这一事实（倘若它确实是事实的话），也并没有从其他的思考形式中区分出道德思考来。这就好比（例如），我们必须用知觉上的官能既验证出它们的可靠性，又识别出它们导致我们出错的那些事例。或者就好像，一旦建立了逻辑原则的绝对正确性，以及其运用中我们经常所犯的错误时,我们就必须要依照我们的逻辑来思考。道德似乎在这方面也并不比逻辑和观察更糟糕。

然而,让我们不去假装我们好像能做得更好。我们从评估我们道德判断的可靠性开始,而最终却被迫运用我们在道德上的官能来完成这项任务。这其实剥夺了我们研究的价值,不是吗?

尽管这些问题持续引发着大量的讨论,但就我看来,我们的证明并非一无是处。[①] 我们已然发现,没有什么比厌恶更能支撑我们核心的道德判断了。或者,最终也许会证明出,支撑伦理判断的完全是错误的宗教文本和虚假的先知。但事情并未证明如此。相反,关于核心的道德信念,我们已然揭示出了一种不同的源头(看上去也更可信的源头)。我们的结论正是休谟所说的:

> 只要对人事稍有所知所觉,就可以看到,道德感是灵魂中的一个固有原则,并且是参与构成灵魂的最强有力的一个。然而,这种感觉一旦反思自身:它赞许它所由得来的那些原则,并且又在其源头处除开伟大和至善一无所获,那么这种感觉就必然会获得新的力量。(1739 – 40/2000, 3.3.6.3 [SBN 619])

道德官能支持其自身。

诚然,一些哲学家坚持认为,在试图评估道德判断的可靠性之前,我们先要在关于道德事实的形而上学说明上达成一致才行。如果一位"理想观察者(ideal observer)"对道德的说明是正确的,并且对 X 来说,不道德的东西就是对 X 来说通过一位善于同感的、中立的观察者来判断为不道德的东西,那么,移感的中立性作为一种方

[①] 对于知觉知识是否可用于建立知觉的可靠性的疑问可参看科恩(Cohen, 2002);可参考范·克利夫(Van Cleve, 2003);萨拉瓦多(Zalabardo, 2005);以及布鲁克纳和布福德(Brueckner and Buford, 2009)。在认识论者之间,这仍然是一个有争议的问题,即某研究者所观察到的事实是否可以是合法的或理性地被用来论证该研究者的可靠性。

法就证明为可靠的。但如果 X 不道德只在于功效没有最大化;或者,如果 X 不道德只在于理想化审议机构的公正不偏的成员们立法反对;或者,如果 X 不道德只在于亵渎了犹太教、基督教或伊斯兰教的信条;那么,科波菲尔之方式的可靠性就会遭到怀疑。

与此相类似的坚持在于,在评估我们的视觉判断的可靠性之前,我们先要在关于色彩的形而上学说明上达成一致;或者,在评估记忆的可靠性之前,我们先要在关于时间的形而上学说明上达成一致。如果一位医师能评估一个人的色彩视觉和记忆是健康的,而无须依靠心智哲学家的帮助,那么,我们就应当能评判在道德上的官能是健康的,而无须依赖形而上学。虽然这个考察是内在固有的,但仍发人深省。

我们首要的是知识论者。而且如果我们坚持认为,知识论是"第一哲学(first philosophy)",那么我们就会坚持认为,种种精确无误的道德形而上学就不得不维护那些我们在考察过程中已然揭示出来的核心的道德判断。正如我们已然所见的那样,道德形而上学家们常常通过应用反思平衡(reflective equilibrium)的方法①来构建其理论,也许他们会发现他们自己至少拒绝了某些我们已揭示出的核心道德信念。但仅当他们对修订[道德信念——译者加]有理论上的理由,令人信服,才能证明这种拒绝是合理的。一个在理论上强而有力的理由(逻辑依据)必然是要用以证成策略的,这一事实表明了独立证据的重要性,道德理论家必定一上来就将其归因于客观的、移感判断的产物。

在存在的次序上,形而上学可能是第一位的;但在知识的次序上,形而上学却是最末位的。我们必须从我们所知道的开始才能展开形而上学的考察。或者说,倘若我们还没有道德知识,那么我们

---

① 比如罗尔斯。他在《正义论》中提出了他的道德原则(即两个正义原则),而在这种道德原则的提出和证明中,"反思平衡"的方法就发挥了重要的作用。(译者注)

就必须从那些已然顶住了怀疑论批评的道德信念开始。

7.2 本章总结

在怀疑论反对道德知识和已证成的道德信念这件事上，我们已然捍卫了自己。然而，这些防守辩护的策略就足以表明我们确实有道德知识和已证成的道德信念了吗？一旦针对那些其证成性被认为是完全非推论的道德判断时，这个问题就尤为迫切了。倘若我们不能用论证来支持这些信念，那什么才能将之区别于那种对精灵或鬼魂浪漫无据的信念呢？

我们可以通过描述道德概念及信念的发展历史来回答这个问题——让我们满意，而不是让最顽固的怀疑论者满意。那些掌握了道德概念的人必然在行动评估和习俗形成上对其道德判断有所限制——有意识的行动者就是在某种程度上理解了道德，并且有着行动所必须的自制力来合乎这种理解。加之，可靠的道德判断要求着一种中立性，它源于从各种不同视角对行动的思量：行动者的观点、被行动所影响之人的观点、(也许)还有那些无利害的中立方的观点。一旦善于同感的人以这种方式形成了道德判断，我们就能合理地认为，比起虚假的东西，他的信念往往真实得多；而且，即便他并没有提供什么论证来支持这些信念，它们也会得到某种程度的可靠性。

当评估移感的中立性是否是达及道德裁定的可靠方式时，难以看清的是：我们如何能避免运用我们在道德判断上的权力呢？而且，这种形式的循环并不区分两种评估：一种是我们对道德判断之核心事例的评估，一种是我们对知觉上的以及全然逻辑上的信念之可靠性的评估。一个人可能为道德真理的独立表述而求助于形而上学，来反对我们对移感之中立方法的评估。但形而上学家们必然为约束他们的理论而等待我们的研究结果。当谈及道德在哲学上的知识时,道德知识论则是首要的。

7.3 扩展阅读

一段时间以来,发展心理学家一直在撰写道德思考,而文献上的繁盛却为时尚晚。三个重要的论文集是:乌沙·戈斯瓦米所编辑的《布莱克威尔儿童认知发展手册》(Usha Goswami ed., *Blackwell Handbook of Childhood Cognitive Development*, 2002);梅拉尼·基伦和朱迪丝·斯梅塔娜编辑的《道德发展手册》(Melanie Killen and Judith Smetana eds., *Handbook of Moral Development*, 2006);以及威廉·库普斯等人撰写的《良心的发展与结构》(Willem Koops et al., *The Development and Structure of Conscience*, 2009)。

继承自让·皮亚杰(Jean Piaget, 1896 – 1980)的工作,劳伦斯·科尔伯格(Lawrence Kohlberg)所设想的道德发展阶段曾是1970年代大量讨论的焦点,可以看他的两篇论文:《从是到应当》,《道德判断之最高阶段对道德充分性的要求》("From Is to Ought", 1971; "The Claim to Moral Adequacy of the Highest Stage of Moral Judgment", 1973)。优秀的道德哲学期刊《伦理学》(*Ethics*)将1982年4月刊专用于评价科尔伯格的观点。批评来自于若干不同的方向,包括了卡洛琳·爱德华兹的《社会复杂性和道德发展》一文(Carolyn Edwards, "Societal Complexity and Moral Development", 1975),卡罗尔·吉利根的《不同的声音》一书(Carol Gilligan, *In a Different Voice*, 1982)以及埃利奥特·图列尔的《社会知识的发展》一书(Elliot Turiel, *The Development of Social Knowledge*, 1983)。

马丁·霍夫曼的《移感与道德发展》一书(Martin Hoffman, *Empathy and Moral Development*, 2000)大体上展示了一个对科尔伯格之阶段说的休谟式替代。丹尼尔·帕特森在《利他主义问题》一书(Daniel Batson, *The Altruism Question*, 1991)中描述并解释了一些实验,这些实验被认为表明了移感激发利他行为。卡斯滕·斯图贝尔的《再探移感》一书(Karsten Stueber, *Rediscovering Empathy*, 2006)为了论辩心理学解释的本质而追索了移感的概念历史以及重要性。

黑尔的《道德语言》一书(R. M. Hare, *The Language of Morals*, 1952)和托马斯·内格尔的《利他主义的可能性》一书(Thomas Nagel, *The Possibility of Altrusim*, 1970)都是对换位思考的重要哲学论述。两者大体上都源于康德主义。约翰·戴的《移感与可普遍化》一书(John Deigh, *Empathy and Universalizability*, 1995)很好地结合了康德主义者和休谟主义者对现象的径路。

关于我们对他人之思想、感觉和意向的理解已有大量文献。作为理解(民间)心理学和神经科学领域之间关系的一种方式,理论论(the theory theory)在大卫·刘易斯的《心理生理学》(David Lewis, "Psychophysical and Theoretical Identifications", 1972)一文中得到了支持。对这一路径而言,丹尼尔·丹尼特的《意向立场》一书(Daniel Dennett, *The Intentional Stance*, 1987)是容易进入的讨论。艾莉森·高普尼克和亨利·威尔曼的《为什么关于心智的儿童理论确实是一种理论》一文(Alison Gopnik and Henry Wellman, "Why the Child's Theory of Mind Really Is a Theory", 1992)以及高普尼克和安德鲁·梅尔佐夫的《语词、思想和理论》一书(Gopnik and Andrew Meltzoff, *Words, Thoughts, and Theories*, 1997)则是相当新近的辩护。

罗伯特·戈登在《作为模仿的民间心理学》一文中为模仿理论辩护,并在《同感、模仿和公正的旁观者》一文中讨论了它与伦理判断的关系(Robert Gordon, "Folk Psychology as Simulation", 1986; "Sympathy, Simulation and the Impartial Spectator", 1995)。关于理论论者和模仿论者之间讨论的论文集有:马丁·戴维和托尼·斯通主编的《心智的模仿》一书(Martin Davies and Tony Stone eds., *Men-*

tal Simulation, 1995)和彼特·卡拉瑟斯的《心智理论的理论》一书(Peter Carruthers and Peter Smith eds., *Theories of Theories of Mind*, 1996)。伯特伦·马莱、路易斯·摩西和戴尔·鲍德温主编的论文集《意向与意向性》一书(Bertram Malle, Louis Moses, Dare Baldwin eds., *Intentions and Intentionality*, 2001)涉猎问题广泛,关乎着理解在心理学上的发展。

迈克尔·齐默曼的《论道德责任》一书(Michael Zimmerman, *An Essay on Moral Responsibility*, 1988)以及约翰·马丁·费舍尔和马克·拉维扎的《责任和控制》一书(John Martin Fischer and Mark Ravizza, *Responsibility and Control*, 1998)讨论了在道德方面恰切评估的条件,这是所生之物必定要遇见的。费舍尔的《在道德责任方面的最新工作》一文("Recent Work on Moral Responsibility", 1999)是好用的问题总结和进一步阅读的指南。

哲学家对是否可以接受用一种官能(或知识的公认源头)来建立该官能的可靠性,争论不休。新近的讨论包括威廉·奥斯顿的《知识论循环》一文(William Alston, "Epistemic Circularity", 1986);乔纳森·沃格尔的《调整了的可靠主义》一文(Jonathan Vogel, "Reliabilism Leveled", 2000);斯图尔特·科恩的《基础知识与简易知识的问题》一文(Stewart Cohen, "Basic Knowledge and the Problem of Easy Knowledge", 2002);以及詹姆斯·范·克利夫的《知识是简易的?——不可能?》一文(James Van Cleve, "Is Knowledge Easy - or Impossible?", 2003)。

8

结语:对道德知识论的挑战

8.1 弗雷格、摩尔以及"不道德"的定义

回到1.4中所提及的科波菲尔关于"克里克尔的残忍"推理:

1 克里克尔以虐待他人为乐。
2 某些人行为残忍正是因为他将其享乐建立在虐待他人之上。

因此,
3 克里克尔行为残忍。

我们假设,科波菲尔通过对克里克尔行为的观察而得知(1)。并且我们继续假设,《牛津英语词典》(OED)认为(2)的论断是可信的。但是,这些假设似乎并未解决我们在书中所提出的那个显著的知识论问题:科波菲尔是否知道(2)?如果是,那他是怎么知道的呢?

然而,这些看似困难的哲学问题即便有待知识论上的探究,但接

受对道德概念的弗雷格式眼光（a Fregean view of moral concepts）却会迫使我们得出不同的结论。因为，按照弗雷格式的眼光，在描述科波菲尔获知同学所遭受的虐待以及校长在施虐中所获得的乐趣时，我们**已然**描述了科波菲尔是如何开始相信校长是残忍的。也就是说，在这种弗雷格式的解释中，科波菲尔并不需要从他对该人之动机的相对中立的评估中，从他对残忍之本质定义的苏格拉底式的知道中，才能推论出克拉克尔是残忍的。相反，在判断"克拉克尔以虐待他人为乐"这一举动的同时，科波菲尔**就**判断了克拉克尔是残忍的。

如果我们将道德知识论看作知识论中研究道德思考的一个特殊分支，这种关于道德概念的弗雷格式眼光恰恰就对我们工作的融贯性提出了挑战。为什么呢？因为，这种眼光将道德上的思考等同于心理上的思考，以及其他价值中立的认识。弗雷格主义者认为，不存在不可还原的道德概念和道德信念。进而，倘若不存在不可还原的道德信念，那么也就不存在不可还原的道德知识。

这种学说之所以被称为"弗雷格式的"，是因为它有赖于分析哲学之父戈特洛布·弗雷格（1848 - 1925）早年的推进。该学说认为，修饰语与某种非贬义的表述在意义上等值。举例来说，"狗"（dog）和"恶犬"（cur）被弗雷格视作同义词；它们在指称和含义上一致；它们通过表达完全相同的概念来划分出相同的动物范围。唯一不同之处在于，"恶犬"一词引起了"狗"一词所不会引起的消极形象而已。

假设我们比较如下句子："这只狗吠了一整夜"和"这只恶犬吠了一整夜"，我们会发现它们表达的思想是一致的。第一个句子传达给我们的信息恰恰正是第二个句子所传达的。但"狗"一词在给人造成愉快和不愉快的联想之间是中性的，而"恶犬"一词则无疑造成了不愉快而非愉快的联想，同时使得我们脑海中呈现出一只外表粗野的狗。即便这样去想象一只狗对它而

言十分不公平,但我们却不能因此认为第二个句子就是错误的。(1897/1997,240 – 241)①

现在,推至"残忍"这一与道德相关的案例:弗雷格主义者或许会说,"克拉克尔行为残忍"所断言的不外乎就是"克拉克尔伤害他人来取乐。"(正如弗雷格所言:"第一个句子传达给我们的信息恰恰正是第二个句子所传达的"。)那么请注意,根据弗雷格式提案,在提出结论(3)的过程中,科波菲尔没有作出任何较前提(1)更多的声明。也就是说,当科波菲尔得出结论"克拉克尔在殴打学生一事上行为残忍"时,他相信的不外乎是当他评判"克拉克尔从施暴中获取到极大乐趣"时所确认的。因此,既然不准备在同一命题中将两种不同信念归属于科波菲尔,弗雷格主义者就必须承认,科波菲尔对于"克拉克尔残忍"的信念**正是**科波菲尔对于"克拉克尔以虐待他人为乐"的信念。② 并且,如果弗雷格主义者将这些信念视作完全同一的这种看法是正确的,那么,在它们的——也就是,它的——知识论属性上便不存在任何区别。总而言之,假使对于"残忍"的弗雷格式分析是正确的,那么只有一种关于他心的普遍怀疑论能够否认科波菲尔知道克拉克尔是残忍的。我们必须说,科波菲尔当前的道德知识完全来源于(或基于)他对同学和老师的观察。前文讨论中那些有关他对前提(2)有所知道的疑问也就荡然无存了。

---

① 鉴于弗雷格接受了表达不同思想的成真条件等效句(例如,"金星是可爱的"和"磷是可爱的",或者当古斯塔夫·劳本博士说"我受伤了"和利奥·皮特说"古斯塔夫·劳本博士受伤了")。这里奇怪的是,他居然从所涉句子的真值条件等价性中推论出它们所表达的思想或命题的同一性。但是,不论是为什么,弗雷格作出了这一推论,并继续举出额外的理由来加以支持。

② 针对同样的命题内容,某人却能有两种不同的信念——这一观点请参看约翰·佩里(John Perry, 1979)和斯蒂文·希弗(Stephen Schiffer, 1979)。可能性并不是我们在这里需要严肃对待的问题,因为采纳了这一命题的知识论者必须评估这样一种证成性,正是这种证成性使得某人会从一种命题状态转变为另一种命题状态。那么从知识论者的观点来看,接受佩里/希弗的命题就等同于放弃了弗雷格对价值负荷谓语的解释。

现在我确信,关于"残忍"这一问题的弗雷格式处理方式在这里或那里出了问题,并且,我计划在本章结尾时支持这一结论。但首先,我想要探究的是:是否能够全面应用这种方式来处理例如"残忍"这样的价值负荷(value-laden)词?是否有人真的会认为:那些看上去明显是道德知识的东西实际上只不过是我们对他心的知识?

值得注意的是,就这一点而言,科波菲尔无须把自己限制在对克拉克尔行为残忍的判断中,他极有可能从他们的残忍中推论出他们的不道德。① 进而我们可以追问,有没有什么东西能够将"知道—行为残忍"与"知道—行为不道德"区分开来?它们是关于知识的清晰陈述,抑或不过是对我们知道某一事实的不同描述?而倘若它们是知识的不同名目,我们何德何能从"知道—行为残忍"就推出了"该行为的不道德性"?我们就"不道德性"之定义的知识——或者被用于陈述的事实——究竟在"我们知道一个既定的残忍行为是不道德的"这一问题上起了什么作用?

让我们回到最初对科波菲尔推理的描绘中去,该推理建立在一个相当引人注目的"残忍"定义之上,这里,该定义是真的,一旦这种真理性与科波菲尔极敏锐的心理洞察力的精确性相结合时,该定义便被看作蕴含出了克拉克尔的残忍。然而,将这一模型拓展至科波菲尔相信"克拉克尔之为不道德"的困难之处在于:缺乏对该术语同样可靠的定义。《牛津英语词典》对"不道德"的定义所给出的帮助没有比"非道德"多多少,而且被假定成跟"邪恶的"、"有罪的"、"狠毒的"、"恶劣的"、"错误的"等一串同样具有价值负荷词等价。

因此,假设在一开始那个考虑欠妥的尝试中,我们定义"不道德"就像我们定义"残忍"一样。

---

① 事实上,狄更斯就让科波菲尔认为克拉克尔是"一个无能的禽兽"。但是对个人的性格做个一般声明可比评价特定的行为要难得多。参见上文第六章对此的讨论。

1　克拉克尔以虐待他人为乐。
4　若一个人以虐待他人为乐,那么他就行为不道德。
因此,
5　克拉克尔行为不道德。

即便我们不是盖蒂尔,也能看出前提(4)明显是错误的。一个人在贪欲的驱使下,从一个吝啬鬼的货仓里盗取奢侈品,而在做这一切的过程中,他自始至终感到悔恨,这时,他虽然行为不道德,却也谈不上残忍。依通常的看法,残忍充其量是不道德的一种形式而已。

然而,弗雷格主义者是不是试图以一种更为一般的价值中立的形式去定义"残忍"呢?即便词典在这里无所助益,但两种主要的规范性道德理论却在过去的两个世纪中不断被辩护着。康德主义以绝对命令作为第一原则,而功效主义则取功效为其原则。且不同版本的功效主义和康德主义均将其第一原则视为定义的或分析的真理。即便密尔和康德并未自始至终地将他们的第一原则视作"不道德"的定义,但他们有时确乎如此。①

---

①　密尔是摩尔在反对道德自然主义时的主要靶子,在下文所引用的一些段落中,密尔将功效原则处理成一个"自明的"真理或"同义性"的事实。康德对绝对命令的态度则更加模糊,因此,我们的讨论将仅限于这个脚注。康德貌似主张分析性,是由于"只有因着道德律法的知识而做出的行动才是好的,才是没有限制的",所以他认为,我们可以通过分析**"值得尊敬"**这一共享概念来识别真理。(我们通过考量事例来把这个观念凸显出来。)并且,他也貌似将"绝对命令式的道德律法"处理成分析的,因为我们可以通过分析**"出于义务而有所行为"**这一概念来识别真理。因此,康德对复杂概念之分析的评定貌似也就确立了绝对命令的真理性。那些是综合的而不是分析的(但仍然是先验可知的)东西正是某人根据道德律法而有所行为的真正可能性之所在(1785/2002,33–37[Ak4:419–21])。虽然这不是一个定义性的真理,但我们不可能通过对"实际上,行动仅仅是由责任来驱动的"这一观点来知道它是"后验的",因为自私的动机可能就藏在观察和反省的背后。所以,我们就必须"综合"从"出于义务而有所行为"的这一概念和"自由或自主"这一概念,以此来识别出于义务而有所行为的可能性。可参看 Ak 4:392(1785/2002,7–8)中所描述的《道德形而上学基础》(*Groundwork*)这一著作的结构,以及接下去的讨论。参看上文第五章对康德之道德知识论的进一步讨论。

因此,首先让我们考虑如下三种主张:

i 密尔的普遍(generic)功效主义认为,幸福是唯一**在本质上就是好的**(intrinsically good),而只要当一行为减损了幸福的总和时,该行动在结果上就是**坏的**(bad),而这幸福的总和就是以某种方式存在于宇宙之中的。
ii 相关地,密尔认为,某一类行为,诸如行骗、撒谎、潜水或玩惠斯特桥牌等,当它增进的是幸福时,就在某种程度上是**正确的**;而当它增进的是痛苦时,就在某种程度上是错误的。("相应地,当诸行为趋于增进幸福时它们就是正确的,当趋于同幸福相悖时它们就是**错误的**"[1861/1998,55])。
iii 最后,一个同样应当归属于密尔的相关主张认为,只要当个体有意地导致了痛苦,或剥夺了他人的幸福时,该个体就在**不道德地**行事。①

且不论是否存在着有意减损幸福的道德行为,或有意增进幸福的不道德行为。(况且,在接下来的章节中,我们将有足够的机会去质疑这一假设。)如果从这些功效主义的主张中可以得出一个相对来说对"不道德性"精确而又简单的定义,且如果科波菲尔确实知道这些主张所陈述的事实,那么,我们就可以用如下方式模拟出他对克拉克尔之不道德的知识。

6 克拉克尔有意地减损幸福。
7 只要当一个人有意地减损幸福,这个人就行为不道德。
因此,

---

① 密尔对动机、意图和行动道德之间的关系所持的看法可参看1861/1998,ch.2,特别是"行动的道德完全取决于意图,即行动者**意愿要做什么**"(同上,65n.)。还可以参看厄姆森(Urmson,1953)。

4 克拉克尔行为不道德。

基于这些恰当的假设,我便只需追问:科波菲尔究竟是怎么知道前提(7)的。

但是,仍有一种方式将这一疑虑斥为伪问题。因为**弗雷格式的功效主义**会把密尔这种将"道德错误"与"有意减损幸福"的同一化推进一步,并称"不道德"和"有意地减损幸福"表达了完全相同的概念。

> **弗雷格式的功效主义者**:就其性能而言,判断"某人的行为是不道德的"就是判断"某人在行为上有意地减损幸福"。

换言之,正如弗雷格将"狗"和"恶犬"二词视作在指称和意义上相同而仅在语调或色彩(tone or coloring)上有所区别,同样地,弗雷格式的功效主义者坚称,"行为不道德"和"有意地减损幸福"之间的差异仅仅在于:表达形式同感觉和印象相关,只是感觉与印象未被中性相关物带入到脑海之中而已。因此,倘若弗雷格式的功效主义者是正确的,那么科波菲尔相信克拉克尔是不道德的**就是**相信克拉克尔有意盗取了普遍幸福。前提(7)是个空转轮而已。弗雷格式的功效主义者将道德知识论还原为一项计算功效的研究。

有没有弗雷格式的功效主义者呢?虽然密尔从未动摇地坚持着这样一种极其普遍的观念:幸福是建立道德规则和制度的第一要旨,但众所周知,此种提案却在他的著作中以诸多不同的、看似不相容的方式呈现出来。(Urmson, 1953; Lyons, 1965; Crisp, 1992)因此,不足为奇的是,确确实实在一些文段中,密尔认可了某种类似于弗雷格主义者的论点。

> 欲求某一事物并认为它令人愉悦,厌恶某一事物并将其视作痛

苦,这两种现象全然不可分离,或不如说,它们是同一现象的两个部分;严格说来,它们是对同一心理事实的不同命名形式:认为某对象是值得欲求的(除非以其结果为目的),与认为它是令人愉悦的,指的是同一件事情。(1861/1998,85;着重补充)

假使"幸福"和"值得欲求"不是同义词,那么什么才是功效原则呢?(1861/1998,105n.)

孤立地看这些文段,人们会期待密尔将科波菲尔关于"克拉克尔的行为是坏的或讨厌的"这一判断,简单地等同于科波菲尔关于"其后果是不幸的"这一信念。为了得出"克拉克尔的行为是不道德的"这一结论,科波菲尔只需要证实"某人做或有意做坏事"这种行为是不道德的。假使密尔接着将"一行为是不道德的"这一判断等同于"一行为有意地造成了讨厌的或坏的后果",他便完全拥抱了弗雷格式的立场。科波菲尔知道克拉克尔行为不道德,也就是知道克拉克尔的行为有意地造成了不幸。①

当然,倘若功效主义者对"不道德"的分析是成立的,那么我们就只能凭借密尔的弗雷格式提案来精确地模式化科波菲尔的整个推理。因而,所做出的这一假设颇为可疑,我们必须放弃并回到真正根本性的问题之所在:"不道德"所意味的真的就是弗雷格式的功效主义者认为其所意味的那样吗?没有其他更为可信的但依然价值中立的描述,能够被看作与该词语具有同样的指称和意义?我们真的会认为实质性的道德知识论不存在吗?

G. E. 摩尔(G. E. Moore)在其极具影响力的著作《伦理学原理》(*Principia Ethica*)中,对这一问题的肯定性回答做出了最为著名

---

① 同样地,密尔的导师杰里米·边沁(Jeremy Bentham)主张,功效原则使道德术语具有了实质性的意义(1780/1982x, ch. 1, x)。

的评估。在一种真正"科学的"道德探究之初,摩尔强调,我们必须追问:是什么造成了伦理或道德思考与其他所有的认知能力的区别?

> 在极大多数情况下,当我们做出任何包含诸如"美德"、"恶行"、"义务"、"权利"、"应当"、"善好的"、"坏的"等词的陈述时,我们便是在作伦理判断……对所有这些判断而言……什么是……既普遍又特殊的东西呢?(1903/1929,1)

在一开始试图就此问题做出回答时,摩尔主张,我们可以根据"善好的"这一表达来正确地定义出"伦理的"这一表达。恰当的考量后,这种策略就会使我们得出结论:伦理学理论无非就是研究善好(goodness)和坏恶(badness)。

> 事实上,对伦理学而言,"善好的"所意味着的东西(除去其对立面"坏恶的"之外)是其绝无仅有的特定的思考对象。因此,它的定义就是伦理学定义中最为根本的一点。(5)

> 可以问:"在这些境况下,一个人的责任是什么?"、"如此行事是否正确?"或问"什么是我们应当致力于获得的?"而这些问题都可以进一步分析;对其中任何一个的正确回答都既牵涉着对"究竟什么是善好的"的判断,又牵涉着对因果的判断。(24)[①]

至此,摩尔的看法同密尔上述引文中所表明的观点没啥区别。道德

[①] 那些坚称"权利"不能用"善好"来定义的人们在摩尔的这个讨论阶段就会持反对意见,诸如约翰·罗尔斯(1971)和托马斯·斯坎伦(Thomas Scanlon, 1998)。

的行为产生善好,不道德的行为则导致坏恶。然而,当摩尔试图去阐明"什么是善好和坏恶"的时候,二者便开始产生了分歧——而通常,摩尔将这一问题同定义"善好的(good)"和"坏恶的(bad)"归并在一起。("那么,什么是善好的?""善好的"应当怎样被定义呢?"[6])并且,如下这点旋即变得清晰起来:摩尔所寻求的"定义"并不需要涵盖我们对"善好的"所有生僻而微妙的日常用法,而只需要拆解或分析"这一词语通常被用来指代的……对象或观念",以便能够"发现该对象或观念的自然本质"(6)。

关于"善好的"和"坏恶的",这位聪明的苏格拉底式的分析者能否揭示出其最为核心的定义呢?一旦揭示出与这些术语相关联的观念,并且说明了它们所界定出的对象、性质和现象的自然本质,我们是否就能够将这一分析形式化呢?摩尔著名的结论是:我们不能!因为"关于善好的命题均为综合的而非分析的"(7)。他认为,所有备选的解释都应该被拒斥,理由是:

> 不论给出何种定义,总无法避免被问及一个重要的问题:这个被依此定义的复合体,它自身是否是善好的。(15)

举例而言,摩尔认为,"x 是善好的"不能被定义为"x 是我们想要欲求的",因为我们能够以一种意义深远的方式去追问:我们所欲求的东西是否就是善好的。同样地,"善"也不能被定义为"幸福",因为我们总能追问:这些带来(或构成)幸福的行动(和经验)是否也是善好的。就此,我们或可将其称为关于成功定义的"**摩尔测试**"(Moore's test),即:"x 是 F"可定义为"x 是 G",仅当我们不能有意义地去追问"G 那样东西是否就是 F 本身"。我想,我们最好对此进行如下解释:

摩尔测试:如果"F 物"被准确地定义为"G 物",那么理解了这一提案的人就没有理由去质疑:是 G 的东西是否也就是 F。

摩尔这一测试可以说是对于定义之**自明性**的测试,这一自明性大致就是洛克所说的"自明性"。①

现下我们很容易就能看出,所有对于"善好"的价值中立的定义都没有通过这一必不可少的测验,因而在摩尔的意义上就都不是自明的。最为要紧的是,倘若目前我们聚焦在功效主义上,理解了这一提案的我们确实可以前后融贯地质疑:幸福是否从本质上讲便是善好的? 是什么让我们以结果善好为幸福的? 难道我们就不会从错误的事情中获取幸福吗? 难道不应得的幸福"其本身"就不能是坏恶的吗? 即便应该给这些问题否定的回答,但对于融贯性而言,它们并非毫无意义。因此,所谓的摩尔的"**开放性问题的论证**(open-question argument)"就是对"不道德"等术语的弗雷格式解决方案提出了严峻的责难。正如摩尔所指出的,既然"认为某些东西是错误的"与"认为某些东西减损了幸福"并非一回事,那么我们就能前后融贯地去质疑"减损了幸福的东西是否也就是错误的"。

同样需要被澄清的是:摩尔在《伦理学原理》中所质疑的远不只是弗雷格主义的功效主义形式。比如,考虑一下康德对绝对命令的普遍法则化,"我决不应当有所行事,除非我能意愿着我自己的准则也变为一个普遍法则"(1785/2002, 18 [Ak 4:402])。一个**弗雷格式的康德主义者**会把康德的提案推进一步,并把"我们**知道**一行为是不道德的"等同于"我们**知道**它是被带着偏好的准则所引导的(即,该准则不能被意愿为普遍法则)"。但是,我们似乎可以运用摩尔测试来表明:"不道德的"与"被带着偏好的准则所引导的"并非同义,并且,"知道某一行为不道德"与"知道该行为背后所隐藏的不公正"也有所区别。因为我们可能会问:当我们否认一个人应

---

① 参看洛克(1690/1991, §157)以及第 4 章对洛克的自明性概念更多的讨论。

得之物而这样做就能给受苦受难的人们带来巨大的善好时,难道这样做不是完全道德的吗?有啥不公正的吗?或许答案是"不",但这一问题是不合逻辑的吗?康德式的弗雷格主义者错在将"**不道德**"的概念和"**不公正**"的概念混为了一谈。①

　　一个与此直接相关的事例是将摩尔测试应用于科波菲尔对克拉克尔的评估。既然"不道德的"没有一个价值中立的同义词,那么弗雷格式的策略就不能从头至尾地贯彻于科波菲尔的推理中。也就是说,这一开放性问题的论证表明,关于"克拉克尔行为不道德"的命题不能被等同于"他有意减损学生的幸福"这一命题,也不能等同于"克拉克尔的体罚政策是对胖男孩的偏见"这一主张。充其量只能说,针对道德知识论的弗雷格式的事例是不完备的。

　　诚然,我们在这项争议中所作出这种相当微弱的暗示或许被认为足够强烈以至于可以驳斥整个弗雷格式的径路。现在,我们是时候将"不道德"这样的薄概念放置一旁而来追问:对"残忍"这一厚概念的弗雷格式分析(以《牛津英语词典》为依据的)能否真的通过摩尔测试?是否真的**不可能**前后融贯地去质疑:"以伤害他人为乐"的实例就是"残忍"的实例?就此而论,我们将审视这一最近由奥迪(Audi)所提出的尝试性建议,即通过施加痛苦所获得的愉悦感不一定就是坏的:

> 在一些特殊境况下,例如通过执行应得的处罚而引发的痛苦,就像狱卒——在一定限度内——从关押一个不知悔改的暴力

---

① 普莱尔(A. N. Prior)认为,一个功效主义者通过简单地强调只有幸福是善好的(由于他使用术语"善好的good")就可以回答摩尔的开放性问题论证。但"善好的"并不是一个人工表达式,其含义不可以用这种方式来约定。因此,这种约定尝试是功效主义者消除问题的方式,并不同于摩尔所提出的问题,无疑,摩尔坚持这个问题依然是开放的。关于摩尔开放性问题的进一步讨论可参看弗兰克纳(Frankena, 1939);高曼(Goldman, 1988a);鲍尔(Ball, 1991);达沃尔、吉巴德和雷尔顿(Darwall, Gibbard and Railton, 1992);斯坎伦(Scanlon, 1998)以及麦基弗和里奇(McKeever and Ridge, 2006)。

犯中所获得的愉悦感。(2006,88;参看波特曼 Portmann,2000)

假使我们遵循奥迪,容许"狱卒的愉悦感并不真是坏的"这一可能性。他从对罪犯施加折磨这一行为中所获得的享受是否就不会被认为是残忍的了?这或许是对此案例的一个不当描述,但它是明显错误的吗?有人开始担忧,一个足够聪明的律师或许会质疑起关塔那摩湾监狱审讯中的残忍来。

或者,让我们来考虑一个不那么备受争议的例子:一位胜利了的拳击手在击败对方时通常获得了愉悦感。和平主义者或许会坚持说这一反应是残忍的。但是采取这种立场无疑会令他与人们的日常理解相悖。最起码,我们必须允许一个"甜蜜科学(the sweet science)"①的狂热爱好者在某个自我怀疑的时刻,前后融贯地自问:这项他如此热衷的运动是否充斥着残忍。倘若他所提出的问题并非无意义和无条理的,那么"是残忍的"这一概念就不能被等同于"通过施加痛苦而获得愉悦感"。而倘若这两种概念不是等同的,那么"克拉克尔以殴打学生为乐"这一想法就不同于"克拉克尔行为残忍"。弗雷格式的策略从未取得什么实质进展。

8.2 从日常理解上反对非认知主义

通过将我们的道德信念还原为在内容上价值中立的心理学及社会学判断,弗雷格式的道德思考学说旨在动摇实质性的道德知识论。现在,为了建立一种富有意义的道德知识论,我们要衡量下一道障碍:这道障碍由**强的非认知主义论者**(strong non-cognitivists)所

---

① 英语中用 the Sweet Science 来指代拳击运动。美国记者利宾(A. J. Liebing)在 1956 年出版了一本名为《甜蜜科学》(*The Sweet Science*)的书。(译者注)

提出的,如鲁道夫·卡尔纳普(Rudolf Carnap,1937)和 A.J.艾耶尔(A. J. Ayer,1946/1952)等,他们否认我们拥有适合进行知识评估的道德信念。

根据强的非认知主义,我们根本不能运用道德语言(moral language)去表达道德信念或判断,或者,即便我们能够在一种极弱的意义上言及种种带道德性内容的"信念",上述心理状态也必定与我们那些非评估性的信念和判断截然不同,据此便排除了道德知识论的一切可能性(Harman and Thomson,1996)。我关于"人类形成于250000年前"的这一信念能够根据知识论上的术语来进行评估(例如,追问是否有好的证据来支持这一信念),但非认知主义者却争论说:即便我们可以前后融贯地言及我的"信念"(杀人取乐是不道德的),我们也不能认可某人得出该信念为真的结论是在情理之中的,同样也不能将它的内容说成是我知道或不知道的某种东西,或者我对某种东西有好的或不好的证据。相反,当我指责这一恶棍的暴力行为不道德时,我所表达的不过是对他这一行为感到遗憾或愤怒,又或者表达的是对他不再如此行事的期望。

强的非认知主义:要么(a)不存在具有道德性内容的信念或判断,要么(b)即便存在,它们也与我们的非评估性信念如此不同,我们不能对其前后融贯地进行知识评估。

显然,倘若非认知主义者是正确的,那么道德知识论便建立在对道德、知识论及二者关联的根本性误解之上。

因此,希望推进道德知识论研究的人便置身于这样一种境况当中:他们首先必须回应强非认知主义者的责难。而这里的困难是,关于非认知主义的著作卷帙浩繁,以至于对这一问题的探讨已经大量充斥在他们自己的著作之中了。① 因此,我们必须将自己限定在对某些推理的简略回顾之中,以便看清:强的非认知主义即便不是完全站不住脚的,至少也是难以为之辩护的。

我们得出的第一项观察是:道德论述证实了彼得·雷尔顿(Peter Railton, 1996, 2003)所谓的"表层认知"(surface cognitivity,参看 Horgan and Timmons, 2006a, 262 – 267)。当我们进行一阶的道德考察时,我们发现人们会谈论他人的道德知识、信念和主张。"柯林知道他撒谎在道德上是错误的。""麦凯恩议员,一年前你声称堕胎是在道德上可允许的。""亨利相信,发生在阿布格莱布监狱(Abu Ghraib)②的酷刑是不道德的。"

针对省略动词短语所引发的歧义,有一项测试确实表明:"信念"和"主张"并非具有截然不同的道德意义和描述意义。当然至少通常上,我们把种种道德信念和主张设想为与那些带有完全非道德性内容的信念和主张相类似的东西(我们将其相互归因)。例如,考量"施瓦辛格坚持认为,类固醇没啥不良影响,并且堕胎是在道德上可允许的"或"辛格相信,人类由猿人进化而来,因此,在动物园中关押任何灵长类动物都是不道德的。"在每个案例中,"信念"或"主张"的出现仅仅被用于指示一个个体同两个命题之间的关系——一个是有道德性内容的;另一个则是全然非道德性的,是科学性的。这难道不正恰恰表明了我们对于信念和主张的日常观念在用于道德性和非道德性命题时是相同的吗?并且,倘若非认知主义者是在

---

① 虽然有理由怀疑:在这里的术语所给定的意义上,哈特里·菲尔德(Hartry Field)的理论被标记为"强的非认知主义"是否适当,但是就心理词汇(Wittgenstein, 1953/1958)甚至逻辑(Field, 2000)而言,该径路也在伦理学之外有所应用。

② 阿布格莱布监狱始建于上个世纪70年代,在萨达姆时期是用来关押伊拉克平民的监狱,萨达姆政府曾在此关押过因涉嫌与1982年杜贾尔村针对萨达姆的未遂暗杀案有关的平民,当年萨达姆政府在这所监狱内肆意折磨和杀害无辜平民,这里在萨达姆统治时期曾是"死亡与摧残"的象征。美军入侵和占领伊拉克后,在此大量关押、审讯和虐待囚犯,阿布格莱布监狱在2006年7月份关闭。(来源百度百科,译者注)

一种截然不同的、技术性的意义上使用"信念"和"主张"的,那么,道德知识论者又何须担心那些非认知主义者所谈及的声明和行为不适合于知识评估呢?

此外,虽然许多我们相互归因的所谓道德信念,通过环境或其他非理性的教化形式,根深蒂固——在很大程度上,有人会将它们的存在归功于神经结构,而在相当程度上,这些神经结构是先天的或基因编码的——但我们有时却会要求或请求人们为如此信念着的命题给出论据。"好吧,你生长在一个守旧的家庭,所以你认为同性婚姻是不道德的,但是否有什么理由使得你相信真是如此呢?""那么,你生长在一个自由主义的家庭,因此你认为妇女在孕期的任何阶段堕掉胎儿都是在道德上可允许的,但你又同意,任何一个新生儿因疏于照管而死掉又是在道德上不可允许的。你是否能够给出某个理由来区分这两者呢?"当然,我们极少要求人们为他们所信奉的最基本的道德信念提供理由——比如,"人不应当因为自私而伤害他人"这样的信念——只是,对于基本的知觉或概念上的种种信念,我们却也是如此。通常地,对诸如"2+2=4"这样的信念或"我们是人类"这样的声明,我们却不被要求做出辩护。

类似地,正如我们常常写到或论及的种种带有道德性内容的主张或信念,我们通常将所相信的命题描述为真的或假的:"乔治认为同性间的性行为是不道德的,但那毫无疑问是假的。""奴隶制在道德上是错误的,这再明显不过了。""教皇在道德事务上的信念全都是真的。"倘若都按照其表面价值来理解日常思考和日常用法,那么非认知主义者的挑战就必定化为泡影了。

8.3 弗雷格—吉奇问题：语义学 V. 语用学

以上所说的表层认知与常被讨论的**弗雷格－吉奇问题**(Frege-Geach problem)密切相关,该问题即:非认知主义者对包含着道德词汇的语句"在逻辑上"或"在形式上"的不同性质会如何做出解释。(Geach, 1957－1958, 1960, 1965; Searle, 1962; Hare, 1970; Hale, 1993; Price, 1994; Schueler, 1988; Stoljar, 1993; Unwin, 1999, 2001 和 Ridge, 2006)。警告一下:对道德讨论中的逻辑问题无甚兴趣的读者可以就此别再往下读了。倘若你并不关切这类问题,那么在接下来的章节中,你不大可能得到什么启发。

为了明确议题,我们需要考量这样一种道德论证,它除了某种形式上的善好之外,几乎一无是处。

1　撒谎是不道德的。
2　如果撒谎是不道德的,那么残忍也是不道德的。
因此
3　残忍是不道德的。

当然,认知主义者承认,从很多方面来看,(1)—(3)都是一段古怪的推理。尤其是,第二个前提似乎在撒谎之为不道德与残忍之为不道德之间断言了一种难以理解的关联。而认知主义者仍倾向于认为,这一论证在逻辑上和形式上是有效的,并且这种有效性是非比寻常的(non-trivial)。这一论证的价值在于它遵循了推论中的一个重要原则:它是一种假言推理论证。并且,如果一个假言推理论证的前提为真,那么它的结论一定也为真。假言推理的价值在于,它是推理的一种稳靠(sound)形式。

对我们论证中这种非比寻常的有效性的解释,经典的认知主义者正是基于如下三个声明:

i "如果撒谎是不道德的,那么残忍也是不道德的"是一个**指示条件句**(indicative conditional)[虽然不必定是一个实质条件句(material conditional)]:也就是说,一个指示语气的条件句。它的前件是"撒谎是不道德的",后件是"残忍是不道德的。"

ii 一个指示条件句的前件要么为真要么为假,不能同时既真又假;后件同样如此。①

iii 任何一个有着真前件和假后件的指示条件句本身就为假。

对(i)的假设使得我们把(1)—(3)归为一个假言推理论证,也就是说认为它符合某种规则,这种规则允许推理者从对"语句 P 并且如果 P 那么 Q"的假设或推论中推出语句 Q。这种规则通常表示如下:

假言推理

P

如果 P 那么 Q

―――――――

Q

并且,对于(ii)和(iii)的假设使得我们将假言推理视作为推理中的一条**保真**规则。对这一相关主张,我们可以利用路德维希·维特根

---

① 道德认知主义者会希望防止这一前提认可这样的指示条件句,这些指示条件句遭受着(具有真值或不确定组成部分的)假设失败或模糊性的困扰;对这些问题的讨论会把我们拉得太远。

斯坦(1889 – 1951)**真值表**中的一部分来作一个图示:①

P(撒谎是不道德的)	Q(残忍是不道德的)	如果 P 那么 Q
真	假	假

我们通过重提对"有效性"的定义来开始这一证明,而有效性的定义则遵循如下:仅当它的前提(1)和(2)为真而它的结论(3)为假时,我们的论证才是无效的。但表格中的阴影部分则表明:当(1)为真时,(2)和(3)均为假。所以看上去,当(1)为真且(3)为假时,(2)并不能为真。因此,如果我们讨论中的论证确实是一个假言推理论证,并且如果这一真值表真的涵盖了评估一个假言推理论证时所有起作用的可能性,那么认知主义者便可用这一真值表来解释(1)—(3)中"形式上的"善好。这一论证的价值在于,它遵循了假言推理,假言推理是这一推理的保真规则。

然而需要注意的是,非认知主义者不能认可这种对我们论证之有效性的解释。因为,以上真值表包含了如下假设,即,我们该论证中的每一个原子句(atomic sentences)——"撒谎是不道德的"和"残忍是不道德的"——都承认了两种经典的**真值**(truth values):真的和假的。如果我们采纳最为直接的非认知主义者的提案,我们就会反对我们证明中的假设(ii),并将阴影部分的三格都填上"既非真也非假。"一个关于假言推理稳靠性之意义的证明——与那种随之而来的关于我们论证的有效性——都会被证明为不可能的。总之,当这样的论证被评估性语词表达时,关于假言推理论证中非比

---

① 参见维特根斯坦(1921/2001)。为了简洁起见,我们把道德论证(1)—(3)当作为假言推理的任意例子,并且非正式地解释了它的有效性以及前后推理规则的稳靠性。

寻常的有效性问题,非认知主义者就不能接受对其的经典解释了。①

当然,认知主义者怎么都认为论证(1)—(3)不仅仅是有效的,并且是善好的——因着一个次要的但实质上的不同维度,这一维度由与假言推理的稳靠性非常不同的各种事实组成。另外一个理性的人,他坚持相信这一论证的前提,并且接着考虑到这一论证的结论,他会发现自己也不得不相信这一结论。于是我们可以说,在通常情况下,在这样的事例中,一个人要么相信该论证的结论,要么就放弃信念,至少否认它的一个前提。此外,没人能够在支持论证前提的同时否认其结论,并且一旦在真前提和假结论上押宝,没人能够指望有解决的办法。我们将这种融贯性称作为"心理上的(psychological)"和"实用上的(pragmatic)",因为,我们在对它们的描述中使用了诸如"**信念**(belief)"和"**断言**(assertion)"等心理学以及演讲理论的观念,这些概念在我们说明论证之非比寻常的有效性中并不具有显要地位。相反地,当我们对我们论证的有效性提出一种认知主义的解释时,我们采用了"**真**(truth)"、"**假**(falsity)"等语义学观念,以及"**假言推理**(modus ponens)"等句法观念。这些观念并不直接进入到我们对论证在心理上或实用上

---

① 指示条件句的正确语义是重要的争论来源。然而,关于带着虚假前件的指示条件句都是真的,保罗·格里斯(Paul Grice, 1989)为此给出了辩护,但这些人却拒绝了他对此的经典解说,接受了有限的声明,即,有真前件和假后件的条件句都是假的。乔纳森·班尼特(Jonathan Bennett)把这一立场称为"Adams *",并将其归因于经典语义学的最有影响力的批评者,包括安内斯·亚当斯(Ernest Adams, 1965,1975,1998)、多萝西·埃金顿(Dorothy Edgington, 1991)和阿兰·吉巴德(Allan Gibbard, 1981)。诚然,即便班尼特也拒绝了指示条件句的经典语义学,并且同意了威廉·兰肯(William Lycan)称之为"无真值(no truth value)"的解释(或者简称为"NTV"),但实际上,对于假言推理,"仅当(前件)是假的且并不能在逻辑上、因果上或道德上蕴含出(后件)时",班尼特就"否认了真值"。(2003,118)。[虽然班尼特也根据独立的理由接受了道德的非认知主义(2003, 106-108)。]范恩·麦吉(Vann McGee, 1985)和威廉·兰肯(1993)认为,当该指示条件句由其他指示条件句的后件承担时,就可以产生出假言推理的反例(参见之前4.2的讨论)。但这种观点并未得到更广泛的接受;即便其为真,也没有驳斥一种限定形式的假言推理的稳靠性,从中我们可以建立(1)—(3)的经典有效性。

的融贯性的描述之中。①

诚然,(1)-(3)在心理上的融贯性确实就与"真"等其他语义学观念有点关系。例如,当一个人相信自相矛盾的断言时,我们就判断他为非理性的,这似乎正因为我们认为相关的虚假性是一个相当明显的事项。同时相信一个命题及其否命题,这会使人确信这两个信念中的一个是假的,而理性的人避免相信虚假的东西,除非这样做能合乎其他重要的目的。然而,一方面是我们的种种信念及行动的合理性;另一方面是当为信念及行动辩护时我们所给出以及接受的论证的有效性,这两个方面之间的关联复杂异常,莫可名状。但最起码,从思想上区分这两者看上去还是我们实现理论化的最佳办法。一方面是某种非理性的行为,另一方面是某种程度上自相矛盾的陈述,一旦发现这两者间那种精确的协调性,我们都将给予该发现应得的尊重——作为一种哲学洞察力的非凡成就。

但是,目前通过与(1)-(3)的比较,我们得出了关于我们论证的祈使句版本——这正是非认知主义者所关注的那种非陈述结构:

1' 不要撒谎
2' 当要避免撒谎时,就不要行为残忍。
因此,
3' 不要行为残忍。

论证(1')-(3')与论证(1)-(3)的心理融贯性有某些相似之处。一个理性的行动者会发现,当他命令出论证的前提时,他也不得不

---

① 在这个方面,逻辑学家并不总是小心翼翼的。例如,蒯因定义了一个语句"逻辑地跟随"另一个语句的含义:"如果一个语句被认为是真的,那么它所蕴含的每个语句也必须被认为是真的"(1972,4)。这实在是个错误。"某语句被认为是真的"并不是一个逻辑真理,除非,就像某些神学家所相信的那样,宇宙始于某个断言。

命令出该论证的结论。我们可以笼统地说,一个人应当命令出论证的结论,或不再命令出该论证的至少一个前提。遵循论证前提的人,也就必须遵循它的结论。诸如此类。但是,倘若我们不走向一种祈使句句法和模范理论,我们就不能说论证(1')-(3')是有效的,或者它展示了经典有效性的非认知主义式的替代品。因此,命令或强烈表达一个(1')—(3')那样的祈使句论证时所特有的坏恶(命令出或情感表达出的是其前提而非其结论),完全不是那种相信或断言一个有效的经典论证时所有的坏恶(相信或断言出的是其前提而非其结论),虽然如此,这些特殊的心理上和实用上的缺点在概念上就区别于那种更为明确的逻辑事实———一个有效论证的前提为真而其结论为假,这在证明上就不可能(参看许勒尔 Schueler,1988;范沃阳 Van Roojen,1996)。

8.4 关于有效性的非认知主义形式

非认知主义者会完全否认认知主义者的"直觉",即陈述性论证(declarative argument)(1)—(3)在某些特殊的逻辑学、非心理学、非实用的方面是善好的。但是,许多非认知主义者已经放弃了这一立场,而试图去创造一种更为形式化或逻辑地评判道德论证的手段。近年来,有一些有影响力但备受争议的尝试,例如西蒙·布莱克本(Simon Blackburn, 1984, 1988)、阿兰·吉巴德(Allan Gibbard, 1990, 1992a,b)以及马克·施罗德(Mark Schroeder, 2008)。这些理论家把心理上或实用上的不融贯性处理为故事的结局,而只要其所关注的是道德论争就行了——他们虽不满于此,但却没有人揪住此不满不放。

非认知主义者会通过挑战我们对"坏恶(badness)"的描述入手,来开创这一提案,其涉及:(a)命令某人既要避免撒谎,而且当避免撒谎时也要避免残忍,同时(b)不会命令他仅仅避免残忍。当然,非认知主义者会争辩说,(1')—(3')的善好之处与"当(when)"的含义(meaning)密切相关,正如(1)—(3)在逻辑或形式上的值与"如果(if)"的含义(meaning)密切相关一样(黑尔 Hare,1952;斯玛特 Smart, 1984)。那么,为什么我们不能获得我们的原初论证在形式上或逻辑上的有效性呢(通过将其有效性与其祈使句表述在形式上或逻辑上的可能善好加以对比)? 在这两个例子中,不融贯性都是"逻辑上的",这正是因为它是"语义学的",或者说,是从论证中某些核心表述的含义中推导出来的。

但是,一方面是"如果"、"或"、"且"、"非(不)"、"一些""所有""很多"等经典逻辑表达的含义,另一方面是用这些词语来表述的论证的有效性或形式上的善好,这二者之间有何关联呢? 在经典解释中,一个词(如"或")的含义决定了一个**真值函项**(truth-function):从句子的真值到其表达式,一个函项被应用于句子的真值,而该句子的真值则是应用该句子的结果。用知识论的方式说,假设,知道说"或"这个词的含义,这当然就包含了知道如何从就你所知道的 P 的真假和 Q 的真假中去推断"P 或 Q"这个句子的真假。并且在这一层的思考中,领会了**析取**(disjunction)这个概念——依照规则,同语词"或"相互关联的那个概念——它包含着知道如何从对 P 和 Q 之真值的知识中去推断 P 或 Q 的真假。因此,在经典解释中,"或"的含义——或其含义中的某些核心部分——可以被准确地用一张完整的真值表表征出来——这就是完成了以上我们表征"有真前件和假后件的直陈条件句均为假"这一声明的那类模型。

对于"或"的经典真值表包含了这一声明:如果 P 为假且 Q 为假,那么"P 或 Q"则为假,但在其他情况中则为真。这一表格在于以下图示的前三列中。

P(撒谎是不道德的)	Q(残忍是不道德的)	P 或 Q	非 P
真	真	真	假
真	假	真	假
假	真	真	真
假	假	假	真

注意,当我们做图示来解释为何某个论证使用"或"是形式上善好的或有效的以及做图示来解释"或"的含义时,这两个图示是一样的。考虑一下,例如一个同时使用了"或"和"非(不)"的**析取三段论**(disjunctive syllogism):

4 "撒谎是不道德的"或"残忍是不道德的"。
5 撒谎是不道德的。
因此,
6 残忍是不道德的。

关于为何这一论证的有效性非比寻常,认知主义者能够解释——并同时说明析取三段论的稳靠性——通过以上图示中阴影部分的真值,因为正如表中所展示的,当(4)和(5)为真时,(6)不可能为假。①

因而,存在着两种对于非认知主义者的实质性挑战——非认知主义者否认"或"和"如果"的含义以经典的方式决定了陈述性道德论证在形式上的善好,如(1)—(3)和(4)—(6);相反认为是以另外一种方式,即这些表达将论证的"有效性"烙印在了论证的形式之中。根据非认知主义者,(1)—(3)在形式上或逻辑上的善好是由"如果"的含义以某种方式固定下来的,**无论是什么方式**,其中"当"

---

① 最后两列表示我们的前提。阴影行表示我们的结论为假的情况。但是,阴影行的最后两列各包括一个"假",所以我们这里的前提不是真的。因此,没办法使得我们的前提为真而结论为假。

的含义被认为决定了以上那种祈使性论证(1')—(3')在形式上的有效性。然而,"当"的含义怎么就使得(1')—(3')成为形式上善好的论证了呢?既然非认知主义者认为道德语句可以既非真也非假,那么,对于经典认知主义者在解释一般推理之有效性时所使用的核心元素,非认知主义者就必须一概不用而来回答这一问题。当解释什么使得祈使性论证(1')—(3')在形式上善好时,非认知主义者必须将**真值**函项替换为一种完全不同的结构和关系,连同关于稳靠性和有效性的种种次句级(sub-sentential)模型,这些模型采用了**指称**(reference)和**满足**(satisfaction)之间的关系。

看上去,非认知主义者有两条途径来完成这一任务。其一,他或许会修改或增强假言推理、析取三段论和推理的类似规则,以便达到被命令、感叹或其他非陈述形式所明确定义的种种规则。例如,他或许会发展出一套自身具有句法和语义的**祈使逻辑**(imperatival logic),以便对"什么使得(1')—(3')这类论证在形式上善好"这样的问题给出一个一般性的解释(弗拉纳斯 Vranas, 2008)。接着,他或许会尝试着给出一套**翻译指南**(translation manual),以祈使的形式(就像(1')—(3')那样)表征着表面上为陈述性的道德语句(就像(1)—(3)那样)。倘若这些都能实现,非认知主义者便可接着尝试为认识主义者所谓的直觉"洗白"(explain away):在经典意义上,(1)—(3)确实是有效的,非比寻常。他或许会争论说,在这一案例中,我们的直觉所真正追随的东西是那种经典有效性在祈使句上的类比,它正是由我们对道德论证的祈使句翻译所例证出来的。

但让我假定,这一提案的前半部分能够成功完成,逻辑学领域的专家都能很好地理解祈使逻辑,以及附随着的对"祈使句之有效性"的刻画,这种有效性并非根据"真"和"假"来表达,而是根据对所讨论之祈使的"满足(satisfaction)"和"违反(violation)"或者"有约束力(bindingness)"和"无约束力(non-bindingness)"来表达(弗拉纳斯 Vranas, 2008, 531)。换言之, 假设一个祈使性论证是**非有效的**(i-valid), 仅当其前提是有约束力(binding)而其结论则是无约束力的情况下, 或者, 其前提被满足而其结论则被违反的情况下。并且, 让我们假设(1')—(3')在一种或两种情况下都是非有效的。那么, 我们为什么要沿着非认知主义者的方式, 根据祈使性道德论证非经典的**非有效性**(i-validity)来理解陈述性道德论证表面上显然经典的**有效性**(validity)呢? 我们只能通过把祈使性论证转译成陈述性论证才能理解祈使性论证的有效性, 为什么这就不更加可信呢? 换言之, 或许我们将(1')—(3')刻画为形式上善好的, 只是因为我们悄悄将其转化为了(1)—(3)那样的(或其他类似的)经典有效性罢了。也或许, 关于所提供出的两种不同观点, 最为可信的是, 论证的这两种形式都不能相互还原为对方。①

或者, 非认知主义者会采取一种更为直接的、正面的径路, 并通过向**陈述性**道德语句自身提供出一个非经典的语义, 来说明道德论证非比寻常的形式善好性——这一策略具体是由马克·理查德(Mark Richard, 2008)和施罗德(Schroeder, 2008)做出的。但如果非认知主义者想把这一径路中的激进暗示最小化, 他就必须争论说, 逻辑术语实际上在其道德上和非道德上的使用是模棱两可的。也许, 当"或""非(不)""如果……那么"在非道德的陈述句中被使用的时候, 通过表征出其所指示的真值函项, 真值表确实精确地抓住了它们在方方面面的含义(meanings), 但是, 对这些术语在道德语句中所产生的意义(significance), 最好的表征却是由某种类似情感、欲望或者"专业态度"这样的函项(function, 功能)向他人展示出

---

① 关于祈使逻辑及其所引发的哲学问题的扩展资料可参看弗拉纳斯(Vranas, 2008)。关于那些试图把祈使句的意义还原为各种陈述句的意义的人物名单, 同上参看538, n.33。弗拉纳斯认为, 为条件句提供正确语义这件事强迫着祈使逻辑学家们利用这样三个值——他们喜欢用"满足了的(satisfied)"、"未被满足了的(unsatisfied)"和"无效的(avoided)"——并且所得到的系统与陈述句的话语逻辑不同构。倘若弗拉纳斯是正确的, 不管是(1)—(3)的经典有效性还是(1')—(3')祈使句有效性都不能还原为彼此。

来的(或者说,经历着这些情感或采取了这些专业态度才能肩负起"承诺")。这里,对在道德上使用"如果……那么"所涉及的函项必须精挑细选,以便能够为类似(1)—(3)那样的道德论证建立起非认知主义式的有效性;并且一旦该函项向其他的连接词以及那些遵循其规则(采纳了的或排除了的)的论证提供出一个语义,我们就必须给出相似的关切。①

然而,这一径路的显而易见的困难在于:逻辑关联可以一下子被前后融贯地应用于道德和非道德语句之中。例如,考量有着道德负荷(morally loaded)前件和非道德后件的条件句,例如"如果这件事是道德上不允许的,特蕾莎修女就不会去做它",或"二等兵穆斯特尔总是冲在前线,因为落后就是不道德的"。当然,非认知主义者或许会明确规定:对于具有道德成分的、逻辑上复杂的陈述句中的连接词,必须始终给出非经典的解释;而对于价值中立的语言,则保留经典的语义学。但这看上去并不可信。假设我听到某人说:"假如乔治不去做这件事,那么这件事确实是……",这仿佛超出了他的听觉范围。我坚持必须追问句子的剩余部分才能解释我已经听到的语词,这一说法可信吗?我对"如果……那么"这一用法的理解是否依赖于说话者以"代价高的"或是"非道德的"来结束他的言语呢?当然不是的。既然我理解了"如果",我就知道其中所宣称的某事物是假的,乔治没做啥事,至少现在还没做呢。我知道这,而无须知道那句话里的"……"里填了什么东西。

那么,正如施罗德(2008)所建议的,对于逻辑连接词,非认知主义者或许应当把他那种非常态的语义学从整体上给出来(对比理查德,2008,58–59)。但这也就全面破坏了经典逻辑学在自然语言中的应用,比如,妨碍了我们运用以上两个真值表中的第一个来解释那种非比寻常的有效性:

---

① 比如可以参看理查德(Richard's, 2008, 63)对"承诺有效性"的说明。

1" 撒谎是常见的。
2" 如果撒谎是常见的,那么残忍就经常是被断言出来的。
因此,
3" 残忍经常是被断言出来的。

并且,在解释如下问题的善好时,如果非认知主义者宣布放弃对"真"的使用:

7 诚实是义不容辞的。
因此,
8 诚实并非不是义不容辞的。

那么,一旦非认知主义者通过逻辑等价物来建立张力,他就几乎无法言之凿凿地解释像拳击推广人唐·金[①]那样所展示出的言语技巧了。

7' 泰森并非不在屋里。
8' 泰森在屋里。

当然,道德非认知主义者并不打算否认,金在向人们叫嚣着(7')时是说出了某些真的东西,因为这位重量级拳击手为了比赛正在绑手。但很难理解,非认知主义者怎么来合认(8')在这一情况下也必须为真。但如果非认知主义者并不打算假定"非(不)"的含义有歧义,那么我们在这里就必须对我们(经典的)论证的稳靠性做出一个解释,这一稳靠性完全关联着"非(不)"的含义。根据我们所考

---

① 唐·金(1931—),当今世界最成功最有影响的职业拳击推广人。到目前为止他已在全球成功地推广了 500 余场拳王争霸赛,他先后做过阿里、福尔曼、泰森、霍利菲尔德及鲁伊兹等世界著名拳王的推广人。(译者注)

虑的这种非认知主义而言,"非(不)"是单义的。并且,从情感到情感、从承诺到承诺……诸如此类的功能正确表征出了它的这种唯一含义。而只根据(7')的真实性、经典的**双重否定**(double-negation elimination)之真值定义的稳靠性、推广人在这里所遵循的推理规则,对于唐·金论证的稳靠性就会有一种自然的、几乎不可反驳的解释被表述出来。对于非认知主义来说,这一事例是否强到能使我们对日常论述逻辑的理解做出大幅度修正呢?

为了回答这一问题,我们必须来检验这一被用于代表强非认知主义的事例。但目前,我们只能在这里简单地提示一下:对于"真"来说,这种前后融贯性是不充分的。即便强非认知主义最终可以被形式化为一个前后融贯的、说明性的充分形式,尽管如此,它也可能仍然被大大误解了。

然而,值得注意的是:弗雷格—吉奇问题并不产生于非认知主义的**弱形式**——正如黑尔(Hare, 1952)所提出的并为戴维·库普(David Copp, 2001, 2007)所认同的那个观点——就最初的或最基础的道德语言的功能而言,它是对情感或欲望的表述而不是对信念的表述,带有道德性内容的语句**也**被用来声明种种道德命题并表达种种道德判断。① 当我说你对我撒谎是错误的时候,我一上来所做的是表达我对你撒谎的愤怒,或者表达的是我对你不要继续撒谎的期望,而同一言语也同样表达了我的信念——我坚持认为你撒谎是错误的——但是,事情真是这样的吗? 或许,当我对一个做出了慷慨行为的小孩子柔声细气地说出一句句法上的陈述句"你真是个好孩子"时,鼓励多于描述。无论如何,即便这是正确的,这种弱的非认知主义对道德知识论的合法性产生不了任何威胁。只要我们对道德词汇的使用所给出的功能之一是表述道德信念,只要道德信念

---

① "那些情感主义理论家们,他们认为道德言说的功能在于引起情感,只有当这些人用无法定义的东西替代了明确定义的东西,他们才可能是正确的"(MacIntyre, 1957, 329)。还可参看高曼(Goldman, 1988b, 13 - 14)。

在遵从知识性评估这件事上像我们的日常信念那样有所表述,那么我们在这里所关注的这项调查研究就是一种合情合理的追求。

但一种弱的非认知主义更为简化的形式是否会认为,我们不但使用道德语言去表达我们的情绪,而且还用其来主张一系列完全**非道德**(non-moral)的命题?即便这种立场会对道德知识论的融贯性产生威胁,但它在摩尔的"开放性问题的论证"面前也貌似脆弱不堪。确实,这种弱的非认知主义也只是我们前文所探讨过的弗雷格立场的一个版本而已。因为,考虑一个任意的道德语句:例如"撒谎是不道德的。"根据已给出的立场,这一语句同时被用于:(i)表达一种情绪,并且(ii)主张一个价值完全中立的命题——依照它在语义学上或逻辑上的相关内容。那么,是哪一种立场呢?如果摩尔是正确的,那么选择就几乎无足轻重。① 它可以是"撒谎为我们所有人谴责"这一命题,或"撒谎减损了我们的幸福"这一命题,或"可以撒谎这样的座右铭不能成为普遍的行动指南"这一命题。如果其中任一命题是"撒谎是不道德的"这一约定俗成的含义,那么这一命题也就是某人相信撒谎之为不道德时所相信的命题,主张"撒谎是不道德"的人就会主张撒谎是被共同谴责的、减损幸福的或不能被普遍化的。认为撒谎是不道德的,然后又质疑它是否要被共同谴责(等等),就是前后不融贯的。那摩尔就会说,一旦同时怀疑撒谎是被共同谴责的、减损幸福的或不能被普遍化的,这看上去好像我们这些理解了"撒谎是不道德"的人还能够前后融贯地坚持主张它的真理性似的。道德思考既是真实的,也是自治的。

---

① 这"几乎"无关紧要,因为非认知主义者可以通过选择一个与撒谎和不道德无关的显而易见的真理来逃避这种反驳:比如这样的事实——说话者宣称撒谎是不道德的,或者这样的事实——2+2=4。宣称撒谎是不道德的同时又怀疑这后面两个命题,这就不合理,但是对于"撒谎是不道德的"的认知内容来说,它们都不是看上去合理的选项。

8.5 本章总结

抛开这里的种种困难,弗雷格式的理论家已然争辩说,道德术语可以被定义,并且事实上,道德术语就等同于它们价值中立的定义。根据弗雷格式的理论家,这两种表达的区别仅仅在于:价值负荷的语言倾向于包含强烈的感觉和情绪。于是,弗雷格式的理论家将道德知识等同于种种心理事实或社会事实的知识。然而,摩尔的开放性问题驳斥了这种对道德思考的弗雷格式处理。

我们没有道德信念(或,非道德的信念)可以根据知识论来加以评判——倘若非认知主义者的这一看法是正确的,那么道德知识论便不能够用标准的研究方式来进行。非认知主义者争辩说,我们在日常实践中称某些道德信念为"真"而另一些为"假",我们寻求着用以支持某些道德信念的"证据",以及我们把某些道德判断标示为"草率的"或"无根据的"而把另一些标示为"有充分根据的"或构成"知识"的——然而,这一切都毫无意义——"弗雷格—吉奇问题"对这种形式的非认知主义提出了一个强有力的反例。非认知主义要求我们抛弃区分坏论证和好论证的标准方法,连同那些经典的解释方法——解释为何某些推理是逻辑上正确的或形式上有效的。并且,虽然对所需严格性的某种修正可能被证明是前后融贯的,尽管如此,它仍可能是错误的。道德知识论者会欣然承认,道德语言具有许多功能。它可以被用于赞扬、劝诱、命令、建议。只要它还能被用来表明着主张,表达着特定的道德信念——这种信念承认真理、证成性、证据支持,那么求索着道德知识论及其层阶方法就依然是合情合理的。

8.6 拓展阅读

弗雷格曾在《逻辑》一文中,对语义和语调做出了区分,这篇文章在他去世后得以发表,并同其他作品一起被收录进迈克尔·碧尼编著的《弗雷格读本》(Michael Beany, *The Frege Reader*, 1997)中。弗雷格所做的另一个更为著名的区分是意义和指称,迈克尔·达米特在《弗雷格:语言哲学》(Michael Dummett, *Frege*: *Philosophy of Language*, 1973)一书中对此所做出的探讨极有助益。密尔在其颇具影响力的著作《功效主义》(Mill, *Utilitarianism*, 1861/1998)一书中发展了弗雷格的功效主义,并为这种理论提供了一个更为可信的版本。摩尔在其《伦理学原理》(*Principia Ethica*, 1903/1929)一书的第一章中对这种立场作出了著名批判。泰伦斯·霍根和马克·蒂蒙斯所编著的《摩尔之后的元伦理学》(Terrence Horgan and Mark Timmons ed., *Metaethics after Moore*, 2006b)一书中的很多篇章都对摩尔这一批评的力量和局限加以了强调。

非认知主义根植于逻辑实证主义者的语义学观点,其著作包括:艾耶尔的《语言,真理与逻辑》(A. J. Ayer, *Language*, *Truth and Logic*, 1946/1952);鲁道夫·卡尔纳普的《哲学与逻辑句法》(Rudolph Carnap, *Philosophy and Logical Syntax*, 1973);查尔斯·史蒂文森的《伦理学与语言》(Charles L. Stevenson, *Ethics and Language*, 1944)以及《事实与价值》(*Facts and Values*, 1963)。皮特·吉奇在《归因主义》(Peter Geach, "Ascriptivism", 1960)、《断言》("Assertion", 1965)等文章中驳斥说非认知主义并没有前后融贯地解释逻辑复杂的道德语言。皮特·瓦纳斯发展出了适用于祈使句论证的有效性观念,并在其论文《祈使句逻辑的新基础》(Peter Vranas, "New Foundations for Imperative Logic", 2008)中援引了大量相关文献。马克·施罗德在《为何存在》一书中(Mark Schroeder, *Being For*, 2008)以及马克·理查德在《真理何时出现》一书中(Mark Richard, *When Truth Gives Out*, 2008)中,通过描述有效性的表达形式来处理了弗雷格—吉奇问题。

术 语 表

abduction 溯因推理：一种推理形式，即从前提 p 以及附加前提(q 提供了对 p 的最佳解释)，得出结论 q。

amoralist, motives（非道德主义）动机：一个人应该知道他在道德上有责任做什么，不被任何方式激励就能尊重他的种种责任。

amoralist, reasons（非道德主义）理由：一个人应该知道他在道德上有责任做什么，没有任何理由就能尊重他的种种责任。

anti-skeptical project, ambitious 激进的反怀疑论计划：完全针对着怀疑论来论证，论证我们有道德知识或者证成了的道德信念。

anti-skeptical project, modest 温和的反怀疑论计划：面对怀疑论的挑战，保守着道德知识以及持有道德信念的证成性。

a posteriori knowledge 后验知识：依赖于经验、实验或观察的知识，我们在自然科学中的知识基本都是这种知识。

appraisability, moral（道德上的）可评价性：如果要用道德术语对一个动物进行恰当的评价，那么这个动物所必须满足的种种条件。

a priori knowledge 先验知识：独立于经验、实验或观察的知识，数学知识基本都是这种知识。

augmented inferential externalism 增强推理的外在主义：它主张，如果主词 S 知道命题 P，并直接从 p 推出其所蕴含的 C，且仅仅通过反思就可以知道该推论的有效性，则 S 知道 C。

authority of moral obligations 道德责任的权威性：它主张，如果你在道德上有责任避免某些行为，那么你就应当周全地避免它。

basic moral knowledge 基础的道德知识：我们对彼此所提出的道德论证之前提的知识，比照着这些论证的结论。

besires 信欲：信念与欲望的混合体。信欲本应该是心智的状态，像信仰那样承认真假；但又像欲望那样，一旦行动者执行一些行动或实现一些目标时，它就被满足了。

canonical moral knowledge 规范的道德知识：以核心的或范式的方法所达成的道德知识。例如，我们通过看对象的颜色来获得关于其颜色的规范知识。但如果我们看不到它，那我们就可以通过询问那些看到过它的人，来获得其颜色的衍生物或非规范知识。

catch-all hedge 包罗万象的限定："所有相当的事物"、"通常地"、"倾向于"或"除非在特殊情况下"。一个包罗万象的限定是一种修改原则以避免反例而对例外不加详细说明的方法。

categorical imperative, formula of humanity（人性公式）绝对命令：康德认为，我们从不应当把人性（无论我们自己的还是他人的）只是作为一种手段，而总是作为一个目的。康德用"人性"来表示我们自己为自己设定计划的能力，将它们组织成关于我们生活的一项前后融贯的计划，并且有效地追求我们为自己所设定的目标。

categorical imperative, formula of universal law（普遍法则公式）绝对命令：康德声称你应该依据准则和原则行事，但只有那些你可能同时作为普遍法则来意欲又作为普遍法则来立法的准则和原则。你应当按法则行为，这件事符合某种测试：(a) 当你行你欲行之事时，你可以前后融贯地或合理地有所行为，而 (b) 在你合理地行此事的同时，你也就是在实现行为之普遍法则的首要部分。

categoricity of morality 道德范畴：倘若在任何情况下，你在道德上都有义务克制某个给定的行为，那么你如此守义就不可能依赖于你所碰巧缺乏的某种欲望（或欲望的结构）。

cognitive disagreement 认知上的分歧：S 因为相信 P 而晓然地断言了 P；此后另一个人 S* 断言了非 P，因为 S* 相信非 P，并且 S*

想要否认的正是他明知 S 已经断言了的那个命题。

coherentism, minimal（最低限度的）融贯论：对于相信命题 p，通过接受一系列明确的理由即 q1≠p…qn≠p，某人就能被证成为相信命题 p，即便在他相信一个或多个 q1…qn 的理由中至少有一个是 p 本身。

confabulation 虚构：在判断或行为既成事实之后，对其编造理由。

constructive moral epistemology 建构性的道德知识论：通过假设来试图解释我们实际所拥有的道德知识。

contextualism, moral（道德上的）语境主义：一个或多个道德表达式都恰当地用于指示或表述不同言说语境下的不同事物。那么，包含着该表达式的语句将被恰当地用于断言不同社会语境下的不同事物。

debunking explanation 揭露式解释：对一系列信念或概念之起源的解释，该解释把这些信念的真理性和可靠性及其所涉及概念的真理性和可靠性都置于了怀疑之中。

deduction 演绎论证：从一些已蕴含结论的前提中推断出结论。符合这一描述的推论就是演绎论证，其中推论的形式应是演绎的。

defensive moral epistemology 辩护性的道德知识论：试图表明我们拥有道德知识。

deontic logic 道义逻辑：对推论的一种系统化解释，这些推断包含着诸如"责任"和"许可"这样的术语。

disagreement, the argument from moral（道德论证上的）分歧：其主张道德虚无主义或道德怀疑论是对我们在道德问题上意见截然不同的最佳解释。

disjunctive syllogism 析取三段论：一种论证——前提（1）P 或 Q；以及（2）非 P；以及结论（3）Q。或者说，"析取三段论"表示一种规则，它允许人们构建一种证明，从前提 P 或 Q 以及非 P 中推出 Q。

doctrine of recollection 回忆说：主张一种先验的知识，这种知识可以从我们早先就学会了的存在中被回忆起。

empathetic basis 移感的基础：你关于 p 的知识是非推论性地建基于移感之上的（或以移感为基础），如果：(i) 你用移感思考 p，而且 (ii) 你随后的情感反应导致你相信 p，而不是任何从你所知或所信明确的命题出发推论出 p。

empathy 移感：一种过程，即你(a)从他人的视角考虑一个事件、行动或情况，以及(b)在情感上以恰当的方式回应（你认为）那些可能对他有所影响的情况。需要注意的是，有些理论家会将"移感"限制于(a)，然后用"同感"来指示(b)。

empiricism, moral（道德上的）经验主义：由于所有道德知识都取决于（情绪或情感的）经验，所以一切道德知识都是后验的。

entailment 蕴含：p 蕴含 q，仅当"p 为真而 q 为假"不可能时。

epistemic value 知识论上的价值：一个论证在知识论上有价值，仅当一个人用此论证从他关于其前提的知识（或者，在其前提中他所恰当持守的信念）中得到了关于其结论的知识（或者，其结论中所证成了的信念）。如果日常理解是可信的，那么即便执行某些论证的人不知道它们是有价值的（或有效的），这些论证在知识论上却依然有价值，然而其他论证只有当我们知道它们是有价值的（或有效的）时候，它们才有价值。

epistemology 知识论：关于知识及其相关现象的研究。

externalist epistemology 外在主义的知识论：(i)这样一种关于知识的解释：允许将知者并不知其所有的知识视为知识；(ii)这样一种关于知识的解释：即便当知者没有一个可行的论证、推论或一组证据来为他的知识加以支持或辩护时，却依然允许将这种知识视为知识。

first-level epistemological inquiry 一阶的知识论考察：对特定知识论评价（例如批判和赞赏）的描述，这种评价针对的是人及制度所持有的信念和信念形成的实践。

first-level moral inquiry 一阶的道德考察：对特定道德评价（例如批判和赞赏）的描述，这种评价针对的是人及制度的动机和行为。

folk physics 民间物理学：当我们解释和预测日常生活中无生命物体的行为时，我们所使用的概念和做出的假设。

folk psychology 民间心理学：当我们解释和预测日常生活中他人的行为、判断和决定时，我们所使用的概念和做出的假设。

foundationalism, minimal（最低限度的）基础主义：我们能够且确实出于理由而有所相信，但我们的理由却并非我们所相信的确切事物。例如，$2+2=4$ 这个事实或你感到疼痛这个事实可能本身就构成了一个很好的理由来使你相信 $2+2=4$ 或你感到疼痛。又如，你面前有一个红色的东西，一个恰切于此的经验过程可能本身就为你提供了一个很好的理由去相信你面前有一个红色的东西。

generalists 普遍主义者：那些认为道德的普遍一般性在知识论和形而上学上扮演着重要地位的理论家。

Gettier example 盖蒂尔之例：这样一个例子：某人对某命题有一个真的、证成了的信念，但却不知道该命题。

Hegelian, strict（严格的）黑格尔主义：认为，当某人的痛苦和遭受是他应得的时，这些疼痛和受苦在本质上或本来就是善好的。

Hobbesian response 霍布斯主义者的回应：一种挑战，其所针对的主张在于，声称美德和恶行有助于对人类行为提供出最佳的解释。霍布斯主义者试图证明，对我们行为的更佳解释总是能用价值中立的语言来表达。

how question "怎么"的问题：我们怎么知道我们所知道的？

Humean response 休谟主义者的回应：一种挑战，其所针对的主张在于，声称可以直接从行为观察中推断出"是美德"或"是恶行"。根据休谟主义者，像怯懦或勇敢这样的厚品性可以直接从行为观察中推断出来。但休谟主义者试图证明，关于懦弱之为"恶行"

和勇敢之为"美德"则是实质性的且是后验的。

incoherent evaluative practices 不融贯的评价性实践:x 是正确的(或者 x 是知识)并且 y 是错误的(或 y 是无知)——当 x 和 y 之间不存在相关的差异足以支撑评价的差异,那么这样一个判断就是不融贯的。

induction, intuitive(直觉的)归纳推理:所谓直觉的归纳推理是这样一种推论:从某人对实际情况的非推论性知识(这种实际情况例如,z 是一句谎言,是错误的;y 是一句谎言,是错误的,等等)中,推论出了道德的普遍性(比如,撒谎是错误的)。

inference to the best explanation 对最佳解释的推论:见"溯因推理"。

inference to the best explanation, ubiquity of 最佳解释的推论(的普遍性):吉尔伯特·哈尔曼认为,对某人 S 来说,为了能够非演绎式推论地知道命题 q,则 S 必须在以下两种情况下才能为真:(a)他能够观察到、回忆起或反思及某些命题 $p_1……p_n$;以及(b)相对于其它任何竞争性提案,为了更好地解释 $p_1……p_n$,q 是必不可少的。

inferential role account(of epistemically valuable inference)(对在知识论上有价值之推论的)带推论作用的说明:如果主词 S 知道命题 P,并且由 P 可以直接蕴含出 C,那么 S 知道 C,当且仅当他要么(a)知道自己的推论是有效的;要么(b)必须像他掌握了 P 或 C 那样地去推论。

infinite regress argument 无穷回溯论证:一种从三个初始前提而来的怀疑论论证:(1)如果 S 知道 p,那么 S 就被证成为相信 p;(2)如果 S 被证成为相信 p,那么 S 一定有某种理由相信 p;(3)S 有某种理由相信 p,那么这必定在于 S 可证成地相信 $q \neq p$。这就导致了皮浪主义者质疑性地强迫那些接受了(1)—(3)的人在循环证成、无穷证成和怀疑论中做出选择。

infinitism 无限论：对于相信 p，由于某个明确的理由即 $p_1 \neq p$，S 就能被证成为相信 p；同理，对于相信 p_1，由于某个明确的理由即 $p_2 \neq p_1$，S 就能被证成为相信 p_1……同理，对于相信 p_n（所有 $n > 2$），由于某个明确的理由即 $p_{n+1} \neq p_n$，S 就能被证成为相信 p_n。

internal moral sanction 内在的道德制裁：一种道德行为的动机，该动机并不取决于行动者判断他人将会给予其何种奖惩所带来的影响。

intuition 直觉：这一术语有多种不同的意义：一种信念；一种非推论式证成的信念；一种非推论性的知识；一种关于反思的行为，它为一个人提供非推论式证成的信念或非推论性的知识；或是，我们实施如此反思行动时的能力。

intuitionism, moral（道德上的）直觉主义：主张我们拥有非推论性的道德知识或者非推论式证成的道德信念。

invariantism, moral（道德上的）不变主义：对道德语境主义的反对。不变论者主张，对于道德术语的意义和指称在其被言说出的语境变化中不会以任何相关的方式变化。

justified belief 证成了的信念：一种信念，它完全不会屈从于某些形式的批判。

m-how question 道德上的"怎么"问题：我们是怎么知道我们所知道的这些道德事实的？

M'Naghten 麦克诺顿原则：该原则承认，对于任何被告人"不知道其所行之行为的本质和性质；或即使他知道……他也不知道他的行为是错误的"，在这种情况下允许对其进行"以精神病为由而无罪"的辩护。

modus ponens 假言推理：以此为前提的论证：前提（1）"P"；（2）"如果 P 那么 Q"；和结论（3）"Q"。或者，"假言推理"可以被表示为一种规则，即允许某人构造一个证明，从前提"P"和"如果 P 那么 Q"中推出"Q"。

moral epistemology 道德知识论：关于我们是非对错的知识以及相关话题的研究。

moral grammar 道德语法：一套所谓的关于先天知道或相信的道德原则，在某些方面类似于乔姆斯基的普遍语法原则。

motives internalism 动机的内在主义：如果一个人有意识地或明确地知道他在道德上对 X 有责任，即他有动机去做 X，因此他就去做 X——除非被相反的动机或外在的困难妨碍了。

motives internalism, radical（激进的）动机内在主义：任何人认为自己知道了 X 是道德上的责任，只要他持有这个知识，他就总对 X 有个义无反顾的动机。

motives internalism, weak（温和的）动机内在主义：对某一行为之道德不许可性的详述，该详述将会提供（或甚至构成）某种与该行为之表现相反的动机。

m-what question 道德上的"什么"问题：我们知道什么道德事实？

nativism, moral（道德上的）先天论：我们拥有一套实质性的先天道德信念。

nihilism, moral（道德上的）虚无主义：一种认为不存在道德真理的观点。

open-question argument (Moore's)（摩尔的）开放性问题的论证：主张"善好"不能被还原式的定义，或通过同义词（诸如"功利"、"幸福"或任何类似的断言 F）来把握，因为我们总是能有意义地追问：被称为 F 的东西是否也是善好的。

particularists, radical（激进的）特殊主义者：那些反对有任何类型的真实道德原则的理论家们。

phenomenological 现象学的：这个词是属于或者关于——在给定时间里，对主体而言，事物是什么样子的；主体经验之内在本质的方方面面；那些占据主体注意力的思想、感受或事件。

positive（epistemic）support 积极明确的（知识论上的）支持：为某命题提供了支持的某些实质性的东西,它证成了某人相信该命题。关于积极的支持,其最清晰的例子将会成为某种证据,相信者在为其所相信的东西加以辩护时可以引用这种证据,尽管产生信念之过程的可靠性同样也可以。

presupposition, non-negotiable 不可商榷的预设：一种通常被归因于所谓现象的特征,且这种现象必定具有这种特征,倘若它要存在的话。例如,如果没有什么东西独立于我们的思维而存在,那就没有物质对象。对于物质对象而言,独立性就是一个不可商榷的预设。

prima facie right 缺省态正确的：(在某个确定的语境中)倘若对于一个理性主体来说,一种行为、事件或制度是看上去就正确的,那么它就是缺省态正确的(与该语境相关)。例如,帮助一个人过马路是缺省态正确的,因为但凡一个理性主体看见这种事都会认为是正确的。

pro tanto right 至此阶段正确的：一种行为、事件或制度是至此阶段正确的,且它就是(将是)正确的,只要排除掉所有的例外情况。例如,恪守承诺就是至此阶段正确的,因为只要守诺者不是故意做很多坏事破坏他的诺言,或守诺者并非被迫做出承诺等,那么恪守承诺就是正确的。

Pyrrhonian problematic 皮浪主义者的质疑：一旦遇到无穷回溯论证,我们就会面临该质疑。我们必须同基础主义者一样,要么否认其中一个前提,要么在循环证成、无穷证成和怀疑论中做出选择。

rationalism, moral （道德上的）理性主义：我们拥有大量实质性的先验的道德知识。

reactive attitudes 反应态度：对于道德和不道德的情感反应。

reasons internalism 理由的内在主义：如果一个人有意识地或

明确地知道他在道德上对 X 有责任,即他有理由去做 X,因此在没有大量实质性的理由来反对做 X 的情况下,X 就是他最有理由去做的。

reasons qua brute causes 作为本质原因的理由:原因。

reasons qua rationalizers 作为合理化说明的理由:行动者在行动时的心智状态,正是这一心智状态使得所执行的行动变得可理解。

reasons qua relevant considerations 作为相关考量项的理由:赞成与反对;在对所做出的行为、决定或判断加以支持(或反对)时的考量。

reflection 反思:对一个主张建立或加深理解的途径,这个主张假设向你提供了对该主张非推式证成的信念,或提供了对该主张之真理性的非推论知识。

reflective basis 反思的基础:你关于命题 P 的知识是非推论性地建基在反思之上的(或根据反思才知道的),仅当:(i)你以一种完全知性的方式推理出关于 P 的已证成信念,而(ii)这思考过程是内在于你对 P 的理解的(或是其一部分)。

reliability 可靠性:比起虚假的信念,倘若信念形成的过程或方式确实产生——或者在运行或使用的时候恰当地产生——实质上更多的真实性,那么这个过程或方式就是可靠的。

second-level epistemological inquiry 二阶的知识论考察:对一阶知识论考察所揭示的特定知识论评价的评价(批判性检验)。

second-level moral inquiry 二阶的道德考察:对一阶道德考察所揭示出的特定道德评价的评价(批判性检验)。

simple inferential externalism 简单推论的外在主义:如果主词 S 知道命题 P,且就此直接推论出了 P 所蕴含的结论 C,那么 S 就知道 C。

simple inferential internalism 简单推论的内在主义:如果主词

S 知道命题 P,且就此直接推论出了其所蕴含的结论 C,那么 S 就知道 C,当且仅当 S 也知道这一推论是有效的。

simulation theories 模仿论:说明了我们对他人之思想和感受的理解,该说明强调的是想象和换位思考(perspective-taking)的作用。

skepticism, Lockean (洛克式的)怀疑论:我们没有非推论的道德知识,也没有任何非推论式证成的道德信念,即便我们对各种各样的非道德事实有非推论。

skepticism, moderate moral (温和的道德)怀疑论:我们没有道德知识。

skepticism, purely epistemic moral (纯粹知识论上的道德)怀疑论:不管道德真理存在与否,(极端地说)我们对相信它们无法证成,或(温和地说)至少我们无法知道它们。

skepticism, radical moral (极端的道德)怀疑论:我们根本无法正当地合理地持有任何道德信念。

social referencing 社会参照:参照他人来决定从事哪种行动,避免哪种行动。

solipsism, practical (实践上的)唯我论:指这种人,他认为别人不应当以某种方式对待他,然而他却可以正当地以这种方式对待别人,只因为他是他,别人是别人。

soundness, proof of (证明的)稳靠性:证明这一推断的形式并不存在无效的情况,即没有前提为真而结论为假的情况。要证明推论规则是稳靠的,就是要证明它从不允许无效的推论,即它从不允许从真前提中推出假结论。

supremacy of instrumental rationality (工具理性的)至上地位:如果你无论在什么情况下都不应当采取某些行为,那么一定有什么东西是你想要的,而你可以通过避免如此行为来得偿所愿——而且相较于你如此行为所能获得的东西,这才是你更想要的。

teleological scheme of individuation 对于个体化的目的论方案：一旦要建构关于我们心智和行为的理论，就归类于心理过程、模块以及它们运行的能力。

theory theory 理论论：说明了我们对他人之思想和感受的理解，该说明强调的是对共享的、在很大程度上默许的民间心理学理论之原则的应用。

thick concepts or terms of evaluation 厚概念或评价术语：类似于"虚荣的"、"残忍的"、"勇敢的"及"和善的"这些相当具体且提供了信息的语词或概念，对比于"好的"、"坏的"、"道德的"和"不道德的"这些更薄的语词或概念。

thin concepts or terms of evaluation 薄概念或评价术语：像"好的"、"坏的"、"道德的"、"不道德的"这些非常抽象且不提供信息的语词或概念，对比于"虚荣的"、"残忍的"、"勇敢的"及"和善的"这些更厚的语词或概念。

validity 有效性：一个论证（通常意义上）是有效的，仅当它前提为真但结论不为真的情况是不可能的。

verdictive 判定语：关于特定的行为、人或制度中的道德或不道德（对与错）的周全考量或总括判断。

"what" question "什么"问题：我们知道什么？

zero-level epistemological inquiry 零阶知识论上的考察：对人及制度的信念和信念形成（信念保有，信念修正）之实践（过程、方式）的描述。

zero-level moral inquiry 零阶道德上的考察：对于人及制度的动机和行为的描述。

参考文献

Abu‐Lughod, L. (1991), "Writing against Culture," in E. E. Fox (ed.), *Recapturing Anthropology*, Santa Fe, NM: School of American Research Press, pp. 137 - 162.

Adams, Ernest W. (1965), "A Logic of Conditionals," *Inquiry*, 8, pp. 166 - 197.

Adams, Ernest W. (1975), *The Logic of Conditionals*, Dordrecht: D. Reidel.

Adams, Ernest W. (1998), *A Primer of Probability Logic*, Stanford: CLSI Publications.

Allison, henry (1990), *Kant's Theory of Freedom*, Cambridge University Press.

Allison, henry (1996), *Idealism and Freedom: Essays on Kant's Theoretical and Practical Philosophy*, Cambridge University Press.

Alston, William (1976), "Two Types of Foundationalism," *Journal of Philosophy*, 73, 7, pp. 165 - 185.

Alston, William (1986), "Epistemic Circularity," *Philosophical Studies*, 47, pp. 1 - 28.

Alston, William (2005), *Beyond "Justification": Dimensions of Epistemic Evaluation*, Ithaca, NY: Cornell University Press.

Altham, J. E. J. (1986), "The Legacy of Emotivism," in G. Macdonald and C. Wright (eds.), *Fact, Science and Morality: Essays on A. J. Ayer's Language, Truth and Logic*, Oxford: Blackwell, pp.

275 - 288.

Anderson, Alan Ross (1958), "A Reduction of Deontic Logic to Alethic Modal Logic," *Mind*, 67, pp. 100 - 103.

Anderson, Alan Ross (1967), "Some Nasty Problems in the Formal Logic of Ethics," *Noûs*, 1, pp. 345 - 360.

Anscombe, G. E. M. (1958), "On Brute Facts," *Analysis*, 18, pp. 69 - 72.

Åqvist, Lennart (1984), "Deontic Logic," in D. Gabbay (ed.), *Handbook of Philosophical Logic*, Dordrecht: D. Reidel, pp. 605 - 714.

Arendt, Hannah (1963/1994), *Eichmann in Jerusalem: A Report on the Banality of Evil*, New York: Penguin.

Aristotle (384 - 322 BC/1984), *Eudemian Ethics*, J. Solomon (trans.), in *The Complete Works of Aristotle*, vol. II, J. Barnes (ed.), Princeton University Press.

Aristotle (384 - 322 BC/1984), *Nicomachean Ethics*, W. D. Ross, J. O. Urmson (trans.), in *The Complete Works of Aristotle*, vol. II, J. Barnes (ed.), Princeton University Press.

Arrington, Robert L. (1989), *Rationalism, Realism and Relativism: Perspectives in Contemporary Moral Epistemology*, Ithaca, NY: Cornell University Press.

Athanassoulis, Nafsika (2000), "A Response to harman: virtue Ethics and Character Traits," *Proceedings of the Aristotelian Society*, 100, pp. 215 - 221.

Audi, Robert (1993), *The Structure of Justification*, New York: Cambridge University Press.

Audi, Robert (1996), "Intuitionism, Pluralism, and the Foundation of Ethics," in W. Sinnott - Armstrong and M. Timmons (eds.),

Moral Knowledge? *New Readings in Moral Epistemology*, Oxford University Press, pp. 101 - 136.

Audi, Robert (1997a), "Moral Judgment and Reasons for Action," in G. Cullity and B. Gaut (eds.), *Ethics and Practical Reason*, Oxford: Clarendon Press, pp. 125 - 159.

Audi, Robert (1997b), *Moral Knowledge and Ethical Character*, Oxford University Press.

Audi, Robert (1998), *Epistemology: A Contemporary Introduction to the Theory of Knowledge*, London: Routledge.

Audi, Robert (1999a), "Moral Knowledge and Ethical Pluralism," in J. Greco and E. Sosa (eds.), *The Blackwell Guide to Epistemology*, Oxford: Blackwell, pp. 271 - 302.

Audi, Robert (1999b), "Self - Evidence," *Philosophical Perspectives*, 13, pp. 205 - 226.

Audi, Robert (2004), *The Good in the Right*, Princeton University Press.

Audi, Robert (2006), "Intrinsic value and Reasons for Action," in Horgan and Timmons (2006b), pp. 79 - 106.

Aydede, Murat (2005), "Introduction: A Critical and Quasi - historical Essay on Theories of Pain," in M. Aydede (ed.), *Pain: New Essays on Its Nature and the Methodology of Its Study*, Cambridge, MA: MIT Press, pp. 1 - 58.

Ayer, Alfred J. (1946/1952), *Language, Truth and Logic*, New York: Dover.

Ayer, Alfred J. (1956/1990), *The Problem of Knowledge*, London: Pelican.

Ayer, Alfred J. (1968), "Privacy," in P. F. Strawson (ed.), *Studies in the Philosophy of Thought and Action*, London: Oxford University Press, pp. 24 - 47.

Baier, Kurt (1958), *The Moral Point of View*, Ithaca, NY: Cornell University Press.

Ball, Stephen (1991), "Linguistic Intuitions and varieties of Ethical Naturalism," *Philosophy and Phenomenological Research*, 51, pp. 1 - 30.

Batson, Daniel (1991), *The Altruism Question: Toward a Social - Psychological Answer*, Hillsdale, NJ: Lawrence Erlbaum Associates.

Beah, Ishmael (2007), *A Long Way Gone: Memoirs of a Boy Soldier*, New York: Farrar, Straus and Giroux.

Bealer, George (1998), "Intuition and the Autonomy of Philosophy," in M. Depaul and W. Ramsey (eds.), *Rethinking Intuition: The Psychology of Intuition and Its Role in Philosophical Inquiry*, Lanham, MD: Rowman and Littlefield, pp. 201 - 239.

Beany, Michael (ed.) (1997), *The Frege Reader*, Oxford: Blackwell.

Bearak, Barry (2009), "Pope Tells Clergy in Angola to Work against Belief in Witchcraft," *The New York Times* (Sunday, March 22), p. 9.

Belnap, Nuel D. (1962), "Tonk, Plonk and Plink," *Analysis*, 22, pp. 130 - 134.

Bennett, Jonathan (1974), "The Conscience of huckleberry Finn," *Philosophy*, 49, pp. 123 - 134.

Bennett, Jonathan (2003), *A Philosophical Guide to Conditionals*, Oxford University Press.

Bentham, Jeremy (1780/1982), *An Introduction to the Principles of Morals and Legislation*, ed. J. h. Burns and h. L. A. hart (eds.), London: Methuen.

Berlin, Isaiah (1955 – 56), "Equality," *Proceedings of the Aristotelian Society*, 56, pp. 301 – 326.

Blackburn, Simon (1984), *Spreading the Word*, New York: Oxford University Press.

Blackburn, Simon (1988), "Attitudes and Contents," *Ethics*, 98, pp. 501 – 517.

Blackburn, Simon (1992), "Through Thick and Thin," *Aristotelian Society Supplementary Volume*, 66, pp. 285 – 299.

Blair, James K., Derek Mitchell and Karina Peschardt (1995), *The Psychopath: Emotion and the Brain*, Oxford: Blackwell.

Blair, R. J. R., E. Colledge, L. Murray and D. G. Mitchell (2001), "A Selective Impairment in the Processing of Sad and Fearful Expressions in Children with Psychopathic Tendencies," *Journal of Abnormal Child Psychology*, 29, 6, pp. 491 – 498.

Blair, R. J. R., L. Jones, F. Clark and M. Smith (1997), "The Psychopathic Individual: A Lack of Response to Distress Cues?" *Psychophysiology*, 34, 2, pp. 192 – 198.

Bloomfield, Paul (2001), *Moral Reality*, New York: Oxford University Press.

Bloomfield, Paul (2008), "Comment on Doris and Plakias," in Sinnott – Armstrong (2008b), pp. 339 – 344.

Blum, Lawrence (1994), *Moral Perception and Particularity*, Cambridge University Press.

Boghossian, Paul (1997), "What the Externalist Can Know A Priori," *Proceedings of the Aristotelian Society*, 97, 2, pp. 161 – 175.

Boghossian, Paul (2000), "Knowledge of Logic," in P. Boghossian and C. Peacocke (eds.), *New Essays on the A Priori*, Oxford: Clarendon Press, pp. 229 – 254.

Boghossian, Paul (2001), "How Are Objective Epistemic Reasons Possible?" *Philosophical Studies*, 106, pp. 1 - 40.

Boghossian, Paul (2003), "Blind Reasoning," *Aristotelian Society Supplementary Volume*, 77, pp. 225 - 248.

Bohannan, Paul (1968), *Justice and Judgment among the Tiv*, Oxford University Press.

BonJour, Laurence (1980), "Externalist Theories of Epistemic Justification," *Midwest Studies in Philosophy*, 5, pp. 53 - 73.

Bon Jour, Laurence (1985), *The Structure of Empirical Knowledge*, Cambridge University Press.

Bon Jour, Laurence, and Ernest Sosa (eds.) (2003), *Epistemic Justification: Internalism vs. Externalism, Foundations vs. Virtues*, Malden, MA: Blackwell.

Boyd, Richard (1988), "how to Be a Moral Realist," in G. Sayre - Mc Cord (ed.), *Essays on Moral Realism*, Ithaca, NY: Cornell, pp. 181 - 228.

Brandom, Robert (1994), *Making It Explicit: Reasoning, Representing and Discursive Commitment*, Cambridge, MA: harvard University Press.

Brandom, Robert (2000), *Articulating Reasons: An Introduction to Inferentialism*, Cambridge, MA: harvard University Press.

Brandt, Richard (1979), *A Theory of the Good and the Right*, Oxford University Press.

Brandt, Richard (1996), *Facts, Values and Morality*, Cambridge University Press.

Brill, Robert h. (1962), "A Note on the Scientist's Definition of Glass," *Journal of Glass Studies*, 4, pp. 127 - 38.

Brink, David (1984), "Moral Realism and the Skeptical Arguments from Disagreement and Queerness," *Australasian Journal of Philosophy*, 62, pp. 111 - 125.

Brink, David (1986), "Externalist Moral Realism," *Southern Journal of Philosophy*, Supplement, 24, pp. 23 - 41.

Brink, David (1989), *Moral Realism and the Foundation of Ethics*, Cambridge University Press.

Broad, C. D. (1930), *Five Types of Moral Theory*, London: Routledge and Kegan Paul.

Brueckner, Anthony and Christopher Buford (2009), "Bootstrapping and Knowledge of Reliability," *Philosophical Studies*, 145, pp. 407 - 412.

Cappelen, Herman and Ernie Lepore (2005), *Insensitive Semantics*, Oxford: Blackwell.

Carnap, Rudolph (1937), *Philosophy and Logical Syntax*, London: Kegan Paul.

Caro, Mark (2009), *The Foie Gras Wars*, New York: Simon & Schuster.

Carruthers, Peter, Stephen Laurence and Stephen Stich (eds.) (2007), *The Innate Mind*, vol. III, *Foundations and the Future*, Oxford University Press.

Carruthers, Peter and Peter K. Smith (eds.) (1996), *Theories of Theories of Mind*, Cambridge University Press.

Casta? eda, Hector - Neri (1981), "The Paradoxes of Deontic Logic," in R. Hilpinen (ed.), *New Studies in Deontic Logic*, Dordrecht: D. Reidel, pp. 37 - 85.

Chagnon, Napoleon (1974), *Studying the Yanomamo*, New York: Holt, Rinehart, and Winston.

Chagnon, Napoleon (1977), *Yanomamo: The Fierce People*, New

York: Holt, Rinehart, and Winston.

Chisholm, Roderick (1957), *Perceiving: A Philosophical Study*, Ithaca, NY: Cornell University Press.

Chisholm, Roderick (1963), "Contrary – to – Duty Imperatives and Deontic Logic," *Analysis*, 24, pp. 33 – 36.

Chisholm, Roderick (1964), *Philosophy*, Englewood Cliffs, NJ: Prentice Hall.

Chisholm, Roderick (1966), *Theory of Knowledge*, Englewood Cliffs, NJ: Prentice Hall.

Chomsky, Noam (1957), *Syntactic Structures*, The Hague: Mouton.

Chomsky, Noam (1986), *Knowledge of Language: Its Nature, Origin and Use*, New York: Praeger.

Chomsky, Noam (1988), *Language and Problems of Knowledge: The Managua Lectures*, Cambridge, MA: MIT Press.

Chomsky, Noam (1995), *The Minimalist Program*, Cambridge, MA: MIT Press.

Christensen, David (2007), "Epistemology of Disagreement: The Good News," *Philosophical Review*, 116, pp. 187 – 217.

Churchland, Paul (1981), "Eliminative Materialism and the Propositional Attitudes," *Journal of Philosophy*, 78, pp. 67 – 90.

Cling, Andrew (2008), "The Epistemic Regress Problem," *Philosophical Studies*, 140, pp. 401 – 421.

Cohen, Stewart (1986), "Knowledge and Context," *Journal of Philosophy*, 83, pp. 574 – 583.

Cohen, Stewart (2002), "Basic Knowledge and the Problem of Easy Knowledge," *Philosophy and Phenomenological Research*, 65, 2, pp. 309 – 329.

Cook, John W. (1999), *Morality and Cultural Differences*, Oxford University Press.

Cooper, Neil (1981), *The Diversity of Moral Thinking*, Oxford: Clarendon Press.

Copp, David (2001), "Realist – Expressivism: A Neglected Option for Moral Realism," *Social Philosophy and Policy*, 18, pp. 1 – 43.

Copp, David (2007), *Morality in a Natural World: Selected Essays in Metaethics*, Cambridge University Press.

Crisp, Roger (1992), "Utilitarianism and the Life of virtue," *Philosophical Quarterly*, 42, pp. 139 – 160.

Crisp, Roger (2002), "Sidgwick and the Boundaries of Intuitionism," in Stratton – Lake (2002c), pp. 56 – 75.

Cullity, Garrett (2002), "Particularism and Presumptive Reasons," *Aristotelian Society Supplementary Volume*, 76, pp. 169 – 190.

Dancy, Jonathan (1993), *Moral Reasons*, Oxford: Blackwell.

Dancy, Jonathan (2004), *Ethics without Principles*, Oxford University Press.

Dancy, Jonathan (2006), "What Do Reasons Do?" in Horgan and Timmons (2006b), pp. 39 – 60.

Daniels, Norman (1996), *Justice and Justification: Reflective Equilibrium in Theory and Practice*, Cambridge University Press.

Darley, John M. and C. Daniel Batson (1973), "From Jerusalem to Jericho: A Study of Situational and Dispositional Variables in Helping Behavior," *Journal of Personality and Social Psychology*, 27, 1, pp. 100 – 108.

Darwall, Stephen (1983), *Impartial Reason*, Ithaca, NY: Cornell University Press.

Darwall, Stephen (1995), *The British Moralists and the Internal "Ought"*, Cambridge University Press.

Darwall, Stephen (1997), "Reasons, Motives, and the Demands of Morality: An Introduction," in S. Darwall, A. Gibbard, and P. Railton (eds.), *Moral Discourse and Practice: Some Philosophical Approaches*, New York: Oxford University Press, pp. 305 - 312.

Darwall, Stephen (2006), *The Second - Person Standpoint: Morality, Respect and Accountability*, Cambridge, MA: Harvard University Press.

Darwall, Stephen, A. Gibbard and P. Railton (1992), "Toward Fin de Siècle Ethics: Some Trends," *Philosophical Review*, 101, pp. 115 - 189.

Davidson, Donald (1984), *Essays on Actions and Events*, Oxford: Clarendon Press.

Davidson, Donald (1989), "A Coherence Theory of Truth and Knowledge," in E. Lepore (ed.), *Truth and Interpretation: Perspectives on the Philosophy of Donald Davidson*, New York: Blackwell, pp. 307 - 319.

Davidson, P., E. Turiel and A. Black (1983), "The Effect of Stimulus Familiarity on the Use of Criteria and Justification in Children's Social Reasoning," *British Journal of Developmental Psychology*, 1, pp. 46 - 65.

Davies, Martin and Tony Stone (eds.) (1995), *Mental Simulation: Evaluation and Applications*, Oxford: Blackwell.

Dehaene, Stanislas (1997), *The Number Sense: How the Mind Creates Mathematics*, Oxford University Press.

Deigh, John (1995), "Empathy and Universalizability," *Ethics*, 105, pp. 743 - 763.

Denis, Lara(2006), "Kant's Conception of Virtue," in P. Guyer (ed.), *The Cambridge Companion to Kant and Modern Philosophy*, Cambridge University Press, pp. 503 - 537.

Dennett, Daniel (1987), *The Intentional Stance*, Cambridge, MA: MIT Press.

De Paul, Michael (1988), "Argument and Perception: The Role of Literature in Moral Inquiry," *Journal of Philosophy*, 85, pp. 552 - 565.

De Rose, Keith (2002), "Assertion, Knowledge and Context," *Philosophical Review*, 111, 2, pp. 167 - 203.

Descartes, René (1641/1993), Meditations, J. Cottingham, R. Stoothoff, and D. Murdoch (trans.), in *The Philosophical Writings of Descartes*, vol. II, Cambridge University Press.

Devoto, Bernard (1942/2000), *The Year of Decision: 1846*, New York: Macmillan.

De Waal, Frans (2006), "Morality Evolved: Primate Social Instincts, Human Morality, and the Rise and Fall of 'Veneer Theory'," in J. Ober and S. Macedo (eds.), *Primates and Philosophers*, Princeton University Press, pp. 1 - 82.

Dickens, Charles (1849 - 50/1997), *David Copperfield*, N. Burgis (ed.), Oxford University Press.

Dillon, Sam (2009), "Disabled Students Are Spanked More: Study Looks at Corporal Punishment in Schools in 21 States," *The New York Times* (August 11), p. 10.

Doris, John (1998), "Persons, Situations and virtue Ethics," *Noûs*, 32, 4, pp. 504 - 530.

Doris, John (2002), *Lack of Character: Personality and Moral Behavior*, Cambridge University Press.

Doris, John and Alexandra Plakias (2008), "How to Argue about Disagreement," in Sinnott - Armstrong (2008b), pp. 303 - 331.

Dostoevsky, Fyodor (1880/1990), *The Brothers Karamazov*, trans. R. Pevear and L. Volokhonsky, New York: Farrar, Straus, and Giroux.

Dreier, James (1990), "Internalism and Speaker Relativism," *Ethics*, 101, pp. 6 - 26.

Dreier, James (1997), "humean Doubts about the Practical Justification of Morality," in G. Cullity and B. Gaut (eds.), *Ethics and Practical Reason*, Oxford University Press, pp. 81 - 100.

Dreyfus, Hubert and Stuart Dreyfus (1990), "What is Morality? A Phenomenological Account of the Development of Ethical Expertise," in D. Rasmussen (ed.), *Universalism vs. Communitarianism*, Cambridge, MA: MIT Press, pp. 237 - 264.

Dummett, Michael (1973), *Frege: Philosophy of Language*, Cambridge, MA: Harvard University Press.

Dummett, Michael (1978a), "Is Logic Empirical?" in *Truth and Other Enigmas*, Cambridge, MA: Harvard University Press, pp. 269 - 289.

Dummett, Michael (1978b), "The Justification of Deduction," in *Truth and Other Enigmas*, Cambridge, MA: Harvard University Press, pp. 290 - 318.

Dwyer, Susan (1999), "Moral Competence," in K. Murasugi and R. Stainton (eds.), *Philosophy and Linguistics*, Boulder, CO: Westview Press, pp. 169 - 190.

Edgington, Dorothy (1991), "The Mystery of the Missing Matter of Fact," *Aristotelian Society Supplementary Volume*, 65, pp. 185 - 209.

Edwards, Carolyn (1975), "Societal Complexity and Moral Development: A Kenyan Study," *Ethos*, 3, pp. 505 – 527.

Elga, Adam (2007), "Reflection and Disagreement," *Noûs*, 61, 3, pp. 478 – 502.

Etchemendy, John (1990), *The Concept of Logical Consequence*, Cambridge, MA: Harvard University Press.

Etchemendy, John (1999), *The Concept of Logical Consequence*, Stanford: CSLI Publications.

Evans, Gareth (1982), *Varieties of Reference*, John Mc Dowell (ed.), Oxford: Clarendon Press.

Feinberg, Joel (1986), *The Moral Limits of the Criminal Law*, vol. III, *Harm to Self*, Oxford University Press.

Feldman, Fred (1995), "Adjusting Utility for Justice: A Consequentialist Reply to the Objection from Justice," *Philosophy and Phenomenological Research*, 55, pp. 567 – 585.

Feldman, Fred (2001), "Logic and Ethics," in L. C. Becker and C. B. Becker (eds.), *Encyclopedia of Ethics*, 2nd edn., New York: Routledge, vol. II, pp. 1011 – 1017.

Feldman, Richard and Earl Conee (1985), "Evidentialism," *Philosophical Studies*, 48, pp. 15 – 34.

Field, Hartry (1977), "Logic, Meaning and Conceptual Role," *Journal of Philosophy*, 74, pp. 379 – 409.

Field, Hartry (2000), "A Priority as an Evaluative Notion," in P. Boghossian and C. Peacocke (eds.), *New Essays on the A Priori*, Oxford: Clarendon Press, pp. 117 – 149.

Filonowicz, Joseph (2008), *Fellow – Feeling and the Moral Life*, Cambridge University Press.

Fischer, John Martin (1999), "Recent Work on Moral Responsibility," *Ethics*, 110, pp. 93 - 139.

Fischer, John Martin and Mark Ravizza (1998), *Responsibility and Control: A Theory of Moral Responsibility*, Cambridge University Press.

Fitzpatrick, William (2008), "Moral Responsibility and Normative Ignorance: Answering a New Skeptical Challenge," *Ethics*, 118 (July), pp. 589 - 613.

Flanagan, Owen (1993), *Varieties of Moral Personality: Ethics and Psychological Realism*, Cambridge, MA: Harvard University Press.

Fogelin, Robert (1994), *Pyrrhonian Reflections on Knowledge and Justification*, New York: Oxford University Press.

Foot, Philippa (1958), "Moral Arguments," *Mind*, 67, pp. 502 - 513.

Foot, Philippa (1972), "Morality as a System of Hypothetical Imperatives," *Philosophical Review*, 81, 3, pp. 305 - 316.

Foot, Philippa (1981), *Virtues and Vices*, Berkeley: University of California Press.

Frankena, W. K. (1939), "The Naturalistic Fallacy," *Mind*, 48, pp. 464 - 477.

Frankena, W. K. (1967), "The Concept of Morality," *University of Colorado Studies: Series in Philosophy*, 3, pp. 1 - 22; reprinted in G. Wallace and D. M. Walker (eds.) (1970), *The Definition of Morality*, London: Methuen, pp. 146 - 173.

Frankfurt, Harry (1971), "Freedom of the Will and the Concept of a Person," *Journal of Philosophy*, 68, pp. 5 - 20.

Frege, Gottlob (1897/1997), "Logic," reprinted in part in Beaney (1997), pp. 227 - 250.

Frith, Chris D. and Uta Frith (1999), "Interacting Minds: A Biological Basis," *Science*, 286 (November 26), p. 1692.

Garner, R. T. (1990), "On the Genuine Queerness of Moral Properties and Facts," *Australasian Journal of Philosophy*, 68, pp. 137 - 146.

Garrett, Don (1997), *Cognition and Commitment in Hume's Philosophy*, New York: Oxford University Press.

Garrow, David J. (1986), *Bearing the Cross: Martin Luther King Jr. and the Southern Christian Leadership Conference*, New York: HarperCollins.

Geach, Peter T. (1957 - 58), "Imperative and Deontic Logic," *Analysis*, 18, pp. 49 - 56.

Geach, Peter T. (1960), "Ascriptivism," *Philosophical Review*, 69, pp. 221 - 225.

Geach, Peter T. (1965), "Assertion," *Philosophical Review*, 74, pp. 449 - 465.

Gellner, E. (1954 - 55), "Logic and Ethics," *Proceedings of the Aristotelian Society*, 10, pp. 157 - 178.

Gendler, Tamar Szabó and John hawthorne (eds.) (2002), *Conceivability and Possibility*, Oxford: Clarendon Press.

Gettier, Edmund (1963), "Is Justified True Belief Knowledge?" *Analysis*, 23, pp. 121 - 123.

Gibbard, Allan (1981), "Two Recent Theories of Conditionals," in W. L. Harper, R. Stalnaker, and C. T. Pearce (eds.), *Ifs*, Dordrecht: D. Reidel, pp. 211 - 247.

Gibbard, Allan (1990), *Wise Choices, Apt Feelings: A Theory of Normative Judgment*, Cambridge, MA: Harvard University Press.

Gibbard, Allan (1992a), "Morality and Thick Concepts - I, Thick Concepts and Warrant for Feelings," *Aristotelian Society Supple-*

mentary Volume, 66, pp. 267 - 283.

Gibbard, Allan (1992b), "Reply to Blackburn, Carson, hill and Railton," Philosophy and Phenomenological Research, 72, pp. 969 - 980.

Gibbard, Allan (2003), "Reasons Thick and Thin," Journal of Philosophy, 100, pp. 288 - 304.

Gilligan, Carol (1982), In a Different Voice, Cambridge, MA: Harvard University Press.

Ginet, Carl (1975), Knowledge, Perception and Memory, Dordrecht: D. Reidel.

Goldie, Peter (2007), "Seeing What Is the Kind Thing to Do: Perception and Emotion in Morality," Dialectica, 61, pp. 347 - 361.

Goldie, Peter (2009), "Thick Concepts and Emotion," in D. Callcut (ed.), Reading Bernard Williams, London: Routledge, pp. 94 - 109.

Goldman, Alan (1988a), Moral Knowledge, London: Routledge.

Goldman, Alan (1988b), Empirical Knowledge, Berkeley: University of California Press.

Goldman, Alvin (1967), "A Causal Theory of Knowing," Journal of Philosophy, 64, pp. 357 - 372.

Goldman, Alvin (1976), "Discrimination and Perceptual Knowledge," Journal of Philosophy, 73, pp. 771 - 791.

Goldman, Alvin (1986), Epistemology and Cognition, Cambridge, MA: Harvard University Press.

Goldman, Alvin (2006), Simulating Minds: The Philosophy, Psychology and Neuroscience of Mindreading, Oxford University Press.

Goodman, Nelson (1955), Fact, Fiction, and Forecast, Cambridge, MA: Harvard University Press.

Gopnik, Alison and Andrew Meltzoff (1997), *Words, Thoughts, and Theories*, Cambridge, MA: MIT Press.

Gopnik, Alison and Henry Wellman (1992), "Why the Child's Theory of Mind Really is a Theory," *Mind and Language*, 7, pp. 145 - 171.

Gordon, Robert M. (1986), "Folk Psychology as Simulation," *Mind and Language*, 1, pp. 158 - 171.

Gordon, Robert M. (1995), "Sympathy, Simulation and the Impartial Spectator," *Ethics*, 105, pp. 727 - 742.

Goswami, Usha (ed.) (2002), *Blackwell Handbook of Childhood Cognitive Development*, Malden, MA: Blackwell.

Gowans, Chris (ed.) (2000), *Moral Disagreements: Classic and Contemporary Readings*, London: Routledge.

Greco, John (1993), "Virtues and Vices of Virtue Epistemology," *Canadian Journal of Philosophy*, 23, pp. 413 - 432.

Greco, John (2000), *Putting Skeptics in Their Place*, Cambridge University Press.

Grice, Paul (1989), *Studies in the Way of Words*, Cambridge, MA: Harvard University Press.

Grossbard-Shechtman, A. (1984), "A Theory of Allocation of Time in Markets for Labour and Marriage," *Economic Journal*, 94, pp. 863 - 882.

Guyer, Paul (1993), *Kant and the Experience of Freedom*, Cambridge University Press.

Guyer, Paul (2008), *Knowledge, Reason and Taste: Kant's Responses to Hume*, Princeton University Press.

Haack, Susan (1999), "A Foundherentist Theory of Empirical Knowledge," in Louis Pojman (ed.), *The Theory of Knowledge: Clas-*

sical and Contemporary Readings, 2nd edn., Belmont, CA: Wadsworth, pp. 283 - 293.

Haidt, Jonathan (2001), "The Emotional Dog and Its Rational Tail: A Social Intuitionist Approach to Moral Judgment," *Psychological Review*, 108, pp. 814 - 834.

Haidt, Jonathan and Fredrik Björklund (2008), "Social Intuitionists Answer Six Questions about Moral Psychology," in Sinnott - Armstrong (2008b), pp. 181 - 218; 241 - 254.

Haidt, Jonathan, Fredrik Björklund, and Scott Murphy (2000), "Moral Dumbfounding: When Intuition Finds No Reason," unpublished manuscript.

Haidt, Jonathan and Matthew A. Hersh (2001), "Sexual Morality: The Cultures and Reasons of Liberals and Conservatives," *Journal of Applied Social Psychology*, 31, pp. 191 - 221.

Haidt, Jonathan, and Craig Joseph (2007), "The Moral Mind: How 5 Sets of Innate Moral Intuitions Guide the Development of Many Culture - Specific Virtues, and Perhaps Even Modules," in P. Carruthers, S. Laurence, and S. Stich (eds.), *The Innate Mind*, vol. III, *Foundations and the Future*, Oxford University Press, pp. 367 - 392.

Haidt, Jonathan, Silvia h. Koller and Maria G. Dias (1993), "Affect, Culture, and Morality, or Is It Wrong to Eat Your Dog?" *Journal of Personality and Social Psychology*, 65, pp. 613 - 628.

Haidt, Jonathan, v. Lobus, C. Chiong, T. Nishida and J. De Loache (2007), "When Getting Something Good is Bad: Young Children's Reactions to Inequity," unpublished manuscript.

Haji, Ishtiyaque (1998), *Moral Appraisability*, Oxford University Press.

Hale, Bob (1993), "Can There Be a Logic of Attitudes?" in J.

Haldane and C. Wright (eds.), *Reality, Representation and Projection*, New York: Oxford University Press, pp. 337 - 363.

Hamlin, J. Kiley, Karen Wynn and Paul Bloom (2007), "Social Evaluation by Preverbal Infants," *Nature*, 450, pp. 557 - 559.

Hampton, Jean (1998), *The Authority of Reason*, Cambridge University Press.

Hansson, Sven Ove (1997), "Situationist Deontic Logic," *Journal of Philosophical Logic*, 26, pp. 423 - 448.

Hare, R. M. (1952), *The Language of Morals*, Oxford: Clarendon Press.

Hare, R. M. (1954 - 55), "Universalizability," *Proceedings of the Aristotelian Society*, 10, pp. 295 - 312.

Hare, R. M. (1963), *Freedom and Reason*, Oxford University Press.

Hare, R. M. (1970), "Meaning and Speech Acts," *Philosophical Review*, 79, pp. 3 - 24.

Harman, Gilbert (1973), *Thought*, Princeton University Press.

Harman, Gilbert (1977), *The Nature of Morality: An Introduction to Ethics*, New York: Oxford University Press.

Harman, Gilbert (1984), "Is There a Single True Morality?" in D. Copp and D. Zimmerman (eds.), *Morality, Reason, and Truth*, Totowa, NJ: Rowman & Allanheld, pp. 27 - 48.

Harman, Gilbert (1986), "The Meaning of the Logical Constants," in E. Lepore (ed.), *Truth and Interpretation: Perspectives on the Philosophy of Donald Davidson*, Oxford: Blackwell, pp. 125 - 134.

Harman, Gilbert (1999a), *Reasoning, Meaning, and Mind*, Oxford University Press.

Harman, Gilbert (1999b), "Moral Philosophy Meets Social Psychology: Virtue Ethics and the Fundamental Attribution Error," *Proceedings of the Aristotelian Society*, 99, pp. 315 – 331.

Harman, Gilbert (2000a), "Moral Philosophy and Linguistics," in K. Brinkmann (ed.), *Proceedings of the 20th World Conference of Philosophy*, vol. I, *Ethics*, Bowling Green, OH: Philosophy Documentation Center, pp. 107 – 15; reprinted in Harman (2000b), pp. 217 – 226.

Harman, Gilbert (2000b), *Explaining Value and Other Essays in Moral Philosophy*, New York: Oxford University Press.

Harman, Gilbert, and Judith J. Thomson (1996), *Moral Relativism and Moral Objectivity*, Oxford: Blackwell.

Hauser, Marc (2006), *Moral Minds*, New York: HarperCollins.

Hawthorne, John (2007), "A Priority and Externalism," in S. Goldberg (ed.), *Internalism and Externalism in Semantics and Epistemology*, Oxford University Press, pp. 201 – 218.

Herman, Barbara (1981), "On the value of Acting from the Motive of Duty," *Philosophical Review*, 90, 3, pp. 359 – 382.

Herman, Barbara (1985), "The Practice of Moral Judgment," *Journal of Philosophy*, 82, 8, pp. 414 – 436.

Herman, Barbara (2008), "Morality Unbounded," *Philosophy and Public Affairs*, 36, pp. 323 – 358.

Heumer, Michael (2005), *Ethical Intuitionism*, Houndmills, UK: Palgrave Macmillan.

Hilpinen, Risto (ed.) (1957/1971), *Deontic Logic: Introductory and Systematic Readings*, Dordrecht: D. Reidel.

Hobbes, Thomas (1650), *Human Nature or the Fundamental Elements of Polity*; reprinted in part in D. D. Raphael (ed.) (1969/

1991), *The British Moralists*, Indianapolis: Hackett, vol. I, § §1 - 20.

Hoffman, Martin (2000), *Empathy and Moral Development*, Cambridge University Press.

Holland, John H., Keith J. Holyoak, Richard E. Nisbett and Paul R. Thagard (1986), *Induction: Processes of Inference, Learning and Discovery*, Cambridge, MA: MIT Press.

Holton, Richard (2002), "Principles and Particularisms," *Aristotelian Society Supplementary Volume*, 76, pp. 191 - 209.

Hooker, Brad (2002), "Intuitions and Moral Theorizing," in Stratton - Lake (2002c), pp. 161 - 183.

Hooker, Brad and Margaret Little (eds.) (2000), *Moral Particularism*, Oxford University Press.

Horgan, Terry and Mark Timmons (2006a), "Cognitivist Expressivism," in Horgan and Timmons (2006b), pp. 255 - 298.

Horgan, Terry and Mark Timmons (eds.) (2006b), *Metaethics after Moore*, Oxford University Press.

Horwich, Paul (1998), *Meaning*, Oxford University Press.

Hudson, W. D. (1967), *Ethical Intuitionism*, New York: St. Martin's Press.

Hume, David (1739 - 1740/2000), *A Treatise of Human Nature*, David Fate Norton and Mary J. Norton (eds.), Oxford: Clarendon Press.

Hume, David (1751/1998), *An Enquiry Concerning the Principles of Morals*, Tom L. Beauchamp (ed.), Oxford: Clarendon Press.

Hutcheson, Francis (1728/1971), *Illustrations on the Moral Sense*, Bernard Peach (ed.), Cambridge University Press.

Irwin, Terence h. (1988), "Some Rational Aspects of Incontinence," *Southern Journal of Philosophy*, Supplement, 27, pp. 49 - 88.

Irwin, Terence h. (1997), "Practical Reason Divided: Aquinas and His Critics," in G. Cullity and B. Gaut (eds.), Ethics and Practical Reason, Oxford University Press, pp. 189 - 214.

Isen, Alice M. and Paula F. Levin (1972), "Effect of Feeling Good on helping: Cookies and Kindness," *Journal of Personality and Social Psychology*, 21, 3, pp. 384 - 388.

Jackson, Frank (1974), "Defining the Autonomy of Ethics," *Philosophical Review*, 83, pp. 88 - 96.

Jackson, Frank and Philip Pettit (1995), "Moral Functionalism and Moral Motivation," *Philosophical Quarterly*, 45, pp. 20 - 40.

Jacobson, Daniel (2005), "Seeing by Feeling: Virtues, Skills and Moral Perception," *Ethical Theory and Moral Practice*, 8, pp. 387 - 409.

James, William (1897/1956), *The Will to Believe and Other Essays in Popular Philosophy*, New York: Dover.

Johnson, W. E. (1921), *Logic*, London: Cambridge University Press.

Johnston, Mark (2001), "The Authority of Affect," *Philosophy and Phenomenological Research*, 63, pp. 181 - 214.

Joyce, Richard (2001), *The Myth of Morality*, Cambridge University Press.

Kahneman, Daniel, Paul Slovic and Amos Tversky (eds.) (1982), *Judgment under Uncertainty: Heuristics and Biases*, Cambridge University Press.

Kahneman, Daniel and Amos Tversky (1996), "On the Reality of Cognitive Illusions," *Psychological Review*, 103, pp. 582 - 591.

Kamm, Frances (1993), *Morality and Mortality*, vol. I, *Death and Whom to Save from It*, New York: Oxford University Press.

Kamtekar, Rachana (2004), "Situationism and virtue Ethics on the Content of Character," *Ethics*, 114, pp. 458 - 491.

Kanger, Stig (1957/1971), "New Foundations for Ethical Theory," in Hilpinen (1957/1971), pp. 36 - 58.

Kant, Immanuel (1781/1787/1999), *Critique of Pure Reason*, P. Guyer and A. Wood (trans.), Cambridge University Press.

Kant, Immanuel (1785/2002), *Groundwork for the Metaphysics of Morals*, Alan Wood (trans. and ed.), New Haven: Yale University Press.

Kant, Immanuel (1797/1996), *Metaphysics of Morals*, Mary Gregor (ed.), Cambridge University Press.

Kaplan, David (1989), "Demonstratives," in J. Almog, J. Perry, and J. Wettstein (eds.), *Themes from Kaplan*, Oxford University Press, pp. 481 - 564.

Kaufmann, Walter (ed.) (1956/1975), *Existentialism from Dostoevsky to Sartre*, New York: Penguin.

Kavka, Gregory (1985), "The Reconciliation Project," in D. Copp and D. Zimmerman (eds.), *Morality, Reason, and Truth*, Totowa, NJ: Rowman & Allanheld, pp. 297 - 319.

Kelly, Daniel, Stephen Stich, Kevin Haley, Serena Eng and Daniel Fessler (2007), "Harm: Affect and the Moral/Conventional Distinction," *Mind and Language*, 22, 2, pp. 117 - 131.

Kelly, Thomas (2005), "The Epistemic Significance of Disagreement," in J. Hawthorne and T. Szabó Gendler (eds.), *Oxford Studies in Epistemology*, Oxford University Press, pp. 167 - 196.

Killen, Melanie and Judith Smetana (eds.) (2006), *Handbook of*

Moral Development, Mahwah, NJ: Lawrence Erlbaum Associates.

Kim, Jaegwon (1984), "Concepts of Supervenience," *Philosophy and Phenomenological Research*, 45, pp. 153 - 176.

Kim, Jaegwon (1988), "What Is 'Naturalized Epistemology'?" in J. Tomberlin (ed.), *Philosophical Perspectives* 2, *Epistemology*, Atascadero, CA: Ridgeview, pp. 381 - 405; reprinted in h. Kornblith (ed.) (1994), *Naturalizing Epistemology*, 2nd edn., Cambridge, MA: MIT Press, pp. 33 - 56.

Kim, Jaegwon (1992), "Multiple Realizability and the Metaphysics of Reduction," *Philosophy and Phenomenological Research*, 52, pp. 1 - 26.

Klein, Peter (1999), "Human Knowledge and the Infinite Regress of Reasons," in J. Tomberlin (ed.), *Philosophical Perspectives* 13, Oxford: Blackwell, pp. 297 - 332.

Klinnert, M. D., R. N. Emde, P. Butterfield and J. J. Campos (1987), "Social Referencing:

The Infant's Use of Emotional Signals from a Friendly Adult with Mother Present," *Annual Progress in Child Psychiatry and Child Development*, 22, pp. 427 - 432.

Kohlberg, Lawrence (1971), "From Is to Ought: how to Commit the Naturalistic Fallacy and Get Away with It in the Study of Moral Development," in T. Mischel (ed.), *Cognitive Development and Epistemology*, New York: Academic Press, pp. 151 - 235.

Kohlberg, Lawrence (1973), "The Claim to Moral Adequacy of the Highest Stage of Moral Judgment," *Journal of Philosophy*, 70, pp. 630 - 645.

Kohlberg, Lawrence (1976), "Moral Stages and Moralization: The Cognitive Developmental Approach," in T. Lickona (ed.), *Moral*

Development and Behavior: *Research and Social Issues*, New York: Holt, Rinehart, and Winston, pp. 31 - 53.

Koops, Willem, Daniel Burgman, Tamare J. Ferguson and Andries F. Sanders (eds.) (2009), *The Development and Structure of Conscience*, New York: Psychology Press.

Kornblith, Hilary (ed.) (2001), *Epistemology*: *Internalism and Externalism*, Cambridge, MA: MIT Press.

Korsgaard, Christine (1986), "Skepticism about Practical Reason," *Journal of Philosophy* 83, 1, pp. 5 - 25.

Korsgaard, Christine (1996a), *Creating the Kingdom of Ends*, Cambridge University Press.

Korsgaard, Christine (1996b), *The Sources of Normativity*, Cambridge University Press.

Kripke, Saul (1972), *Naming and Necessity*, Cambridge, MA: Harvard University Press.

Kripke, Saul (1982), *Wittgenstein on Rules and Private Language*, Cambridge, MA: Harvard University Press.

Layman, Stephen (1991), *The Shape of the Good*: *Christian Reflections on the Foundations of Ethics*, Notre Dame University Press.

Leiter, Brian (2002), *Nietzsche on Morality*, London: Routledge.

Lewis, David (1972), "Psychophysical and Theoretical Identifications," *Australasian Journal of Philosophy*, 50, pp. 249 - 258.

Lewis, David (1989), "Dispositional Theories of value," *Aristotelian Society Supplementary Volume*, 63, pp. 113 - 137.

Lewis, David (1996), "Elusive Knowledge," *Australasian Journal of Philosophy*, 74, 4, pp. 549 - 567.

Locke, John (1690/1991), *Essay Concerning Human Understanding*, reprinted in part in D. D. Raphael (ed.) (1969/1991), The

British Moralists, Indianapolis: Hackett, vol. I, § § 154 - 223.

Lycan, William (2003), *Real Conditionals*, Oxford University Press.

Lyons, David (1965), *The Forms and Limits of Utilitarianism*, Oxford University Press.

McCloskey, Michael (1983), "Intuitive Physics," *Scientific American*, 248, pp. 122 - 130.

McClosky, H. J. (1963), "A Note on Utilitarian Punishment," *Mind*, 72, p. 599.

McDowell, John (1979), "Virtue and Reason," *The Monist*, 62, pp. 331 - 350.

McDowell, John (1985), "Values and Secondary Qualities," in T. Honderich (ed.) *Morality and Objectivity*, London: Routledge and Kegan Paul, pp. 110 - 129; reprinted in Geoffrey Sayre - Mc Cord (ed.) (1988), *Essays on Moral Realism*, Ithaca, NY: Cornell University Press, pp. 166 - 180.

McDowell, John (1995), "Might There Be External Reasons?" in J. E. J. Altham and R. Harrison (eds.), *World, Mind and Ethics: Essays on the Ethical Philosophy of Bernard Williams*, Cambridge University Press, pp. 68 - 85.

Mc Dowell, John (1998), *Mind, Value, and Reality*, Cambridge, MA: Harvard University Press.

McGee, Vann (1985), "A Counterexample to Modus Ponens," *Journal of Philosophy*, 10, 349 - 351.

McGrath, Sarah (2004), "Moral Knowledge by Perception," *Philosophical Perspectives*, 18, pp. 209 - 228.

McGrath, Sarah (2007), "Moral Disagreement and Moral Expertise," in R. Shafer - Landau (ed.), *Oxford Studies in Metaethics*, vol.

Iv, Oxford University Press, pp. 87 - 107.

MacIntyre, Alasdair C. (1957), "What Morality is Not," *Philosophy*, 10, pp. 325 - 335; reprinted in G. Wallace and D. M. Walker (eds.) (1970), *The Definition of Morality*, London: Methuen, pp. 26 - 39.

MacIntyre, Alasdair C. (1959), "Hume on 'Is' and 'Ought'," *Philosophical Review*, 68, 4, pp. 451 - 468.

MacIntyre, Alasdair C. (1981/2007), *After Virtue*, 3rd edn., University of Notre Dame Press.

McKeever, Sean, and Michael Ridge (2006), *Principled Ethics: Generalism as a Regulative Ideal*, Oxford: Clarendon Press.

Mackie, John L. (1977), *Ethics: Inventing Right and Wrong*, London: Penguin.

McNamara, Paul (2006), "Deontic Logic," in E. Zalta (ed.), *Stanford Encyclopedia of Philosophy*, available online at http://plato.stanford.edu/entries/logic - deontic/.

McNaughton, David (1988), *Moral Vision*, Oxford: Blackwell.

Malle, Bertram F., Louis J. Moses and Dare A. Baldwin (eds.) (2001), *Intentions and Intentionality: Foundations of Social Cognition*. Cambridge, MA: MIT Press.

Meltzoff, Andrew N. and Alison Gopnik (1993), "The Role of Imitation in Understanding Persons and Developing a Theory of Mind," in S. Baron - Cohen, H. Tager - Flusberg, and D. J. Cohen (eds.), *Understanding Other Minds: Perspectives from Autism*, New York: Oxford, pp. 335 - 366.

Mikhail, John (2008), "The Poverty of Moral Stimulus," in Sinnott - Armstrong (2008a), pp. 353 - 360.

Milgram, Stanley (1974), *Obedience to Authority*, New York:

harper and Row.

Mill, John Stuart (1861/1998), *Utilitarianism*, Roger Crisp (ed.), Oxford University Press.

Miller, Richard W. (1985), "Ways of Moral Learning," *Philosophical Review*, 94, 4, pp. 507 - 556.

Moody - Adams, Michelle (1997), *Fieldwork in Familiar Places*, Cambridge, MA: Harvard University Press.

Moore, G. E. (1903/1929), *Principia Ethica*, Cambridge University Press.

Moore, G. E. (1912), *Ethics*, London: Oxford University Press.

Moser, Paul and Thomas Carson (eds.) (2001), *Moral Relativism: A Reader*, New York: Oxford University Press.

Mulligan, Kevin (1998), "From Appropriate Emotions to Values," *The Monist*, 81, pp. 161 - 188.

Murphy, Jeffrie G. (1973), "Marxism and Retribution," *Philosophy and Public Affairs*, 9, pp. 217 - 243.

Murphy, S., J. Haidt and F. Björklund (2000), "Moral Dumbfounding: When Intuition Finds No Reason," *Lund Psychological Reports*, 1, Lund University, pp. 1 - 15.

Nagel, Thomas (1970), *The Possibility of Altruism*, Oxford University Press.

Nagel, Thomas (1979), *Mortal Questions*, Cambridge University Press.

Nagel, Thomas (1986), *The View from Nowhere*, Oxford University Press.

Nelson, Mark (1995), "Is It Always Fallacious to Derive Values from Facts?" *Argumentation*, 9, pp. 553 - 62.

Nichols, Shaun (2002), "How Psychopaths Threaten Moral Rationalism: Is It Irrational to Be Immoral?" *The Monist*, 85, pp. 285 - 304.

Nichols, Shaun (2004), *Sentimental Rules*, Oxford University Press.

Nielsen, Kai (1972), "Against Moral Conservatism," *Ethics*, 82, pp. 113 - 124.

Nietzsche, Friedrich (1886/1966), *Beyond Good and Evil*, Walter Kaufmann (trans.), New York: Random House.

Nisbett, R. E. and D. Cohen (1996), *Culture of Honor: The Psychology of Violence in the South*, Boulder, CO: Westview Press.

Nozick, Robert (1974), *Anarchy, State and Utopia*, New York: Harper Collins.

Nozick, Robert (1981), *Philosophical Explanations*, Cambridge, MA: Belknap Press.

Nucci, Larry P. (2001), *Education in the Moral Domain*, Cambridge University Press.

Nussbaum, Martha C. (1990), *Love's Knowledge*, Oxford University Press.

O'Neill, Onora (1975), *Acting on Principle*, New York: Columbia University Press.

Parfit, Derek (1984), *Reasons and Persons*, Oxford University Press.

Parfit, Derek (2001), "Rationality and Reasons," in D. Egonsson, J. Josefsson, B. Petersson, and T. Ronnow - Rasmussen (eds.), *Exploring Practical Philosophy: From Action to Values*, Aldershot: Ashgate, pp. 17 - 39.

Peacocke, Christopher (1992), *A Study of Concepts*, Cambridge,

MA: MIT Press.

Peacocke, Christopher (1998), "Implicit Conceptions, Understanding and Rationality," *Philosophical Issues: Concepts*, 9, pp. 43 - 88.

Peacocke, Christopher (2000), "Explaining the A Priori: The Programme of Moderate Rationalism," in P. Boghossian and C. Peacocke (eds.), *New Essays on the A Priori*, Oxford: Clarendon Press, pp. 255 - 285.

Peacocke, Christopher (2004), *The Realm of Reason*, Oxford University Press.

Perry, John (1979), "The Problem of the Essential Indexical," *Noûs*, 12, pp. 3 - 21.

Persily, Nathaniel, Jack Citrin and Patrick Egan (2008), *Public Opinion and Constitutional Controversy*, Oxford University Press.

Peterson, Christopher and Martin P. Seligman (2004), *Character Strengths and Virtues: A Handbook and Classification*, Washington, D. C.: American Psychological Association; New York: Oxford University Press.

Pitcher, George (1970), "Pain Perception," *Philosophical Review*, 79, 3, pp. 368 - 393.

Plato (1987), *The Complete Works*, J. M. Copper (ed.), Indianapolis: Hackett.

Pollock, John (1974), *Knowledge and Justification*, Princeton University Press.

Pollock, John (1986), *Contemporary Theories of Knowledge*, Totowa, NJ: Rowman and Littlefield.

Portmann, John (2000), *When Bad Things Happen to Other People*, London: Routledge.

Price, Huw (1994), "Semantic Deflationism and the Frege Point," in S. L. Tsohatzidis(ed.), *Foundations of Speech Act Theory: Philosophical and Linguistic Perspectives*, London: Routledge, pp. 132 – 155.

Prinz, Jesse (2007), *The Emotional Construction of Morals*, Oxford University Press.

Prinz, Jesse (2008a), "Is Morality Innate?" in Sinnott – Armstrong (2008a), pp. 367 – 406.

Prinz, Jesse (2008b), "Reply to Dwyer and Tiberius," in Sinnott – Armstrong (2008a), pp. 427 – 437.

Prior, Arthur N. (1949), *Logic and the Basis of Ethics*, Oxford: Clarendon Press.

Prior, Arthur N. (1960a), "The Autonomy of Ethics," *Australasian Journal of Philosophy*, 38, pp. 199 – 206.

Prior, Arthur N. (1960b), "The Runabout Inference – Ticket," *Analysis*, 21, pp. 38 – 39.

Pryor, Jim (2000), "The Sceptic and the Dogmatist," *Noûs*, 34, pp. 517 – 549.

Quine, W. V. O. (1970/1983), *Philosophy of Logic*, Cambridge, MA: Harvard University Press.

Quine, W. V. O. (1972), *Methods of Logic*, New York: Holt, Rinehart, and Winston.

Quine, W. V. O. (1969), "Epistemology Naturalized," in *Ontological Relativity and Other Essays*, New York: Columbia University Press, pp. 69 – 90.

Railton, Peter (1986), "Moral Realism," *Philosophical Review*, 95, pp. 163 – 207.

Railton, Peter (1992), "Pluralism, Determinacy and Dilemma,"

Ethics, 102, pp. 720 - 742.

Railton, Peter (1996), " Moral Realism: Prospects and Problems," in Sinnott - Armstrong and Timmons (1996), pp. 49 - 81.

Railton, Peter (2003), *Facts, Values and Norms*, Cambridge University Press.

Rawls, John (1955), " Two Concepts of Rules," *Philosophical Review*, 64, pp. 3 - 32.

Rawls, John (1971), *A Theory of Justice*, Cambridge, MA: Harvard University Press.

Rawls, John (2000), *Lectures on the History of Moral Philosophy*, B. Herman (ed.), Cambridge, MA: Harvard University Press.

Reynolds, David S. (2006), *John Brown, Abolitionist: The Man Who Killed Slavery, Sparked the Civil War, and Seeded Civil Rights*, New York: Vintage.

Richard, Mark (2008), *When Truth Gives Out*, Oxford University Press.

Ridge, Michael (2006), " Ecumenical Expressivism: Finessing Frege," *Ethics*, 116, pp. 302 - 336.

Rosen, Gideon (2004), " Skepticism about Moral Responsibility," *Philosophical Perspectives, Ethics*, 18, pp. 295 - 313.

Ross, Lee D. and Richard Nisbett (1991), *The Person and the Situation: Perspectives of Social Psychology*, New York: McGraw Hill.

Ross, W. D. (1930), *The Right and the Good*, Oxford: Clarendon Press.

Ross, W. D. (1939), *The Foundations of Ethics*, Oxford: Clarendon Press.

Russell, Bertrand (1912/1997), *The Problems of Philosophy*, John Perry (ed.), Oxford University Press.

Ryle, Gilbert (1949/2000), *The Concept of Mind*, London: Penguin.

Salmon, Nathan (1989), "The Logic of What Might have Been," *Philosophical Review*, 98, pp. 3 - 34.

Scanlon, Thomas (1998), *What We Owe to Each Other*, Cambridge, MA: Harvard University Press.

Scheffler, Samuel (1987), "Morality through Thick and Thin: A Critical Notice of Ethics and the Limits of Philosophy," *Philosophical Review*, 46, pp. 411 - 434.

Schiffer, Stephen (1979), "Naming and Knowing," in P. French, T. Uehling, and H. Wettstein (eds.), *Contemporary Perspectives in the Philosophy of Language*, Minneapolis: University of Minnesota Press, pp. 28 - 41.

Schroeder, Mark (2008), *Being For*, Oxford University Press.

Schueler, G. F. (1988), "Modus Ponens and Moral Realism," *Ethics*, 98, pp. 492 - 500.

Searle, J. (1962), "Meaning and Speech Acts," *Philosophical Review*, 71, 4, pp. 423 - 432.

Sellars, Wilfrid (1953), "Inference and Meaning," *Mind*, 62, pp. 318 - 338.

Sellars, Wilfrid (1963), *Science, Perception and Reality*, London: Routledge and Kegan Paul.

Setiya, Kieran (2003), "Explaining Action," *Philosophical Review*, 112, 3 (July), pp. 339 - 393.

Sextus Empiricus (1562/1949), *Writings*, 4 vols. (Loeb Classical Library), Cambridge, MA: Harvard University Press.

Shafer - Landau, Russ (1994), "Ethical Disagreement, Ethical Objectivism, and Moral Indeterminacy," *Philosophy and Phenomeno-*

logical Research, 54, pp. 331 - 344.

Shafer - Landau, Russ (2003), *Moral Realism: A Defense*, Oxford: Clarendon Press.

Shope, Robert K. (1983), *The Analysis of Knowing: A Decade of Research*, Princeton University Press.

Sidgwick, Henry (1874/1981), *The Methods of Ethics*, 7th edn., Indianapolis: Hackett.

Siegel, Susanna (2005), "Which Properties Are Represented in Perception?" in T. Szabo Gendler and J. Hawthorne (eds.), *Perceptual Experience*, Oxford University Press, pp. 481 - 503.

Simner, Marvin L. (1971), "Newborn's Response to the Cry of Another Infant," *Developmental Psychology*, 5, pp. 136 - 150.

Singer, Peter (1972), "Famine, Affluence, and Morality," *Philosophy and Public Affairs*, 1, pp. 229 - 243.

Sinnott - Armstrong, Walter (ed.) (2004), *Pyrrhonian Skepticism*, Oxford University Press.

Sinnott - Armstrong, Walter (2006), *Moral Skepticisms*, Oxford University Press.

Sinnott - Armstrong, Walter (ed.) (2008a), *Moral Psychology, vol. I, The Evolution of Morality: Adaptation and Innateness*, Cambridge, MA: MIT Press.

Sinnott - Armstrong, Walter (ed.) (2008b), *Moral Psychology, vol. II, The Cognitive Science of Morality: Intuition and Diversity*, Cambridge, MA: MIT Press.

Sinnott - Armstrong, Walter (ed.) (2008c), *Moral Psychology, vol. III, The Neuroscience of Morality: Emotion, Brain Disorders, and Development*, Cambridge, MA: MIT Press.

Sinnott - Armstrong, Walter and Mark Timmons (eds.) (1996),

Moral Knowledge? New Readings in Moral Epistemology, New York: Oxford University Press.

Skorupski, John (1997), "Reasons and Reason," in G. Cullity and B. Gaut (eds.) *Ethics and Practical Reason*, Oxford University Press, pp. 345 - 368.

Smart, J. J. C. (1984), *Ethics, Persuasion and Truth*, London: Routledge and Kegan Paul.

Smart, J. J. C. and B. Williams (1973), *Utilitarianism: For and Against*, Cambridge University Press.

Smetana, Judith (1993), "Understanding of Social Rules," in M. Bennett (ed.), *The Development of Social Cognition: The Child as Psychologist*, New York: Guilford Press, pp. 111 - 141.

Smith, Michael (1994), *The Moral Problem*, Oxford: Basil Blackwell.

Smith, Michael (2004), *Ethics and the A Priori*, Cambridge University Press.

Snare, Francis (1980), "The Diversity of Morals," *Mind*, 89, pp. 353 - 369.

Sosa, Ernest (1980), "The Raft and the Pyramid," in P. French, T. Uehling, Jr., and H. Wettstein (eds.), *Studies in Epistemology* (Midwest Studies in Philosophy, vol. V), Minneapolis: University of Minnesota Press, pp. 3 - 25.

Sosa, Ernest (1994), "Philosophical Skepticism and Epistemic Circularity," *Aristotelian Society Supplementary Volume*, 68, pp. 268 - 290.

Sosa, Ernest (1997), "How to Resolve the Pyrrhonian Problematic: A Lesson from Descartes," *Philosophical Studies*, 85, 2/3, pp. 229 - 249.

Sosa, Ernest (2007), *A Virtue Epistemology: Apt Belief and Reflective Knowledge*, vol. I, Oxford: Clarendon Press.

Sosa, Ernest and Jaegwon Kim (eds.) (2000), *Epistemology: An Anthology*, Malden, MA: Blackwell.

Sreenivasan, Gopal (2002), "Errors about Errors: virtue Theory and Trait Attribution," *Mind*, 111, pp. 47 - 68.

Sripada, Chandra S. (2008a), "Nativism and Moral Psychology: Three Models of the Innate Structure That Shapes the Contents of Moral Norms," in Sinnott - Armstrong (2008a), pp. 319 - 343.

Sripada, Chandra S. (2008b), "Reply to Harman and Mikhail," in Sinnott - Armstrong (2008a), pp. 361 - 365.

Stanley, Jason (2005), *Knowledge and Practical Interests*, New York: Oxford University Press.

Steup, Matthias and Ernest Sosa (eds.) (2005), *Contemporary Debates in Epistemology*, Oxford: Blackwell.

Stevenson, C. L. (1944), *Ethics and Language*, New haven: Yale University Press.

Stevenson, C. L. (1963), *Facts and Values*, New haven: Yale University Press.

Stich, Stephen (1988), "Reflective Equilibrium, Analytic Epistemology, and the Problem of Diversity," *Synthese*, 74, pp. 391 - 413.

Stich, Stephen (1990), *The Fragmentation of Reason*, Cambridge, MA: MIT Press.

Stocker, Michael (1979), "Desiring the Bad: An Essay in Moral Psychology," *Journal of Philosophy*, 76, pp. 738 - 753.

Stoljar, Daniel (1993), "Emotivism and Truth Conditions," *Philosophical Studies*, 70, pp. 81 - 101.

Stratton – Lake, Philip (2000), *Kant, Duty and Moral Worth*, London: Routledge.

Stratton – Lake, Philip (2002a), "Introduction," in Stratton – Lake (2002c), pp. 1 – 28.

Stratton – Lake, Philip (2002b), "Pleasure and Reflection in Ross's Intuitionism," in Stratton – Lake (2002c), pp. 113 – 136.

Stratton – Lake, Philip (ed.) (2002c), *Ethical Intuitionism: Re – evaluations*, Oxford: Clarendon Press.

Strawson, Peter F. (1961), "Social Morality and Individual Ideal," *Philosophy*, 36, pp. 1 – 17.

Strawson, Peter F. (1962), "Freedom and Resentment," *Proceedings of the British Academy*, 48, pp. 1 – 25.

Stueber, Karsten (2006), *Rediscovering Empathy: Agency, Folk Psychology, and the Human Sciences*, Cambridge, MA: MIT Press.

Sturgeon, Nicholas (1974), "Altruism, Solipsism, and the Objectivity of Reasons," *Philosophical Review*, 83, pp. 374 – 402.

Sturgeon, Nicholas (1984), "Moral Explanations," in D. Copp and D. Zimmerman (eds.), *Morality, Reason and Truth*, Totowa, NJ: Rowman and Littlefield, pp. 49 – 78.

Sturgeon, Nicholas (1986), "Harman on Moral Explanations of Natural Facts," *Southern Journal of Philosophy*, Supplement, 24, pp. 69 – 78.

Sturgeon, Nicholas (1995), "Evil and Explanation," *Canadian Journal of Philosophy*, Supplement, 21, pp. 155 – 185.

Sturgeon, Nicholas (2001), "Moral Skepticism and Moral Naturalism in Hume's Treatise," *Hume Studies*, 27, 1, pp. 3 – 83.

Sturgeon, Nicholas (2002), "Ethical Intuitionism and Ethical Naturalism," in Stratton – Lake (2002c), pp. 184 – 211.

Tappolet, Christine (2004), "Through Thick and Thin: Good and Its Determinables," *Dialectica*, 58, pp. 207 - 221.

Tarski, Alfred (1936/1956), "On the Concept of Logical Consequence," in Logic, *Semantics, Metamathematics*, Oxford: Clarendon Press, pp. 409 - 420.

Tersman, Folke (2006), *Moral Disagreement*, Cambridge University Press.

Thomson, Judith J. (1971), "A Defense of Abortion," *Philosophy and Public Affairs*, 1, pp. 47 - 66.

Thomson, Judith J. (1976), "Killing, Letting Die, and the Trolley Problem," *The Monist*, 59, pp. 204 - 217.

Thomson, Judith J. (1990), *The Realm of Rights*, Cambridge, MA: Harvard University Press.

Thomson, Judith J. (2008), "Turning the Trolley," *Philosophy and Public Affairs*, 36, pp. 359 - 374.

Timmons, Mark (ed.) (2002), *Kant's Metaphysics of Morals: Interpretive Essays*, New York: Oxford University Press.

Tolhurst, William (1990), "On the Epistemic Value of Moral Experience," *Southern Journal of Philosophy, Supplement*, 29, pp. 67 - 87.

Turiel, Elliot (1979), "Distinct Conceptual and Developmental Domains: Social Convention and Morality," in H. Howe and C. Keasey (eds.), *Nebraska Symposium on Motivation, 1977: Social Cognitive Development*, Lincoln, NE: University of Nebraska Press, pp. 77 - 116.

Turiel, Elliot (1983), *The Development of Social Knowledge*, Cambridge University Press.

Turiel, Elliot, Melanie Killen and Charles Helwig (1987), "Morality: Its Structure, Functions and vagaries," in J. Kagan and S. Lamb (eds.), *The Emergence of Morality in Young Children*, Chicago University Press, pp. 155 - 244.

Unger, Peter (1975), *Ignorance: A Case for Skepticism*, Oxford University Press.

Unger, Peter (1995), "Contextual Analysis in Ethics," *Philosophy and Phenomenological Research*, 55, pp. 1 - 26.

Unger, Peter (1996), *Living High and Letting Die*, New York: Oxford University Press.

Unwin, Nicholas (1999), "Quasi - Realism, Negation and the Frege - Geach Problem," *Philosophical Quarterly*, 49, pp. 337 - 352.

Unwin, Nicholas (2001), "Norms and Negation: A Problem for Gibbard's Logic," Philosophical Quarterly, 51, pp. 60 - 75.

Urmson, J. O. (1953), "The Interpretation of the Moral Philosophy of J. S. Mill," *Philosophical Quarterly*, 3, pp. 33 - 39.

Van Cleve, James (1979), "Foundationalism, Epistemic Principles and the Cartesian Circle," *Philosophical Review*, 88, 1, pp. 55 - 91.

Van Cleve, James (2003), "Is Knowledge Easy - or Impossible? Externalism as the Only Alternative to Skepticism," in S. Luper (ed.), *The Skeptics: Contemporary Essays*, Aldershot: Ashgate, pp. 45 - 59.

Van Roojen, Mark (1996), "Expressivism and Irrationality," *Philosophical Review*, 105, pp. 311 - 355.

Varela, Francisco (1992), Ethical Know – How, Stanford University Press.

V? yrynen, Pekka (2007), "Some Good and Bad News for Ethical Intuitionism," *Philosophical Quarterly*, 58, pp. 489 - 511.

V? yrynen, Pekka (2009), "A Theory of hedged Moral Principles," in Russ Shafer - Landau (ed.), *Oxford Studies in Metaethics*, vol. IV, Oxford University Press, pp. 91 - 132.

Vogel, Jonathan (1990), "Cartesian Skepticism and Inference to the Best Explanation," *Journal of Philosophy*, 87, 11, pp. 658 - 666.

Vogel, Jonathan (2000), "Reliabilism Leveled," *Journal of Philosophy*, 97, pp. 602 - 623.

Von Wright, G. h. (1951), "Deontic Logic," *Mind*, 60, pp. 1 - 15.

Vranas, Peter (2008), "New Foundations for Imperative Logic I: Logical Connectives," *Noûs*, 42, 4, pp. 529 - 572.

Wainryb, C. and E. Turiel (1994), "Dominance, Subordination, and Concepts of Personal Entitlements in Cultural Contexts," *Child Development*, 65, pp. 1701 - 1722.

Walker - Andrews, A. S. (1998), "Emotions and Social Development: Infants' Recognition of Emotions in Others," *Pediatrics*, 102, pp. 1268 - 1271.

Wallace, G. and D. M. Walker (1970), "Introduction," in G. Wallace and D. M. Walker (eds.), *The Definition of Morality*, London: Methuen, pp. 1 - 20.

Walton, Kendall L. (1973), "Pictures and Make - Believe," *Philosophical Review*, 82, pp. 283 - 319.

Walton, Kendall L. (1978), "Fearing Fictions," *Journal of Philosophy*, 75, pp. 5 - 27.

Warneken, Felix and Michael Tomasello (2006), "Altruistic helping in human Infants and Young Chimpanzees," *Science*, 311, pp.

1301 - 1303.

Watkins, Michael and Kelly Dean Jolley (2002), "Pollyanna Realism: Moral Perception and Moral Properties," *Australasian Journal of Philosophy*, 80, pp. 75 - 85.

Watson, Gary (1975), "Free Agency," *Journal of Philosophy*, 72, pp. 205 - 220.

Wedgwood, Ralph (2001), "Conceptual Role Semantics for Moral Terms," *Philosophical Review*, 110, pp. 1 - 30.

Wedgwood, Ralph (2007), *The Nature of Normativity*, Oxford: Clarendon Press.

Weinberg, Jonathan, Shaun Nichols and Stephen Stich (2001), "Normativity and Epistemic Intuitions," *Philosophical Topics*, 29, pp. 429 - 460.

Wheatley, Thalia and Jonathan Haidt (2005), "Hypnotic Disgust Makes Moral Judgments More Severe," *Psychological Science*, 16, pp. 780 - 784.

White, Douglas R. and Michael L. Burton (1988), "Causes of Polygyny: Ecology, Economy, Kinship and Warfare," *American Anthropologist*, 90, pp. 871 - 887.

Wiggins, David (1991), "Moral Cognitivism, Moral Relativism, and Motivating Moral Beliefs," *Proceedings of the Aristotelian Society*, 91, pp. 61 - 85.

Wiggins, David (1995), "Categorical Requirements: Kant and Hume on the Idea of Duty," in R. Hursthouse, G. Lawrence, and W. Quinn (eds.), *Virtues and Reasons*, Oxford: Clarendon Press, pp. 279 - 330; originally published in *The Monist*, 74 (1991), pp. 297 - 330.

Wikan, Unni (1996), *Tomorrow, God Willing: Self - Made Desti-*

nies in Cairo, Chicago University Press.

Williams, Bernard (1979), "Internal and External Reasons," in R. harrison (ed.), *Rational Action: Studies in Philosophy and Social Science*, Cambridge University Press, pp. 17 – 28; reprinted in Williams (1981), pp. 101 – 113.

Williams, Bernard (1981), *Moral Luck*, Cambridge University Press.

Williams, Bernard (1985), *Ethics and the Limits of Philosophy*, Cambridge, MA: Harvard University Press.

Williams, Michael (2001), *Problems of Knowledge*, Oxford University Press.

Williams, Michael (2004), "The Agrippan Argument and Two Forms of Skepticism," in Sinnott – Armstrong (2004), pp. 121 – 145.

Williamson, Timothy (1992), "Vagueness and Ignorance," *Aristotelian Society Supplementary Volume*, 66, pp. 145 – 162.

Williamson, Timothy (2000), *Knowledge and Its Limits*, Oxford University Press.

Williamson, Timothy (2003), "Understanding and Inference," *Proceedings of the Aristotelian Society*, 73, pp. 249 – 293.

Williamson, Timothy (2007), "Philosophical Knowledge and Knowledge of Counterfactuals," *Grazer Philosophische Studien*, 74, pp. 89 – 123.

Wilson, James Q. (1993), *The Moral Sense*, New York: Free Press.

Wittgenstein, Ludwig (1921/2001), *Tractatus Logico – Philosophicus*, D. Pears and B. Mc Guiness (trans.), London: Routledge Classics.

Wittgenstein, Ludwig (1953/1958), *Philosophical Investigations*, 3rd edn., G. E. M. Anscombe (trans.), Englewood Cliffs, NJ: Prentice hall.

Wolf, Arthur P. and W. Durham (2005), *Inbreeding, Incest and the Incest Taboo*, Palo Alto, CA: Stanford University Press.

Wolf, Susan (1990), *Freedom within Reason*, Oxford University Press.

Wong, David (2006), *Natural Moralities*, Oxford University Press.

Wright, Crispin (2001), "On Basic Logical Knowledge," *Philosophical Studies*, 106, pp. 41 - 85.

Yablo, Stephen (1992), "Mental Causation," *Philosophical Review*, 101, pp. 245 - 280.

Yablo, Stephen (2003), "Causal Relevance," *Philosophical Issues*, 13, pp. 316 - 327.

Yaffe, Gideon (1999), *Liberty Worth the Name: Locke on Free Agency*, Princeton University Press.

Zagzebski, Linda (1996), *Virtues of the Mind*, Cambridge University Press.

Zahn - Waxler, Carolyn and Marion Radke - Yarrow (1982), "The Development of Altruism: Alternative Research Strategies," in N. Eisenberg (ed.), *The Development of Prosocial Behavior*, New York: Academic Press, pp. 109 - 137.

Zalabardo, José L. (2005), "Externalism, Skepticism, and the Problem of Easy Knowledge," *Philosophical Review*, 144, pp. 33 - 61.

Zimmerman, Aaron (2006), "Basic Self - Knowledge: Answering Peacocke's Criticisms of Constitutivism," *Philosophical Studies*, 128, pp. 337 - 379.

Zimmerman, Aaron (2007), "Hume's Reasons," *Hume Studies*, 33, 2, pp. 211 - 256.

Zimmerman, Aaron (2009), "A Conflict in Common - Sense Moral Psychology," *Utilitas*, 21, 4, pp. 401 - 423.

Zimmerman, Michael (1983), "Evaluatively Incomplete States of Affairs," *Philosophical Studies*, 43, pp. 211 - 224.

Zimmerman, Michael (1988), *An Essay on Moral Responsibility*, Totowa, NJ: Rowman and Littlefield.

简 介

我们如何区别对错？我们有道德知识么？道德知识论研究这些及其相关的问题,诸如我们对美德和恶习的理解。这是哲学绵延不绝的问题之一,上溯柏拉图、亚里士多德、阿奎那、洛克、休谟和康德,并因着发展心理学和社会心理学的成果,最近成了激辩的主题。

在阿隆·齐默曼就这个主题的优异导言中,涵盖了如下几个关键话题：

· 什么是道德知识论？它的方法是什么？包括对苏格拉底、盖蒂尔和当代知识理论的讨论。

· 对道德知识的怀疑论建基于深切持续的道德分歧的人类学记录,其中包括语境主义。

· 道德虚无主义,包括讨论上帝、道德,以及道德知识与我们道德行动的动机及理由的关系。

· 知识论上的道德怀疑主义、直觉主义和由"是"推出"应该"的可能性,就此将讨论洛克、休谟、康德、罗斯、奥迪、托马森、哈尔曼和斯特金等等。

· 孩子如何获得道德概念,并成为更加真实可靠的裁决者。

· 批判那些将道德知识还原为价值中立的知识或者企图用情感来替代道德信念的看法。

纵观全书,齐默曼坚持我们在道德知识论上的信念能够应对怀疑主义的挑战。他还展现了一系列丰富的范例,从柏拉图的《美诺篇》和狄更斯的《大卫·科波菲尔》到伯纳特·麦道夫和萨达姆·侯赛因。

在每一章结尾将会有本章综述和注释性的扩展阅读,因此这本《道德知识论》是面向所有伦理学、知识论和心理学学生的基础读物。

阿隆·齐默曼:加利福尼亚大学圣巴巴拉分校的哲学副教授。他的研究主要集中于思想、语言和理由的交叉研究,他也撰写并教授大卫·休谟的哲学。

图书在版编目（CIP）数据

道德知识论 /（美）阿隆·齐默曼（Aaron Zimmerman）著；叶磊蕾译. -- 北京：华夏出版社，2019.06
书名原文：Moral Epistemology
ISBN 978-7-5080-9726-8

Ⅰ.①道… Ⅱ.①阿… ②叶… Ⅲ.①道德心理学－研究 Ⅳ.①B82-054

中国版本图书馆 CIP 数据核字(2019)第 056628 号

Moral Epistemologyl 1st Edition / by Aaron Zimmerman / ISBN: 0-415-48554-8
Copyright © 2010 by Routledge.
Authorized translation from English language edition published by Routledge, part of Taylor & Francis Group LLC; All Rights Reserved.
本书原版由 Taylor & Francis 出版集团旗下,Routledge 出版公司出版,并经其授权翻译出版。版权所有，侵权必究。
Huaxia Publishing House is authorized to publish and distribute exclusively the **Chinese (Simplified Characters)** language edition. This edition is authorized for sale throughout **Mainland of China**. No part of the publication may be reproduced or distributed by any means, or stored in a database or retrieval system, without the prior written permission of the publisher.
本书中文简体翻译版授权由华夏出版社独家出版并在限在中国大陆地区销售,未经出版者书面许可,不得以任何方式复制或发行本书的任何部分。
Copies of this book sold without a Taylor & Francis sticker on the cover are unauthorized and illegal.
本书贴有 Taylor & Francis 公司防伪标签,无标签者不得销售。
版权所有　翻印必究
北京市版权局著作权合同登记号：图字 01-2011-0894 号

道德知识论

作　　者	［美］阿隆·齐默曼
译　　者	叶磊蕾
责任编辑	罗　庆
出版发行	华夏出版社
经　　销	新华书店
印　　装	三河市少明印务有限公司
版　　次	2019 年 6 月北京第 1 版 2019 年 6 月北京第 1 次印刷
开　　本	880×1230　1/32 开
印　　张	10.5
字　　数	264 千字
定　　价	49.00 元

华夏出版社 地址：北京市东直门外香河园北里 4 号 邮编：100028
网址：www.hxph.com.cn 电话：（010）64663331（转）
若发现本版图书有印装质量问题,请与我社营销中心联系调换。